Petrografía de rocas ígneas

La colección Docencia tiene como función principal la de presentar publicaciones destinadas a la enseñanza universitaria, en todos los campos del saber, que se fundamenten en los resultados de estudios recientes para conformar un corpus de consulta acorde a las necesidades formativas actuales, para así constituir una biblioteca básica para docentes y discentes.

Comité científico de la colección

Petrografía de rocas ígneas

Carlos Villaseca, Cecilia Pérez-Soba,
M.ª José Huertas y Pilar Andonaegui

Primera edición: febrero 2025

ISBN: 978-84-669-3885-3
Depósito Legal: M-472-2025

Diseño de cubiertas de la colección: Koln Studio

Imagen de cubierta: Erupción estromboliana del volcán Tajogaite en la dorsal de Cumbre Vieja, isla de La Palma (archipiélago de Canarias), 29 de octubre de 2021. Fotografía microscópica (x25, nícoles cruzados) de una de sus lavas basálticas.

Se recomienda que cualquier referencia a parte o a la totalidad de este libro se haga de la siguiente manera:

   Villaseca, C., Pérez-Soba, C., Huertas, M.ªJ., Andonaegui, P. (2025). *Petrografía de rocas ígneas*. Ediciones Complutense, Madrid, 167 pp.

Impresión
   Solana e Hijos Artes Gráficas
   San Alfonso, 26 Bº La Fortuna
   28917 Leganés (Madrid)

Ediciones Complutense garantiza un riguroso proceso de selección y evaluación de los trabajos que publica.

Printed in Spain

Índice

Prefacio

Este manual de Petrografía de Rocas Ígneas se viene elaborando desde el año 1989, alcanzando una estructura próxima a la actual en el curso 1997-1998. Desde el curso 2001-2002 el texto apenas recibió modificaciones importantes hasta esta nueva versión de marzo del año 2024, totalmente revisada, sustancialmente ampliada y a la que se han añadido un atlas petrográfico, anexos y un índice de términos. Es un manual diseñado para las clases prácticas de Petrología de Rocas Ígneas o Magmáticas, actualmente en el tercer curso del Grado de Geología de la Universidad Complutense de Madrid (UCM).

El diseño de este texto de Petrografía de Rocas Ígneas está pensado tanto como manual de uso autónomo (con texto teórico y atlas fotográfico acompañante), como para su impartición en once clases prácticas (de dos horas de trabajo mínimo en cada una de ellas). Los temas o capítulos del manual pueden ser sesiones de clases prácticas, que se acompañarían con colecciones rocosas de muestras de mano y de láminas petrográficas variadas. De esta manera, se estudiaría una gran parte de las rocas ígneas (volcánicas, plutónicas y filonianas) comunes en la superficie terrestre. Algunos temas (minerales y texturas) requieren el doble de tiempo (el doble de clases prácticas) por ser de gran complejidad y fundamentales en la clasificación de rocas ígneas (ver índice de la obra).

La estructura del manual comprende dos grandes secciones. Los primeros cinco capítulos agrupan los fundamentos de la descripción y clasificación de los principales tipos rocosos ígneos. Con ello se pretende sistematizar la metodología del estudio petrográfico de una roca ígnea para que el estudiante sepa qué debe observar y describir en detalle y así clasificar y elaborar un informe. Se revisan las características distintivas de los minerales ígneos más comunes (principales, accesorios y sus alteraciones más comunes) y de la fábrica de la roca (texturas y estructuras) para poder alcanzar el nombre más aproximado de la misma (su clasificación petrográfica). Así, en el quinto capítulo se explica cómo realizar análisis o estimaciones modales cualitativas de los minerales de la roca y cómo se proyecta en los diagramas de clasificación internacionales (diseñados por la comisión de nomenclatura de rocas ígneas).

La segunda parte del libro comprende una serie de capítulos o temas sobre algunas asociaciones o series de rocas ígneas comunes, según sea su clasificación química (alcalinas y subalcalinas). En cada capítulo se muestra y describe la región de donde se ha obtenido la mayor parte del muestreo que estudiará el alumno y así adquirirá también conocimientos sobre la Geología Ígnea de su país, en nuestro caso con ejemplos de las regiones magmáticas más destacables de España.

Este libro contiene más de 75 figuras incluidas en el texto y más de 245 fotografías en color, en el atlas petrográfico intercalado al final de cada capítulo. Las fotografías microscópicas incluidas suelen ser de x25 aumentos, aunque para la identificación mineral y alguna descripción textural puede ser no relevante su escala. Además, se inserta un índice final de los más de 345 términos de minerales, rocas y texturas, descritos y/o fotografiados a lo largo del libro.

Agradecimientos y créditos

Queremos agradecer a los profesores Eumenio Ancochea Soto, José González del Tánago y David Orejana García, que han sido compañeros nuestros del área de Petrología y Geoquímica en las tareas docentes de la asignatura de Petrología Ígnea, sus sugerencias cuando colaboraron en la confección de las primeras versiones del manual. También agradecemos las correcciones y sugerencias de dos evaluadores/revisores anónimos sobre una versión previa de este manuscrito que han mejorado sustancialmente la calidad del mismo.

Muchas de las figuras delineadas que se incluyen en el texto del libro están convenientemente referenciadas por ser versiones adaptadas y/o traducidas de obras publicadas (libros o revistas científicas) y aparecen debidamente citadas en la bibliografía final.

Parte de las fotografías que componen el atlas proceden de la digitalización de anteriores diapositivas usadas en las clases de la UCM o de salidas al campo realizadas por los autores. No obstante, la mayor parte de las láminas fotografiadas se confeccionaron en el laboratorio de Técnicas Petrográficas del área de Petrología y Geoquímica de la Facultad de Ciencias Geológicas (UCM). Agradecemos la esmerada dedicación de Mariam Barajas, Pedro Lozano y Carmen Valdehita en su realización. Algunas de las rocas fotografiadas aparecen con el número de registro de la colección "Litoteca de Petrología" (p. ej. fotos 6.16 a 6.22 y 11.24 a 11.27). Es decir, la práctica totalidad de fotografías e imágenes incluidas en el libro son de elaboración propia. Las escasas ilustraciones que no lo son se detallan a continuación.

Agradecemos a la profesora Encarnación Roda-Robles, de la Universidad del País Vasco, su permiso para incluir tres fotografías de pegmatitas graníticas que ilustran el capítulo once de este libro (fotos 11.10, 11.11 y 11.12). Además, hay algunas fotografías tomadas de libros o revistas científicas (fotos 4.2; 6.13 y 11.8), debidamente referenciadas en su pie de figura y en la bibliografía final; mientras que otras figuras proceden de portales web o direcciones URL de acceso público o abierto (fotos 4.29 y 11.2).

Creemos que la correcta identificación de las fuentes originales de figuras y fotos y su citación completa en el apartado de bibliografía son suficientes. En caso de error u omisión, los editores piden disculpas y están dispuestos a corregirlos en futuras ediciones del libro.

PROPIEDADES ÓPTICAS DE LOS MINERALES EN EL MICROSCOPIO PETROGRÁFICO

La correcta, precisa y detallada caracterización mineral de una roca ígnea requiere el uso de microscopios petrográficos de luz transmitida. La microscopía es necesaria también para afinar la descripción microtextural de las rocas y conseguir análisis modales precisos que permitan clasificar correctamente las rocas ígneas. La identificación mineral *de visu* genera clasificaciones mucho más imprecisas y provisionales de las rocas ígneas, sobre todo en los tipos volcánicos afaníticos, como veremos en el capítulo 5 de este manual. Las tablas de identificación mineral en muestra de mano (*de visu*) aparecen en la mayoría de textos de Mineralogía general y no serán tratadas en este libro. No obstante, en el material fotográfico acompañante hay numerosas rocas de mano y se indicarán aspectos para identificar *de visu* sus minerales.

Luz polarizada en un plano (con nícoles paralelos) (NP o LP)

— Forma y hábito cristalino.
— Transparencia/opacidad.
— Planos de exfoliación.
— Color. Pleocroísmo.
— Índice de refracción o relieve.
— Caracteres diversos: fracturas, inclusiones, zonados, bordes corroídos, alteración, etc.

Luz polarizada con nícoles cruzados (sin condensador) (NX o LX)

— Mineral isótropo, vidrio amorfo (isótropo), mineral anisótropo.
— Color de interferencia y birrefringencia.
— Extinción.
— Elongación.
— Maclado, zonado, etc.

Luz polarizada con nícoles cruzados (con condensador)

— Figuras de interferencia.
— Signo óptico.
— Ángulos de ejes ópticos.
— Dispersión.

CARACTERÍSTICAS ÓPTICAS FUNDAMENTALES DE LOS DIFERENTES SISTEMAS CRISTALINOS

— Los minerales pertenecientes a los sistemas hexagonal, tetragonal y trigonal son uniáxicos.
— Los minerales pertenecientes a los sistemas ortorrómbico, monoclínico y triclínico son biáxicos.
— Tienen extinción recta todos los minerales hexagonales, tetragonales y ortorrómbicos.
— Tienen extinción oblicua la mayoría de los minerales monoclínicos y triclínicos.
— Los minerales pertenecientes al sistema isométrico (cúbico) son isótropos con luz polarizada (nícoles cruzados).
— El vidrio volcánico, al ser un mineraloide (algo polimerizado, pero amorfo), es isótropo con luz polarizada.

El microscopio petrográfico, o microscopio polarizante, se emplea para estudiar los minerales transparentes, es decir, aquellos que en una lámina delgada dejan pasar la luz. La mayor parte de los minerales principales de las rocas ígneas son translúcidos en láminas tan adelgazadas (aprox. 30 mm) y pemiten estudiar sus propiedades ópticas en los microscopios de luz transmitida (ver pág. anterior).

La característica distintiva de un microscopio petrográfico es que posee un dispositivo polarizador debajo de la platina y un dispositivo analizador encima de la misma. Cuando la luz pasa por el polarizador se limita la vibración de la misma a un solo plano y se dice que tenemos luz polarizada plana (LP). Las observaciones microscópicas en estas condiciones se dicen que están hechas con nicoles (polarizadores) paralelos o con "luz natural", lo que, en rigor, es falso. Cuando la luz atraviesa los minerales sufre una refracción. Como cada mineral tiene un índice de refracción distinto va a presentar diferentes características (ver página anterior).

Una vez que la luz ha atravesado el mineral podemos someterla a otra polarización mediante el analizador que se encuentra en el tubo del microscopio. El analizador hace que la luz vibre en un plano perpendicular al plano del polarizador. Se dice entonces que los planos de polarización están cruzados (LX), lo que permite estudiar otras características de los minerales (birrefringencia, ángulo de extinción, etc.).

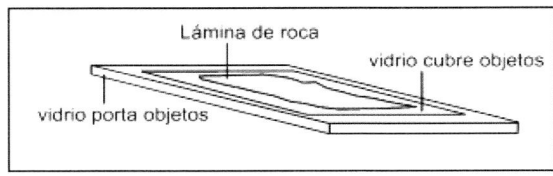

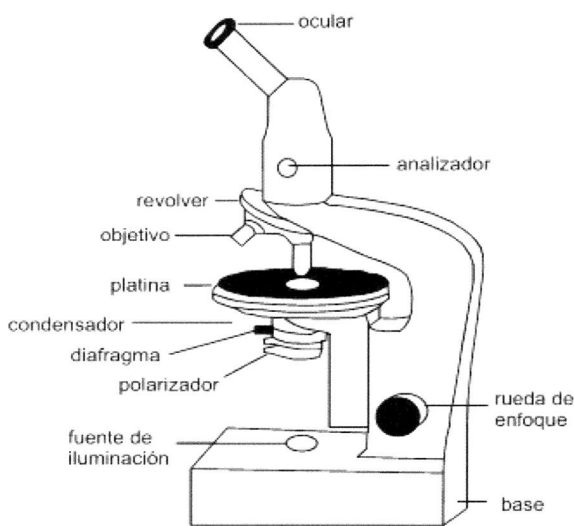

Esquema de lámina delgada de una roca y de las partes principales de un microscopio petrográfico de luz transmitida con polarizador (Hébert, 1998).

Minerales de las rocas ígneas

Los minerales que constituyen las rocas ígneas se pueden dividir, en función de su origen, en dos grupos principales:

— **Minerales primarios, ígneos u ortomagmáticos.**
— **Minerales secundarios o *subsolidus*.**

Los minerales primarios se forman por cristalización directa del fundido, en condiciones de presión y temperatura comprendidas entre la curva "*liquidus*" (comienzo de la cristalización del fundido) y la *solidus* (final de la cristalización, con solidificación completa del magma). El espacio comprendido entre ambas curvas recibe el nombre de sector o campo *subliquidus*. Teniendo en cuenta que la curva *solidus* de la práctica totalidad de los magmas discurre a temperaturas bastante elevadas, se comprenderá que los minerales primarios se forman y son estables únicamente a altas temperaturas, casi siempre por encima de 650 ºC.

Los minerales secundarios se forman a temperaturas menores que las definidas por la curva de *solidus*; es decir, en estadios posteriores a la solidificación completa del fundido. Son por tanto minerales de temperatura media o baja, formados durante etapas hidrotermales tardi-postmagmáticas o durante episodios de alteración meteórica o metamorfismo. Indudablemente, las rocas plutónicas (que tardan millones de años -Ma- en exhumarse) tienen más probabilidades de aparecer transformadas por minerales secundarios o *subsolidus*.

MINERALES PRIMARIOS

Los minerales primarios o ígneos pueden ser subdivididos, según su abundancia petrográfica (abundancia modal o superficie que ocupan), en dos grupos:

— **Minerales principales.**
— **Minerales accesorios.**

Los minerales principales son los mayoritarios de la roca ígnea, con un contenido modal igual o mayor al 5% (de superficie o volumen respecto al total de la roca), considerándose como minerales accesorios los que se presentan en la roca con un contenido modal inferior al 5%.

El concepto de mineral principal y accesorio solo hace referencia a la abundancia relativa de una fase mineral determinada en una roca concreta. Por tanto, un mineral dado puede ser fase principal en una roca de cierta composición química y fase accesoria en otra roca de quimismo distinto. El cuarzo es un mineral principal en numerosas rocas ígneas félsicas y está ausente o es raro en términos basálticos.

Aunque no es un mineral, el **vidrio** es un mineraloide (magma polimerizado pero sin estructura de cristal silicatado). Puede ser abundante en rocas volcánicas de composición calcoalcalina félsica (andesitas, dacitas y riolitas) debido a la alta viscosidad de esos magmas y consecuente lenta velocidad de difusión química para formar y hacer crecer los cristales de fases silicatadas. Es un componente petrográfico fundamental en ese tipo de rocas volcánicas (ver Práctica 9).

Los magmas naturales son fundamentalmente silicatados (hay también magmas carbonatados -carbonatitas- más raros). La mayor parte de minerales que cristalizan cuando estos magmas se acercan hacia la superficie son silicatos y proporciones menores de óxidos, fosfatos, sulfuros y carbonatos. Aunque hay unos 700 minerales ígneos, solo alrededor de unos 200 son significativos (muchos otros son términos intermedios o muy raros) y las rocas ígneas con gran complejidad mineral son poco abundantes (p. ej. pegmatitas, carbonatitas). En las rocas ígneas más comunes solo hay en torno a 60 especies de minerales, y posiblemente sean solo unos 15 grupos de minerales los importantes en la formación de las rocas ígneas más abundantes de la Tierra.

En este esquema se resumen los componentes minerales más comunes en rocas ígneas, los que suponen más del 95% de la composición de la roca:

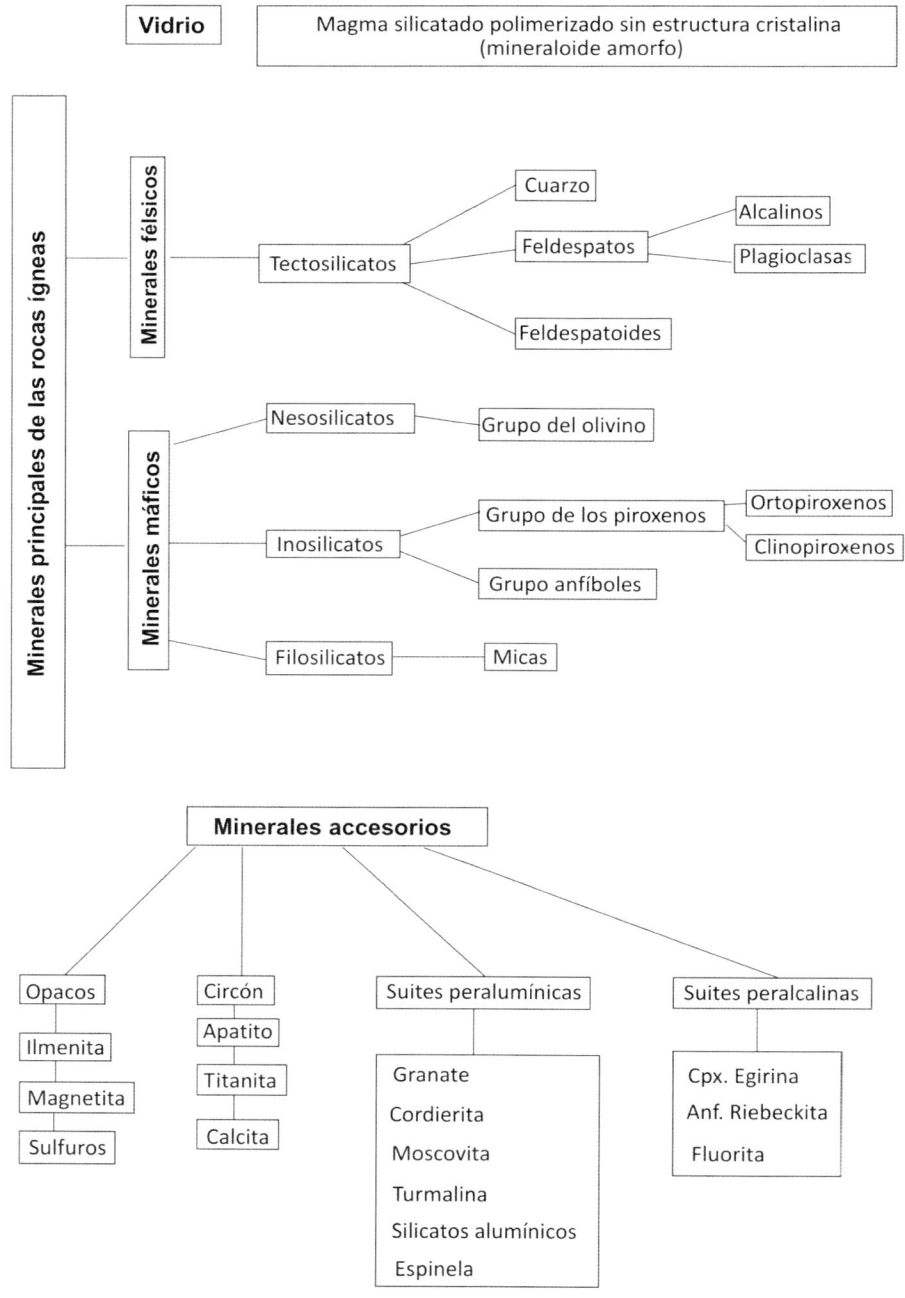

1. Minerales principales

Se describen a continuación los minerales cuyo volumen en la roca supera el 5% del total de la misma. En función de su color en muestra de mano, los minerales principales pueden dividirse en:

1. Minerales félsicos (claros e incoloros).
2. Minerales máficos (oscuros o con color).

Los minerales félsicos principales de las rocas ígneas suelen pertenecer al grupo de los tectosilicatos (cuarzo, feldespatos y feldespatoides) y son la base de la clasificación petrográfica de este tipo de rocas, como veremos en prácticas posteriores (diagramas QAPF). Los feldespatos y feldespatoides contienen la mayor proporción de los elementos alcalinos de la roca, esencialmente el Na y K. Los minerales máficos acogen los elementos ferromagnesianos (Fe, Mg, Ti), siendo por ello tanto más abundantes cuanto más básica sea la roca en cuestión. Las abreviaturas de minerales utilizadas en el texto son las de Kretz (1986), posteriormente ampliadas por Whitney y Evans (2010) (ver Anexo 1).

Conviene resaltar que, si bien algunos minerales solo se forman en condiciones magmáticas (p. ej. el olivino o la sanidina), otros minerales presentan condiciones de formación tan amplias (p. ej. cuarzo, calcita), que los podemos encontrar tanto como minerales primarios, principales o accesorios, como entre los minerales secundarios, de aparición posterior a la cristalización magmática. A continuación se describen las propiedades ópticas más distintivas de estos minerales en las rocas ígneas. Las características de los minerales están basadas en su estudio al microscopio petrográfico. Algunos de sus aspectos *de visu* se tratan en el atlas fotográfico (de muestras de mano).

1.1. MINERALES FÉLSICOS

Los minerales que tienen colores claros en muestra de mano, en lámina delgada muestran al microscopio las siguientes características:

— Incoloros.
— Exfoliación nula o moderada.
— Índice de refracción (relieve) bajo.
— Birrefringencia y colores de interferencia bajos, en tonos desde blancos a grises claros y oscuros, e incluso amarillentos.

Los principales minerales félsicos son: cuarzo, feldespatos, feldespatoides, micas blancas y algún accesorio como apatito, carbonatos, etc. Hay una incompatibilidad química entre cuarzo y feldespatoides, apareciendo estos últimos solo en rocas ígneas claramente subsaturadas en sílice (rocas alcalinas *s.l.*).

CUARZO (Qtz) SiO_2 Trigonal (apariencia hexagonal)   Uniáxico (+)

El cuarzo es un mineral principal en numerosas rocas ígneas ácidas, estando ausente o siendo raro en las rocas básicas (p. ej. basaltos). En rocas ígneas es incompatible con minerales deficitarios en sílice (p. ej. olivinos, melilita, feldespatoides).

Características distintivas más notables:

— Extinción recta.
— Sin maclado visible, pero desarrolla extinción ondulante o se poligoniza al deformarse (foto 1.1).
— Sin exfoliación ni zonado.
— No se altera, aunque puede estar corroído (foto 1.2).

GRUPO DE LOS FELDESPATOS

Los feldespatos forman dos series: alcalina y calcosódica (plagioclasas). La miscibilidad entre los términos de ambas series es escasa pero puede ser total entre los términos de cada serie, especialmente en las plagioclasas (ver Figs. 1.1 y 1.2). Por el contrario, la miscibilidad en los feldespatos alcalinos está muy condicionada por el contenido en volátiles del fundido (Fig. 1.2).

Feldespatos o alcalinos (Kfs) $(K,Na)[AlSi_3O_8]$ o $6SiO_2Al_2O_3(K,Na)_2O$. Monoclínicos - Triclínicos. Biáxicos (+ o -)

Nombre	Quimismo	Temperatura de formación	Maclado distintivo
Ortosa/Ortoclasa	K	Media	Sencillo
Sanidina	K>Na	Alta	Sencillo
Anortoclasa	Na>K	Alta y media	Doble: maclado sencillo y maclas polisintéticas en cada uno de los dos individuos
Microclina	K	Baja (*subsolidus*)	Enrejado

Los feldespatos alcalinos son miscibles en cualquier proporción a altas temperaturas (≥ 800 °C) (Figs. 1.1 y 1.2), pero dejan de serlo a medias y bajas, produciéndose por ello exsoluciones de un feldespato sódico en otro potásico mayoritario o viceversa, lo que se conoce como pertitas y antipertitas, respectivamente. Por otro lado, estos feldespatos son monoclínicos a alta temperatura, pero con el tiempo, a media y baja temperatura, sufren un proceso de ordenación de su estructura adquiriendo poco a poco la simetría triclínica (microclina). El índice de triclinicidad que mide este proceso da idea de las condiciones en que se ha formado el cristal, pero solo es posible hacerlo con difracción de rayos X. El enfriamiento rápido de los magmas volcánicos permite retener el estado estructural de alta temperatura de sus feldespatos alcalinos (con solubilidad completa), mientras que en condiciones plutónicas éstos suelen pertitizarse y/o microclinizarse.

Características distintivas más notables:

— Color: en el caso de que la lámina esté tratada con *cobaltonitrito*, los feldespatos potásicos se tiñen de amarillo, coloración más fácil de distinguir cuando estos minerales están en contacto con cuarzo o plagioclasa, que no se tiñen (foto 1.3).
— Exfoliación: a veces visible.
— Ángulo de extinción: oblicuo.
— Maclado: ayuda a identificar los diferentes feldespatos: macla en enrejado (microclina, foto 1.4); macla polisintética o en enrejado, muy fina y mal definida (anortoclasa, fotos 1.5, 7.14 y 7.16); solo macla simple (sanidina y ortosa, fotos 1.6 y 1.7).
— Exsoluciones: de albita (pertitas), muy frecuentes en feldespatos potásicos (ortosa u ortoclasa) de rocas plutónicas (p. ej. fotos 1.4 y 8.11).
— Alteración: muy común a minerales micáceos (moscovita y sericita) o arcillosos (illita, caolinita) que le dan un aspecto sucio o "terroso".

Feldespatos calco-sódicos (plagioclasas) (Pl)   Triclínico. Biáxico (+ o -).
Albita (Ab) $NaAlSi_3O_8$ o $6SiO_2Al_2O_3Na_2O$ **Anortita (An)** $CaAl_2Si_2O_8$ o $2SiO_2Al_2O_3CaO$

Se denomina plagioclasa a la solución sólida completa entre los términos extremos albita ($0<An<10$) y anortita ($90<An<100$). Las plagioclasas de composición intermedia se denominan oligoclasa ($10<An<30$), andesina ($30<An<50$), labradorita ($50<An<70$) y bitownita ($70<An<90$) (Fig. 1.1). El contenido molecular de Ab/An guarda una estrecha relación con sus parámetros ópticos, por lo que mediante un microscopio con platina universal es posible conocer esta relación. No obstante, este método ha sido desplazado por el análisis directo y puntual del mineral mediante la microsonda de electrones, método más rápido que permite, además, conocer diferencias composicionales entre las diversas partes de un mismo cristal e, incluso, hacer mapas composicionales de detalle, a escala micrométrica.

Frecuentemente, los cristales de plagioclasa presentan zonado composicional concéntrico, reflejado por sus diferentes ángulos de extinción (fotos 1.8 y 1.9), normalmente con núcleos más cálcicos y bordes más albíticos (zonado normal). Son también frecuentes los zonados oscilatorios (alternancia de finas capas de variables tonalidades grises), identificables al microscopio (foto 4.1).

Los términos ricos en sodio son más frecuentes en rocas ácidas, mientras los términos más ricos en calcio lo son en rocas básicas.

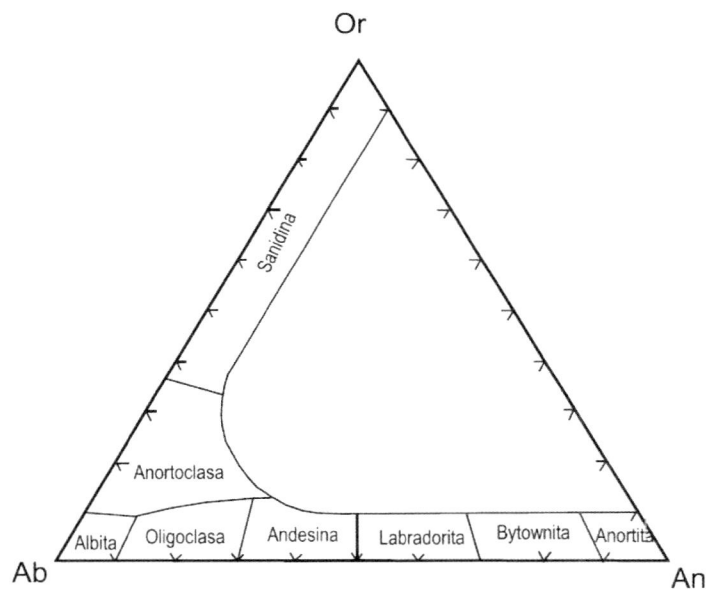

Figura 1.1. Diagrama de clasificación de los feldespatos (basado en Kerr, 1972).

■   Características ópticas más distintivas:

—   Extinción: oblicua (variable según su composición).
—   Maclas: muy desarrolladas y características, consistentes en múltiples individuos acoplados en paralelo (maclas polisintéticas) (fotos 1.8 y 1.9).
—   Alteración: muy frecuente, mayor en los núcleos más cálcicos. Normalmente aparecen minerales micáceos de grano fino (alteración sericítica, foto 1.12), calcita, epidotas, etc. En las plagioclasas más cálcicas es frecuente la alteración a un agregado fundamentalmente de albita, calcita, clorita, sericita, cuarzo y otros minerales, a lo que se denomina *propilitización*. También es común la alteración a un agregado al que se denomina *saussurita*, formado por zoisita

(epidota), clorita, anfíbol y carbonatos (foto 1.12). Estos agregados de alteración le dan en muestra de mano a la plagioclasa un color verdoso, mientras que la alteración a sericita hace a la plagioclasa blanquecina mate.

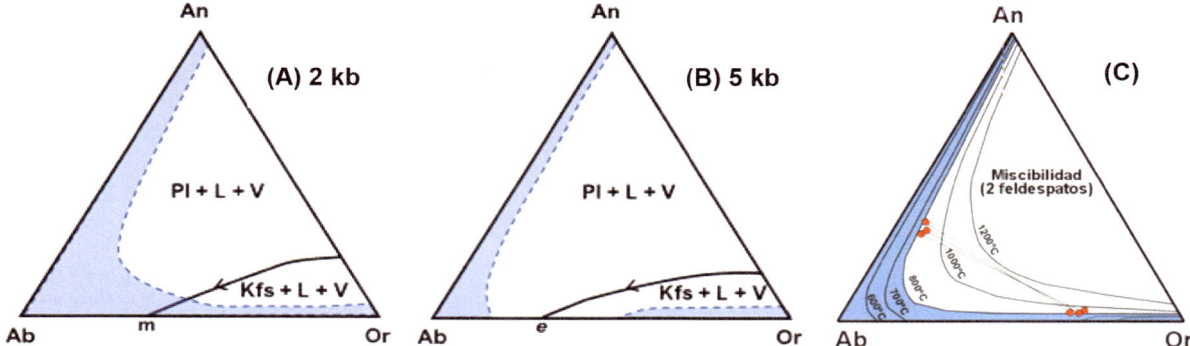

Figura 1.2. Sistema ternario de los feldespatos (Ab-An-Or) con H_2O, a 2 y 5 kb de presión de vapor. Las áreas sombreadas representan los límites de soluciones sólidas entre los feldespatos que coexisten con el líquido. A altas P_{H2O} (magmas hidratados) la solubilidad Or-Ab es limitada (fig. B). Por el contrario, sí existe feldespato alcalino intermedio de composición Or-Ab en magmas anhidros (fig. A), como ocurre en la mayoría de rocas volcánicas y plutónicas alcalinas (tomado de Cox et al., 1979). Además, la solubilidad Or-Ab-An aumenta con la temperatura, de tal forma que para condiciones ≥ 800 °C los feldespatos alcalinos ricos en Or-Ab tendrían progresivamente mayores contenidos de An y la plagioclasa acompañante también aumentaría su contenido en Or (fig. C). Los estudios experimentales de isotermas de solubilidad Or-Ab-An sirven como geotermómetro del sistema de los feldespatos, tanto en rocas ígneas como metamórficas (p. ej. Hokada, 2001, y referencias en su interior). Véase ejemplo en (C) de dos feldespatos en equilibrio a 800 °C.

GRUPO DE LOS FELDESPATOIDES

Los feldespatoides son silicoaluminatos alcalinos con menor contenido en sílice que los feldespatos. Solo se forman en rocas subsaturadas en sílice y por ello resultan incompatibles con el cuarzo (Fig. 1.3).

Desde un punto de vista composicional existe existe un paralelismo entre los feldespatoides y feldespatos. Así, la nefelina haría la función del feldespato albítico, la leucita del feldespato potásico y la sodalita-haüyna, de la plagioclasa ácida, aunque puedan coexistir feldespatos y feldespatoides en una misma roca.

Por último, conviene señalar que la *analcima*, que diversos autores han clasificado como feldespatoide, se encuentra en la actualidad dentro del grupo de las zeolitas (Deer et al., 2013).

Nefelina (Ne) $Na_3(Na,K)[Al_4Si_4O_{16}]$ o $2SiO_2Al_2O_3(Na,K)_2O$ Hexagonal.   Uniáxico (-)

Suele presentar cierta dificultad su identificación, pudiendo confundirse con cuarzo y feldespato alcalino cuando este no está teñido (foto 1.13). Cuando la nefelina forma prismas hexagonales idiomorfos (con secciones rectangulares o hexagonales) se hace más fácil reconocer este mineral (fotos 7.17 y 7.18). En rocas plutónicas, la ausencia de exsoluciones *subsolidus* la distingue de feldespatos.

Propiedades ópticas más distintivas:

— Extinción: recta.
— Birrefringencia: de primer orden, pero en general de tonalidad más clara y azulada que el cuarzo y feldespatos (foto 1.13).
— Exfoliación: no visible.
— Alteración: frecuente a minerales hidratados tales como cancrinita (foto 1.14), analcima (mineral cúbico, foto 8.22) o zeolitas. El tipo de alteración ayuda a distinguirla de feldespatos.

Leucita (Lct) $K[AlSi_2O_6]$ o $4SiO_2.Al_2O_3.K_2O$ Tetragonal (seudocúbica).   Uniáxico (+).

Propiedades ópticas más distintivas:

— Color: puede teñirse con el reactivo cobaltinitrito sódico por ser un mineral potásico.
— Morfología: formas redondeadas o poligonales, equidimensionales o isométricas, muy características (fotos 3.3 y 7.7).
— Pseudoisótropa.
— Maclas: polisintéticas en sectores. Dado su carácter pseudoisótropo, es conveniente aumentar la intensidad de la luz para poderlas distinguir bien (fotos 1.15 y 1.16).

Sodalita (Sdl) $Na_8[Al_6Si_6O_{24}]Cl_2$ Cúbico

Haüyna (Hyn) $(Na,Ca)_{4-8} [Al_6Si_6O_{24}](SO_4,S)_{1-2}$ Cúbico

Estos feldespatoides, junto con los menos frecuentes *noseana* y *lazurita*, constituyen un grupo de minerales que forma soluciones sólidas entre sí (Deer et al., 2013).

Propiedades ópticas más distintivas:

— Color: con frecuencia azulado (foto 1.17), también incoloro (foto 1.18).
— Isotropía (foto 1.18) y su escaso relieve son dos de las características más notables de estos minerales.
— Morfología: fenocristales con formas ameboides frecuentes por corrosión (fotos 1.18 y 7.19).
— Zonados: suelen presentar zonados cromáticos como consecuencia de las numerosas inclusiones submicroscópicas de opacos (sulfuros) (foto 1.18).

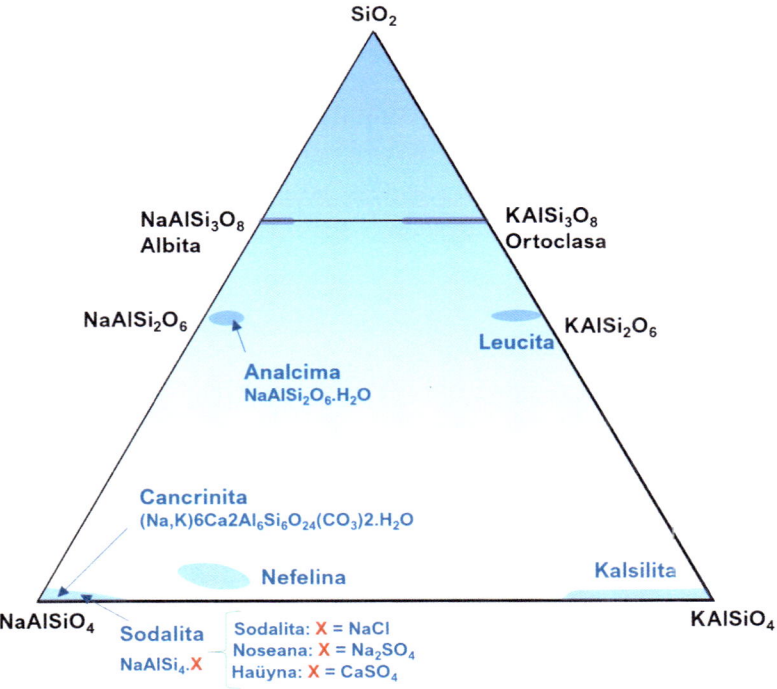

Figura 1.3. Clasificación química de los feldespatoides (Gill, 2010).

1.2. MINERALES MÁFICOS

Son los minerales ricos en elementos ferromagnesianos (Fe, Mg, Ti) que colorean a la especie mineral. Son tanto más abundantes cuanto más básica o ultrabásica sea la roca ígnea. Los minerales máficos formadores de rocas ígneas tienen coloraciones variadas en muestra de mano (verde, rojizo y con mucha frecuencia negros), pero sin brillo metálico, como son los minerales opacos al microscopio (sulfuros, óxidos, etc.). Presentan al microscopio petrográfico las siguientes características comunes:

— Desde incoloros hasta coloreados y pleocroicos.
— Exfoliación generalmente muy marcada (salvo en el olivino).
— Relieve alto.
— Birrefringencia normalmente alta (colores de interferencia de segundo y tercer orden).

En la siguiente tabla se resumen los grupos de minerales máficos principales que forman las rocas ígneas.

Nesosilicatos	Grupo del olivino		**Forsterita–Fayalita**
Sorosilicatos	Melilita		**Gehlenita–Akermanita**
Inosilicatos	Piroxenos	Ortopiroxenos	**Enstatita-Ferrosilita**
		Clinopiroxenos	**Augita** **Diópsido-Hedembergita** **Augita egirínica-Egirina**
	Anfíboles	Ortoanfíboles	**Antofilita-Gedrita**
		Clinoanfíboles	**Hornblendas s.l.**
Filosilicatos	Micas	Dioctaédricas	**Moscovita**
		Trioctaédricas	**Biotita** **Flogopita**

GRUPO DEL OLIVINO

Forsterita (Fo) Mg_2SiO_4 **Fayalita (Fa)** Fe_2SiO_4 Ortorrómbicos. Biáxicos (±)

Los minerales del grupo del olivino tienen de fórmula general $A^{2+}SiO_4$, donde $A^{2+}=$ Fe, Mg, Mn^{2+} y Ni. Forman una solución sólida entre los términos extremos forsterita y fayalita, que se conoce de una manera general como olivino. Aunque teóricamente es posible distinguir su composición mediante métodos ópticos, hoy en día esto se realiza utilizando el análisis por microsonda de electrones.

■ Propiedades ópticas más distintivas:

— Incoloro (salvo olivinos ricos en fayalita: amarillo o verde pálidos), pero con birrefringencias altas (colores muy vivos), hasta de 3.er orden (foto 2.1).
— Exfoliación: pobre o mal definida.
— Extinción: recta.
— Alteración muy común. Puede estar reemplazado total o parcialmente por serpentina o por agregados de óxidos e hidróxidos de Fe y cloritas, de coloración rojiza característica, que se les denomina agregados *iddingsíticos* (fotos 2.2, 2.3 y 7.21).

GRUPO DE LA MELILITA   Tetragonal. Uniáxico (±)

Melilita   **(Mel)**   (Ca, Na)$_2$[(Mg, Fe, Si, Al)$_3$ O$_7$]
Akermanita   **(Ak)**   Ca$_2$[Mg Si$_2$ O$_7$]
Gehlenita   **(Gh)**   Ca$_2$[Al$_2$SiO$_7$]

Grupo de minerales propios de rocas subsaturadas en SiO_2 que forman soluciones sólidas entre sí y que desempeñan el papel de los feldespatos calcosódicos en rocas volcánicas alcalinas y filonianas (lamprófidos). Suele encontrarse en rocas con feldespatoides (rocas alcalinas muy subsaturadas en SiO_2), pero es incompatible con plagioclasa y anfíbol (Deer et al., 1992).

Características distintivas más notables:

— Cristales incoloros, con birrefringencia típicamente baja (grises azulados y oscuros) (fotos 2.4 y 3.10).
— Con mucha frecuencia forma cristales idiomorfos en secciones tabulares (fotos 7.23 y 7.24).
— Índice de refracción elevado.
— Ángulo de extinción recto.
— Abundantes microinclusiones (vidrio, zeolitas) que le dan un cierto zonado en reloj de arena y aspecto turbio (foto 2.4).

GRUPO DE LOS PIROXENOS

Constituye un grupo de minerales de fórmula general ABZ_2O_6 donde A = Ca, Fe^{2+}, Li, Mg, Mn^{2+}, Na, Zn; B = Al, Cr, Fe^{3+}, Mg, Mn^{2+}, Sc, Ti, V^{3+}; Z = Si y Al. La clasificación de los piroxenos, de acuerdo con la International Mineralogical Association (I.M.A.), se encuentra en Morimoto (1988) (Fig. 1.4).

Atendiendo a su sistema de cristalización se pueden clasificar en dos grupos: ortopiroxenos (ortorrómbicos) y clinopiroxenos (monoclínicos). Todos los piroxenos son miscibles entre sí, pero en cantidades limitadas.

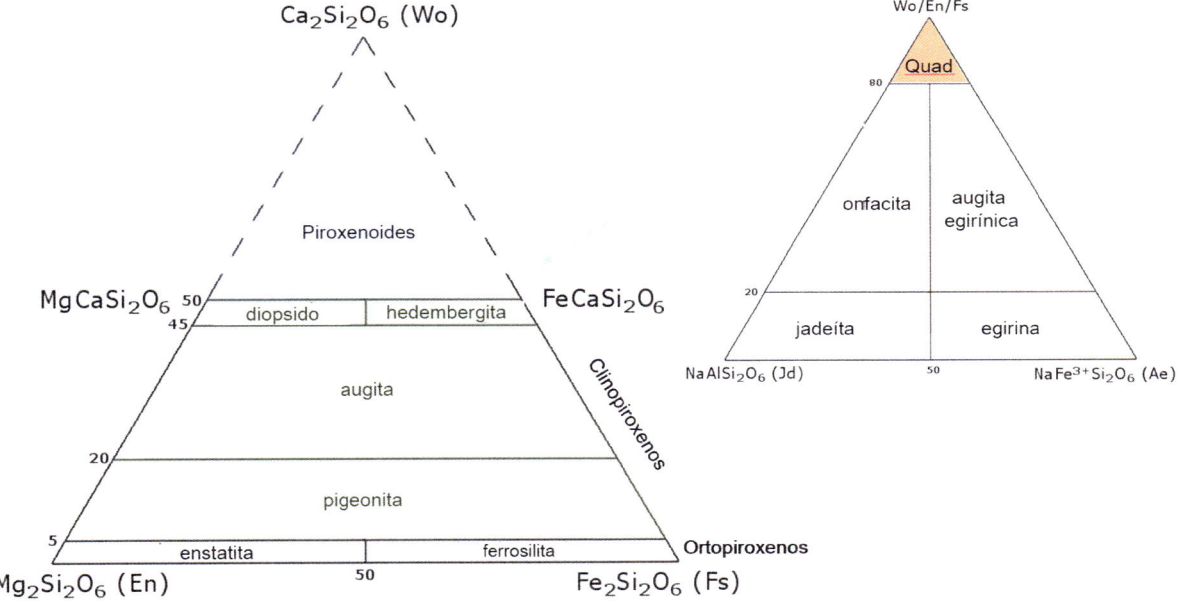

Figura 1.4. Nomenclatura de los piroxenos Ca-Mg-Fe (izqda.) y Ca-Mg-Fe y Na (dcha.) (Morimoto, 1988). El área Quad (Wo-En-Fs) representa el triángulo de la izquierda.

Características generales más distintivas de los piroxenos:

— En secciones basales presentan una exfoliación perfecta y característica en dos direcciones que se cruzan aproximadamente a 90° (los anfíboles lo hacen a 60°, aproximadamente) (Fig. 1.5).
— No son pleocroicos o su pleocroísmo es muy débil.

— Exsoluciones: frecuentes lamelas de clinopiroxenos en ortopiroxenos o a la inversa.

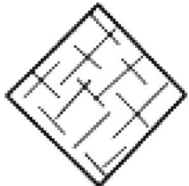 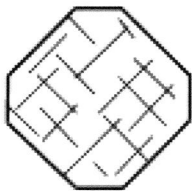 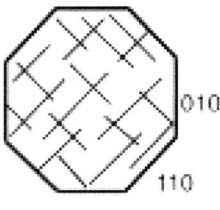 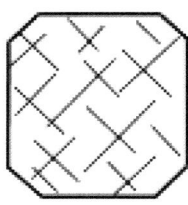 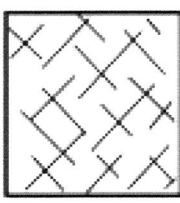

Figura 1.5. Secciones basales más comunes de piroxenos, de cuatro y ocho caras. Los planos de exfoliación se cruzan casi ortogonalmente (93°).

ORTOPIROXENOS Ortorrómbicos Biáxicos (±)

Enstatita   **(En)** $SiO_2.MgO$
Ferrosilita   **(Fs)** $SiO_2.FeO$

Por regla general ambos términos se encuentran formando una solución sólida de composición intermedia que se conoce informalmente como hiperstena.

Características generales más distintivas:

— Incoloros o ligeramente coloreados (fotos 2.5 y 2.6). Ocasionalmente con muy ligero pleocroísmo verde o rosa.
— Birrefringencia baja, gris a amarillo de primer orden (foto 2.5).
— Extinción recta.

CLINOPIROXENOS Monoclínicos   Biáxicos (+)

Diópsido (Di) $2SiO_2.CaO.MgO$ **Hedembergita (Hd)** $2SiO_2.CaO.Fe^{2+}O$

Características generales más distintivas:

— Incoloro (Di) a verdoso débil (Hd), con colores de interferencia altos.
— Sus ángulos de extinción son altos, en torno a los 45° (diferencia con clinoanfíboles) (Fig. 1.6).

Augita (Aug) $(Ca,Na)(Mg,Fe,Al,Ti)(Si,Al)_2 O_6$
Pigeonita (Pgt) $(Mg,Fe^{2+},Ca,)(Mg,Fe^{2+})Si_2O_6$
Augita egirínica $(Na,Ca)(Fe^{3+},Fe^{2+},Mg)Si_2O_6$

La augita y pigeonita forman solución sólida, que se suele denominar augita en sentido amplio. En ambientes alcalinos la augita puede admitir en solución sólida una cierta cantidad del piroxeno sódico egirina. Este tipo de augita recibe el nombre de augita egirínica y tiene algunas características propias que la hacen perfectamente distinguible.

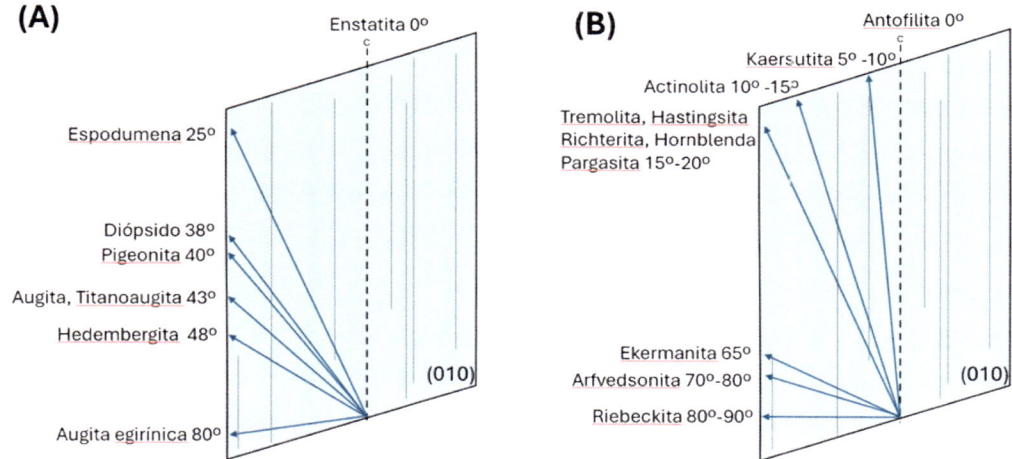

Figura 1.6. (A) Ángulos de extinción de clinopiroxenos, (B) de anfíboles. Modificado de Schmidt (2023).

Características generales más distintivas de la augita y la augita egirínica:

— La augita es de color marrón a malva muy claros, tanto más intenso cuanto más rico en titanio (fotos 2.7 y 2.9). El término egirínico presenta un color verdoso (fotos 2.8 y 2.10) y puede ser moderadamente pleocroico.
— Pueden presentar zonados cromáticos que se corresponden con zonados composicionales (fotos 2.8 y 2.9), a veces en sectores, que recuerdan formas de reloj de arena (foto 4.6).
— Birrefringencia de segundo orden, que puede quedar enmascarada por los colores más fuertes de estos términos (foto 2.9).
— Ángulo de extinción: oblicua, de ángulo próximo a los 45° (salvo términos egirínicos, con <20°) (Fig. 1.6A).
— Maclado: frecuente (foto 2.9).

GRUPO DE LOS ANFÍBOLES

Constituye un grupo de minerales con una gran variedad de composiciones y apariencias. Tienen de fórmula general $A_{0-1}B_2C^{VI}_5T^{IV}_8O_{22}X_2$, donde A = vacante (□), Na, K, Ca, Pb, Li; B = Na, Ca, Mn^{2+}, Fe^{2+}, Mg, Li, y más raramente Zn, Ni y Co; C = Mg, Fe^{2+}, Mn^{2+}, Al, Fe^{3+}, Mn^{3+}, Cr^{3+}, Ti^{4+}, Li y Zr; T = Si, Ti y Al. Los aniones en X son: OH, F y Cl. Hay prácticamente una completa sustitución entre el sodio y el calcio, y entre el magnesio, hierro ferroso y manganeso, mientras que es limitada entre el hierro férrico y aluminio, y entre titanio y otros cationes de la posición C. Todos los términos son miscibles entre sí, pero en proporciones limitadas.

La clasificación de los anfíboles, de acuerdo con el I.M.A., se encuentra en Hawthorne et al. (2012), aunque es frecuente encontrar trabajos donde se siguen utilizando en términos y criterios de clasificación de una previa (Leake et al., 1997). Dentro de los anfíboles en donde los aniones (OH, F, Cl) son dominantes en la posición W, se pueden distinguir ocho subgrupos según los cationes que ocupen la posición B:

1. Anfíboles de magnesio-hierro y manganeso.
2. Anfíboles cálcicos (Fig. 1.8).
3. Anfíboles sódico-cálcicos (Fig. 8.3).
4. Anfíboles sódicos.

5. Anfíboles de litio.
6. Anfíboles sódicos (Mg-Fe-Mn).
7. Anfíboles de litio (Mg-Fe-Mn).
8. Anfíboles de litio y calcio.

Los anfíboles, por ser minerales hidratados, son propios de magmas más ricos en volátiles que los que forman solo piroxenos, pudiendo aparecer ligados a estos últimos minerales mediante procesos de hidratación o de deshidratación por ebullición magmática (ver texturas de tipo corona y aureola). Los ortoanfíboles solo aparecen en algunas rocas metamórficas y no se incluyen en este manual.

Características generales más distintivas de los anfíboles:

— Exfoliación: en secciones basales presentan una exfoliación perfecta y característica en dos direcciones que se cruzan aproximadamente a 56° y 124° (Fig. 1.7 y foto 2.11), mientras que en secciones longitudinales solo presentan un plano de exfoliación, moderadamente desarrollado (foto 2.12).

— Color: según su composición varían del verde (causado por el Fe^{2+}) en hornblendas (foto 9.5) y actinolita, al marrón-marrón rojizo (con Fe^{3+} y Ti dominantes) en hornblenda-kaersutita (fotos 9.7, 2.11 y 2.12). En los anfíboles sódicos, los álcalis (Na y K) tienen un pleocroísmo muy variado, de tonos verdes a lila o púrpura (p. ej. riebeckita y arfvedsonita) (fotos 2.13 y 8.24), dependiendo de la composición química de los mismos. Solo la tremolita, pobre en hierro, es incolora, mientras el término rico en hierro (término extremo de la serie tremolita-actinolita) presenta un color verde pálido (fotos 2.24 y 10.11).

— Ángulos de extinción bajos (entre 2° y 20°), generalmente menores que en clinopiroxenos (Fig. 1.6B).

— Maclas: pueden ser simples o múltiples (fotos 3.4 y 9.6).

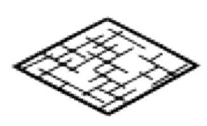 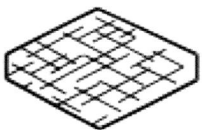 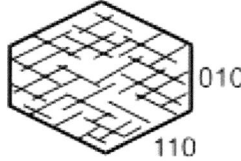 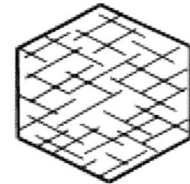 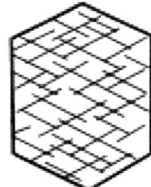

Figura 1.7. Secciones basales más comunes de los anfíboles (de 4 y 6 caras).

Clinoanfíboles: hornblendas (Hbl)   Monoclínico. Biáxico (+ o -).

Magnesiohornblenda $Ca_2[Mg_4(Al,Fe^{3+})]Si_7AlO_{22}(OH)_2$

Ferrohornblenda $Ca_2[Fe^{2+}_4(Al,Fe^{3+})]Si_7AlO_{22}(OH)_2$

La hornblenda es el más común de los anfíboles. Su presencia indica que se trata de rocas con un cierto carácter metalumínico (ver práctica 10), pues es un mineral rico en calcio. Realmente es un término que se utiliza en el campo para describir rocas plutónicas y volcánicas -básicas e intermedias-cuando aparece anfíbol en ellas, ya que para la clasificación correcta de estos anfíboles del subgrupo cálcico se tiene que disponer de su composición química. Este término va siempre acompañado de un prefijo (magnesio, magnesio-ferri-, -ferro-, etc.). En la Figura 1.8A se muestra la tabla, tomada de Hawthorne et al. (2012), con los nombres para los anfíboles cálcicos, y en la 1.8B un diagrama de clasificación de los anfíboles cálcicos más comunes.

(A)

Composición de los términos finales de los anfíboles cálcicos

$\square Ca_2Mg_5Si_8O_{22}(OH)_2$	Tremolita
$\square Ca_2(Mg_4Al)(Si_7Al)O_{22}(OH)_2$	Magnesio hornblenda
$\square Ca_2(Mg_3Al_2)(Si_6Al_2)O_{22}(OH)_2$	Tschermakita
$NaCa_2Mg_5(Si_7Al)O_{22}(OH)_2$	Edenita
$NaCa_2(Mg_4Al)(Si_6Al_2)O_{22}(OH)_2$	Pargasita
$NaCa_2(Mg_3Al_2)(Si_5Al_3)O_{22}(OH)_2$	Sadanagaita
$CaCa_2(Mg_3Al)(Si_5Al_3)O_{22}(OH)_2$	Canilloita
$NaCa_2(Mg_4Ti)(Si_5Al_3)O_{22}(OH)_2$	*Rootname 4*
$Pb^{2+}Ca_2(Mg_3Fe_2^{3+})(Si_6Be_2)O_{22}(OH)_2$	Joeshmitita
$\square Ca_2Fe_5^{2+}Si_8O_{22}(OH)_2$	Ferro-actinolita
$\square Ca_2(Fe_4^{2+}Al)(Si_7Al)O_{22}(OH)_2$	Ferro-hornblenda
$\square Ca_2(Fe_3^{2+}Al_2)(Si_6Al_2)O_{22}(OH)_2$	Ferro-tschermakita
$NaCa_2Fe_5^{2+}(Si_7Al)O_{22}(OH)_2$	Ferro-edenita
$NaCa_2(Fe_4^{2+}Al)(Si_6Al_2)O_{22}(OH)_2$	Ferro-pargasita
$NaCa_2(Fe_3^{2+}Al_2)(Si_5Al_3)O_{22}(OH)_2$	Ferro-sadanagaita
$CaCa_2(Fe_4^{2+}Al)(Si_5Al_3)O_{22}(OH)_2$	Ferro-canilloita
$NaCa_2(Fe_4^{2+}Ti)(Si_5Al_3)O_{22}(OH)_2$	Ferro-*rootname 4*
$\square Ca_2(Mg_4Fe^{3+})(Si_7Al)O_{22}(OH)_2$	Magnesio-ferri-hornblenda
$\square Ca_2(Mg_3Fe_2^{3+})(Si_6Al_2)O_{22}(OH)_2$	Ferri-tschermakita
$NaCa_2(Mg_4Fe^{3+})(Si_6Al_2)O_{22}(OH)_2$	Magnesio-hastingsita
$NaCa_2(Mg_3Fe_2^{3+})(Si_5Al_3)O_{22}(OH)_2$	Ferri-sadanagaita
$CaCa_2(Mg_3Fe^{3+})(Si_5Al_3)O_{22}(OH)_2$	Ferri-canilloita
$\square Ca_2(Fe_4^{2+}Fe^{3+})(Si_7Al)O_{22}(OH)_2$	Ferro-ferri-hornblenda
$\square Ca_2(Fe_3^{2+}Fe_2^{3+})(Si_6Al_2)O_{22}(OH)_2$	Ferro-ferri-tschermakita
$NaCa_2(Fe_4^{2+}Fe^{3+})(Si_6Al_2)O_{22}(OH)_2$	Hastingsita
$NaCa_2(Fe_3^{2+}Fe_2^{3+})(Si_5Al_3)O_{22}(OH)_2$	Ferro-ferri-sadanagaita
$CaCa_2(Fe_4^{2+}Fe^{3+})(Si_5Al_3)O_{22}(OH)_2$	Ferro-ferri-canilloita

(B)

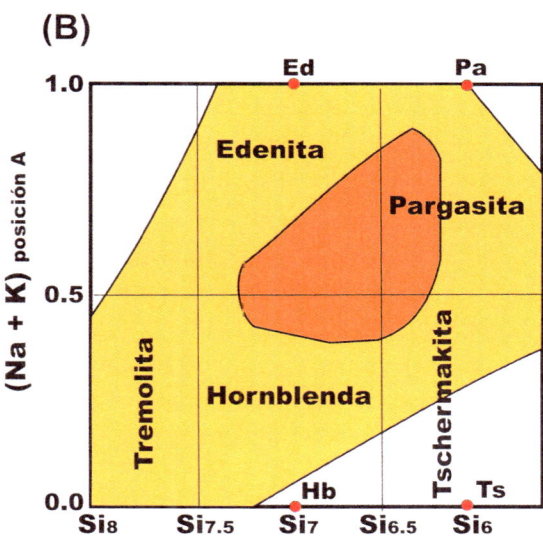

Figura 1.8. (A) Miembros finales de la clasificación de los anfíboles cálcicos, según Hawthorne et al. (2012). (B) Diagrama de clasificación de anfíboles cálcicos, en donde el área amarilla define las composiciones registradas y la naranja las más comunes de ellas. Tomado de http://www.alexstrekeisen.it/index.php.

GRUPO DE LAS MICAS

Constituye un numeroso grupo de filosilicatos[3] (41 minerales según datos de 1999) de fórmula general: $I\ M_{2-3}\ \square_{1-0}\ T_4O_{10}A_2$, en donde la posición I está ocupada, fundamentalmente, por K, Na, Ca y, en menor medida, Cs, NH_4, Rb y Ba; M por Li, Fe^{2+}, Fe^{3+}, Mg, Al, Ti y, en menor medida, Mn^{2+}, Mn^{3+}, Zn, Cr y V; $\square$ representa una vacante; T = Si, Al, Fe^{3+} y, ocasionalmente, B y Be; y, finalmente, A = F, OH, Cl y, de manera ocasional, O y S.

La clasificación de las micas de acuerdo con la I.M.A. (Rieder et al., 1998) establece la principal división en función de los cationes que ocupan la posición M, distinguiéndose dos grupos:

1. Micas dioctaédricas: M< 2.5 cationes por fórmula unidad.
2. Micas trioctaédricas: M ≥ 2.5 cationes por fórmula unidad.

Son, entre los minerales primarios, los más hidratados (tienen dos moléculas de agua) y su presencia denota siempre un acusado contenido de agua en el magma del que cristalizaron. Son también uno de los principales minerales potásicos de una roca ígnea (junto a los feldespatos alcalinos).

Características generales más distintivas de las micas:

— Forma: en secciones transversales es tabular y en secciones basales es pseudohexagonal.
— Exfoliación: un único plano de exfoliación perfecto, que forma líneas de exfoliación abundantes y bien definidas, paralelas al lado largo de secciones tabulares, mientras que en secciones basales no aparecen (foto 2.15).
— Birrefringencia de 2.º orden, que da lugar a reflexiones internas (aspecto moteado o chardinado, o en ojo de perdiz). En las micas claras esta birrefringencia es muy evidente (foto 2.14), mientras que en las micas oscuras el propio color de la mica la enmascara y oscurece (foto 2.16).
— Extinción recta (fácilmente medible respecto a estos planos de exfoliación), pero imperfecta debido a reflexiones internas.

Micas dioctaédricas   Monoclínico. Biáxico (-)

Moscovita (Ms) $K_2Al_4[Si_6Al_2O_{20}](OH,F)$ o $6SiO_2.3Al_2O_3.K_2O.2H_2O$

Desde un punto de vista petrológico es la principal mica dioctaédrica. Por ser un mineral de color claro (*de visu* suele ser plateado), se lo considera dentro del cómputo de los minerales leucocráticos.

La moscovita solo se forma en magmas peralumínicos (ver prácticas 9 y 10), siendo por lo general uno de los últimos minerales en cristalizar, con mucha frecuencia ya en condiciones próximas al *solidus*. La distinción entre la moscovita primaria y secundaria no siempre es fácil. En general la moscovita primaria aparece en secciones robustas y limpias, mientras que la secundaria se distingue porque puede hallarse relacionada con el mineral peralumínico al que reemplaza, pseudomorfizándolo (p. ej. andalucita, cordierita, granate, biotita, etc.), o bien se presenta como sericita, es decir, en agregados de microcristales de micas blancas, que alteran a los feldespatos.

Propiedades ópticas más distintivas:

— Cristales incoloros en los que resaltan los planos de exfoliación (foto 2.14).
— Birrefringencia en vivos colores, en lo alto del segundo orden al bajo del tercero (foto 2.14).
— Pleocroísmo de relieve (girando el cristal con nícoles paralelos la exfoliación y el contorno del cristal aparecen sucesivamente más intensos, hasta casi desaparecer).

Micas trioctaédricas (Biotita): Monoclínico. Biáxico (-)

Annita (Ann) $K_2Fe_6[Si_6Al_2O_{20}](OH)_4$ o $6SiO_2.Al_2O_3.6FeO.K_2O.2H_2O$
Flogopita (Phl) $K_2Mg_6[Si_6Al_2O_{20}](OH)_4$ o $6SiO_2.Al_2O_3.6MgO.K_2O.2H_2O$
Siderofillita (Sid) $K_2Fe_4Al_2[Si_4Al_4O_{20}](OH)_4$ o $4SiO_2.3Al_2O_3.4FeO.K_2O.2H_2O$
Eastonita (Eas) $K_2Mg_4Al_2[Si_4Al_4O_{20}](OH)_4$ o $4SiO_2.3Al_2O_3.4MgO.K_2O.2H_2O$

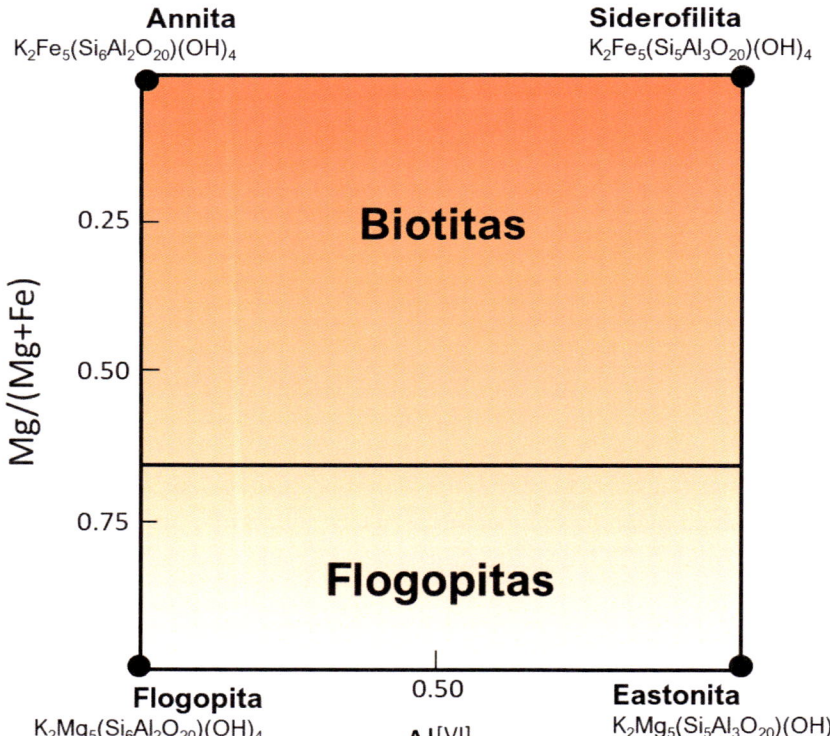

Figura 1.9. Clasificación de las micas trioctaédricas oscuras. Deer et al. (1966).

Normalmente estas cuatro micas se encuentran formando soluciones sólidas en proporciones muy variables e imposibles de distinguir al microscopio. Por ello a estas soluciones se las ha venido denominando, de una manera genérica, biotita. Una idea del quimismo de las biotitas en función de sus contenidos en cada uno de los términos descritos lo da el diagrama adjunto (Fig. 1.9).

Las variedades de composición flogopítica son típicas de rocas ígneas ricas en magnesio, de carácter ultramáfico y/o ultrabásico (peridotitas, kimberlitas, etc.), y ricas en potasio (lamproítas, lamprófidos, shoshonitas, etc.).

Propiedades ópticas más distintivas:

— Color marrón más o menos rojizo (fotos 2.15 y 2.17) y a veces verdoso (distinto al de la clorita). Las variedades muy ricas en flogopita son más anaranjadas (foto 2.21).
— Pleocroísmo muy marcado, de anaranjado a marrón, rojizo o verde (2.18).
— Extinción recta, a diferencia de los anfíboles, con algunos de los cuales se puede confundir.
— Con frecuencia tiene inclusiones de apatito, opacos, circón, etc. (fotos 2.15 y 2.18).
— Exsoluciones de TiO_2 que dan lugar a agujas de rutilo (texturas sageníticas) (foto 2.20).
— Frecuente alteración a clorita (foto 8.1) o a moscovita (las variedades más alumínicas, foto 2.19). En rocas volcánicas se oxida y da márgenes opacos (agregado muy fino de Mt, Hm, Sp y Px) por pérdida de presión de agua.

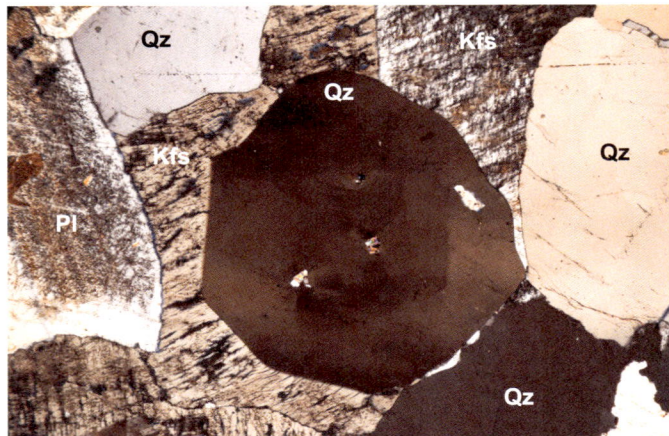

1.1. Fotografía microscópica con nícoles cruzados. En el centro, cristal idiomorfo de cuarzo con extinción ondulante. Está rodeado de cristales intersticiales de feldespato potásico, de tipo microclina, así como de plagioclasa anubarrada por alteración. Roca granítica.

1.2. Fotografía microscópica con nícoles cruzados. Microfenocristales de cuarzo, parcialmente disueltos, dando lugar a golfos de corrosión. Están dentro de una matriz criptocristalina que presenta microlitos de biotita y plagioclasa y, en menor abundancia, sanidina (no aparece en la foto). Dacita (México).

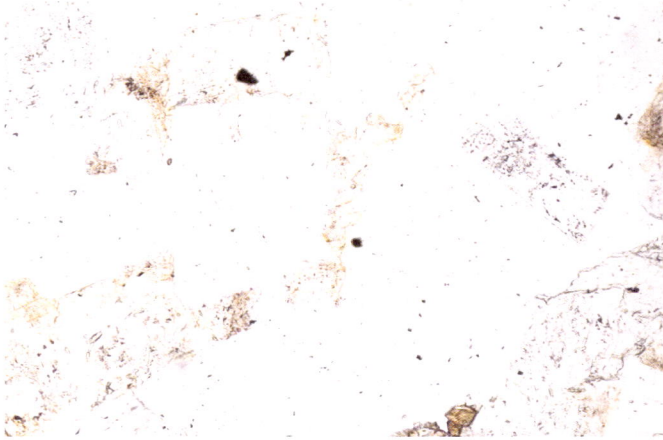

1.3. Fotografía microscópica con nícoles paralelos. Tinción amarillenta del feldespato potásico en contraste con la ausencia de tinción en el cuarzo (totalmente incoloro) y la plagioclasa (de aspecto sucio, por la alteración a sericita). Leucogranito.

1.4. Fotografía microscópica con nícoles cruzados. Detalle de la macla en enrejado de un cristal de microclina. Se observan también pertitas en venas muy finas. Roca granítica.

1.5. Fotografía microscópica con nícoles cruzados. Detalle de la macla polisintética, fina y difusa (peor dibujada que en plagioclasa), en un fenocristal de anortoclasa. Matriz microcristalina formada por microlitos de anortoclasa, con textura traquítica de flujo ígneo. Traquita (Canarias).

1.6. Fotografía microscópica con nícoles cruzados. Fenocristal de sanidina (algo teñido de amarillo) en una matriz mixta: criptocristalina-vítrea. Otros fenocristales visibles en esta roca volcánica son de plagioclasa y biotita. Dacita (México).

1.7. Fotografías microscópicas con nícoles paralelos (superior) y cruzados (inferior). Microlitos de sanidina (pueden no teñirse con el cobaltinitrito), con hábito tabular largo y macla simple característica. El marcado flujo ígneo (orientación de cristales) define la microestructura traquítica de la roca. Traquita (Canarias).

1.8. Fotografía microscópica con nícoles cruzados. Cristal subidiomorfo de plagioclasa con dos etapas principales de crecimiento, que contrastan por rango de ángulo de extinción diferentes: el sector central con zonado oscilatorio, y el borde con zonado concéntrico, directo. La orientación del cristal impide ver con precisión el maclado polisintético. Dacita biotítica del campo volcánico del Cabo de Gata (Almería, España).

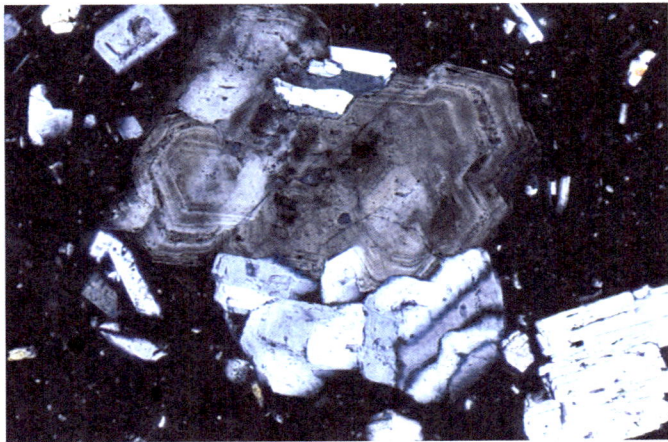

1.9. Fotografía microscópica con nícoles cruzados. Glomerocristal de varios cristales menores de plagioclasa, con crecimiento en sinneusis y zonado oscilatorio. Está rodeado de una matriz fundamentalmente vítrea. Andesita (Almería).

1.10. Fotografía microscópica con nícoles cruzados. Cristal subidiomorfo de plagioclasa con macla polisintética (y ligero zonado) en una roca cuarzodiorítica, rica en biotita.

1.11. Fotografía microscópica con nícoles cruzados. Cristales subidiomorfos tabulares de plagioclasa, que exhibe maclado polisintético. Hay también biotita intersticial y algunos cristales de piroxeno (de birrefringencia alta). Roca tonalítica.

1.12. Fotografía microscópica con nícoles cruzados. Cristal de plagioclasa con intensa alteración a sericita en la parte central (de composición más anortítica) y limpia en el borde, en donde se puede apreciar un ligero zonado concéntrico. Roca granítica.

1.13. Fotografías microscópicas con nícoles paralelos (izda.) y cruzados (dcha.) (x100). Cristales subidiomorfos de nefelina parcialmente incluidos en un cristal de feldespato alcalino (con macla simple). Con nícoles cruzados contrasta el gris oscuro del feldespato potásico (Kfs) frente al más luminoso y ligeramente azulado de la Ne. También se observa, en la parte inferior, un cristal idiomorfo de titanita. Sienita nefelínica de Boavista (Cabo Verde).

1.14. Fotografías microscópicas con nícoles paralelos (izda.) y cruzados (dcha.). Nefelina parcialmente alterada acancrinita, con mayor birrefringencia, a favor de microfracturas. El tipo de alteración ayuda a diferenciarla del feldespato alcalino, ya que en este la alteración a sericita es por sectores y provoca un aspecto anubarrado al cristal. Roca sienítica.

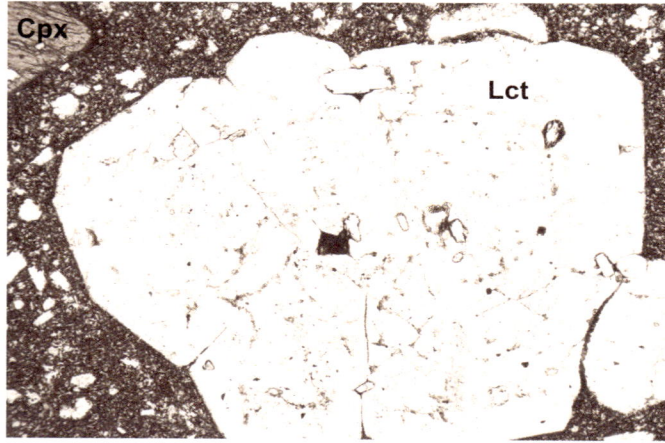

1.15. Fotografía microscópica con nícoles paralelos (x100). Detalle de cristales euhédricos de leucita en agregados en sinneusis, con una marcada zonación concéntrica, definida por las microinclusiones. Roca basanítica leucitítica.

1.16. Fotografía microscópica con nícoles cruzados (x100). Detalle de la característica macla polisintética de la leucita en sectores cruzados a unos 120 o 60°. Dado que la leucita es pseudoisótropa, para poder observar con nitidez este maclado ha de subirse al máximo la intensidad de la luz del microscopio.

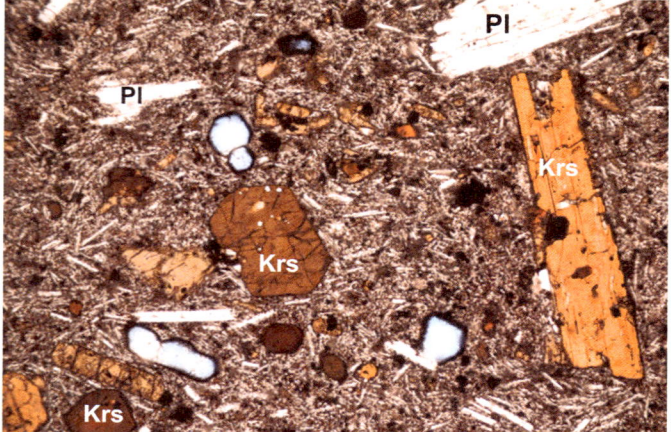

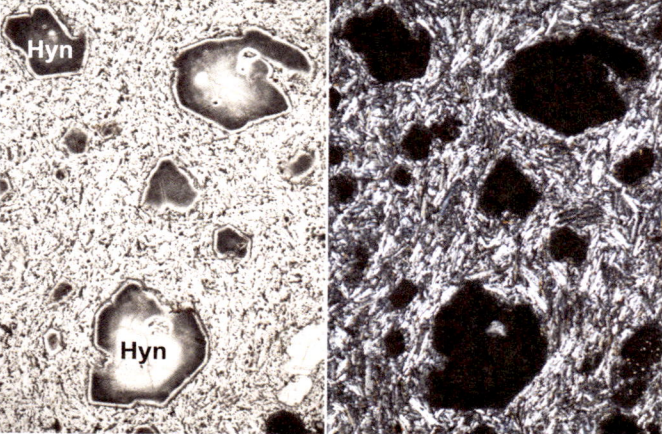

1.17. Fotografía microscópica con nícoles paralelos (x25). Microfenocristales de haüyna de color azul pálido, con bordes oscuros y parcialmente corroidos o disueltos (de ahí su forma redondeada). Están rodeados de una matriz de microlitos de plagioclasa (cristales tabulares incoloros) y anfíbol tipo kaersutita (Krs), en secciones transversales y longitudinales. Tefrita haüynica (Canarias).

1.18. Fotografías microscópicas con nícoles paralelos (izda.) y cruzados (dcha.) (x25). Cristales ce haüyna incolora (Hyn) con zonado cromático definido por las microinclusiones de sulfuros. La haüyna es cúbica (isótropa al cruzar nícoles, foto de la dcha.). Fonolita haüynica de Canarias.

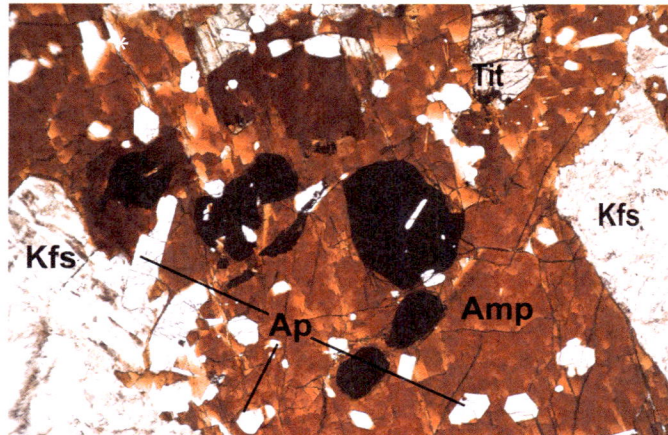

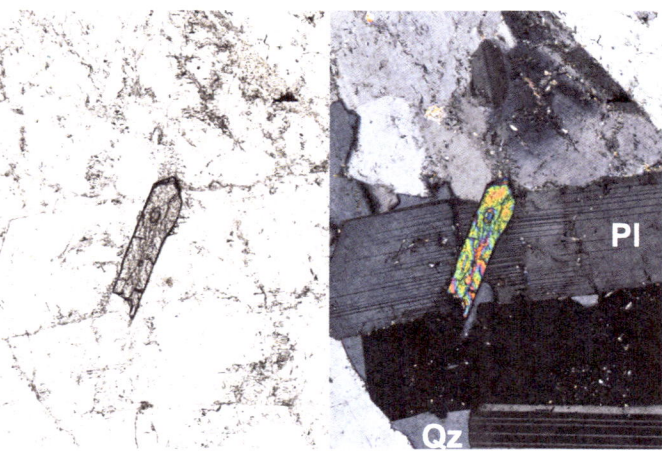

1.19. Fotografía microscópica con nícoles paralelos (x100). Cristales euhédricos incoloros de apatito (Ap), fundamentalmente en secciones basales (hexagonales) y alguna longitudinal, incluidos en un cristal de anfíbol (Amp) junto con minerales opacos (magnetita). El anfíbol es intersticialal feldespato potásico (Kfs). Roca sienítica.

1.20. Fotografías microscópicas con nícoles paralelos (izda.) y cruzados (dcha.) (x100). Cristal subdiomorfo de circón, incoloro y con alto relieve (bordes gruesos) (foto izda.) y con birrefringencia de segundo-tercer orden (foto dcha.). Roca tonalítica.

1.21. Fotografías microscópicas con nícoles paralelos (izda.) y cruzados (dcha.) (x100). Cristales subidiomorfos de titanita (esfena). El alto índice de refracción (alto relieve, bordes gruesos) provoca que el color ligeramente marrón enmascare la muy alta birrefringencia que tiene, de tal manera que el color, con o sin nícoles, es muy similar. Roca sienítica.

1.22. Fotografía microscópica con nícoles cruzados (x100). Relleno de una cavidad miarolítica en una sienita, con bordes tapizados de cristales de zeolita (fibras de colores grises) (Zeo) y relleno final de calcita (Cal) con birrefringencias en tono rosado. Essexita (monzogabro foidítico).

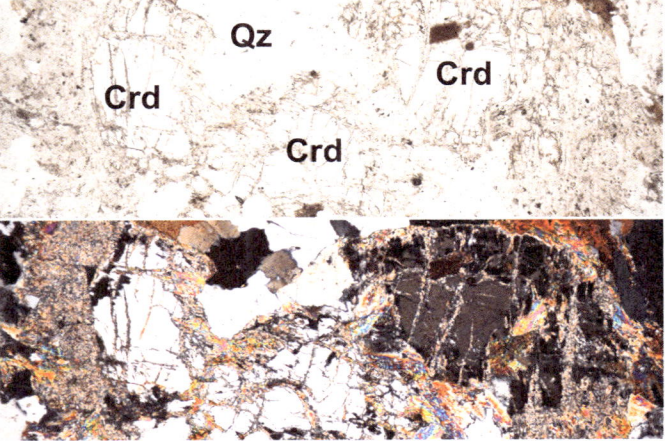

1.23. Fotografías microscópicas con nícoles paralelos (izda.) y cruzados (dcha.) (x100). Cristales subidiomorfos de andalucita (And). A pesar de ser incolora, su alto relieve y exfoliación moderada la hacen destacar sobre el cuarzo y feldespatos. El tono rojizo (asalmonado), por sectores, se debe a mayores contenidos en Fe^{3+}. Con nícoles cruzados la birrefringencia es gris, de ligeramente azulada a amarillenta. Roca granítica, peralumínica.

1.24. Fotografías microscópicas con nícoles paralelos (sup.) y cruzados (inf.) (x100). Cristales subidiomorfos de cordierita (Crd). Con nícoles paralelos lo más distintivo es su alteración apinnita, de borde a centro y a favor de microfracturas. Con nícoles cruzados, su birrefringencia es ligeramente más luminosa que las plagioclasas. Carece de buen maclado polisintético, pudiendo tener, en cambio, maclas cíclicas o radiales. Roca granítica, peralumínica.

2. Minerales accesorios y minerales secundarios

Los minerales accesorios son aquellos minerales magmáticos cuyo volumen en el contexto total de la roca quedan por debajo del 5%. En general son minerales muy importantes desde un punto de vista petrogenético. Sin embargo, su estudio es a veces complejo y, a menudo, cuando son de pequeño tamaño, pueden resultar difíciles de identificar, incluso en microscopios petrográficos.

2.1. MINERALES ACCESORIOS

Los principales minerales accesorios, por su ubicuidad en todo tipo de rocas, son los apatitos, con un importante significado petrogenético, ya que son los minerales que suelen contener casi todo el P y una buena parte del F y Cl de la roca.

Otro grupo de minerales muy importante es el constituido por el circón, monacita, allanita, xenotima, uraninita y torita, ya que son los portadores mayoritarios, y a veces únicos, de elementos químicos importantes entre los que se encuentran el Zr, las tierras raras (TR o REE), Y, U y Th. El estudio de estos minerales es muy útil: i) para explicar la geoquímica de los elementos traza en rocas ígneas; ii) para estudios isotópicos de edades y establecimiento de protolitos o rocas-fuente de magmas (p. ej. geocronología U/Pb en circón o monazita, ambos muy resistentes a la alteración y metamorfismo), y iii) para ciertas clasificaciones y sistematización de tipos petrográficos meciante la morfología de los cristales de circón (Pupin, 1980), etc.

Minerales accesorios como ilmenita, magnetita, hematites, rutilo, cromita, titanita, perovskita, etc., concentran elementos como el Fe, Ti y, en menor medida, Cr, Mn, Mg, Ca, Nb, etc. Estos minerales son de utilidad para determinar condiciones de oxidación e incluso en la clasificación de series ígneas, por ejemplo, la relación ilmenita/magnetita en granitos. Muchos de ellos son opacos al microscopio petrográfico, de luz transmitida.

La presencia de otros minerales accesorios como son los silicatos de aluminio (principalmente andalucita y silimanita), corindón, granate, cordierita, turmalina, espinela alumínicas, topacio y berilo, indican un alto contenido en aluminio de la roca (su presencia puede indicar que se trata de rocas ígneas peralumínicas) y algunos de ellos, además, son los portadores mayoritarios del B, Be y, a veces, del F que pudiera contener el magma original.

Por último, otros minerales accesorios que se encuentran con cierta frecuencia y que pueden dar idea de ciertas condiciones magmáticas incluyen a la calcita (presencia de CO_2), ciertos sulfuros como pirita, pirrotina, etc. (presencia de S), pequeñas cantidades de anfíboles y piroxenos alcalinos (elevado grado de alcalinidad de la roca ígnea).

A continuación se indican algunos aspectos de los minerales accesorios más comunes en las rocas estudiadas en estas prácticas.

APATITO (Ap) $Ca_5(PO_4)_3(F,Cl,OH)$ Hexagonal, uniáxico (-)

Se trata de una solución sólida de, al menos, tres términos extremos: **fluorapatito, cloroapatito** e **hidroxiapatito,** con F, Cl o OH, respectivamente.

Los apatitos se pueden encontrar con morfologías muy diversas, desde secciones basales hexagonales a secciones prismáticas largas, a veces de tendencia aciculares (foto 8.5), y tanto en cristales intersticiales como incluidos en otros minerales (fotos 1.19 y 2.24).

Propiedades ópticas más distintivas:

— Incoloro, con birrefringencia baja (grises), que recuerdan al cuarzo del que se distingue por tener un relieve algo mayor (foto 1.19), además del carácter uniáxico (-).
— Extinción recta.
— Índice de refracción moderadamente alto.
— No aparece maclado, ni presenta líneas de exfoliación, ni alteración alguna.

CIRCÓN (Zrn) $Zr[SiO_4]$ o $SiO_2.ZrO_2$ Tetragonal, uniáxico (+)

Presente en casi todas las rocas ígneas, a menudo incluido en otros minerales, especialmente en micas ferromagnesianas (*biotita*). Puede tener importantes sustituciones de U y Th, o inclusiones de microcristales de torita y uraninita no perceptibles al microscopio petrográfico. En ambos casos la radioactividad de estos elementos destruye, en mayor o menor medida, no solo parte de la red cristalina del circón sino la de la mica o mineral anfitrión, produciendo unos halos opaquizados (halos *metamícticos*), amorfos, que son muy ostensibles en micas (foto 2.18).
Propiedades ópticas más distintivas:

— Incoloro: puede dar lugar a halos metamícticos en biotita y otros minerales máficos.
— Elevado índice de refracción.
— Birrefringencia: alta (de 2.º y 3.er orden) (foto 1.20).

ÓXIDOS de Fe-Ti

Son todos ellos minerales opacos (minerales negros al microscopio petrográfico, foto 1.19) a excepción del rutilo, que es de color marrón oscuro. Los principales son:

Ilmenita (Ilm) $TiO_2.FeO$ (trigonal)
Magnetita (Mag) $FeO.Fe_2O_3$ (cúbico)
Hematites (Hem) Fe_2O_3 (trigonal)
Rutilo (Rt) TiO_2 (tetragonal)

La hematites y el rutilo se pueden formar en etapas claramente postmagmáticas (minerales secundarios), tanto como alteración de la ilmenita o magnetita, como por exsolución del Ti contenido en las micas ferromagnesianas al transformarse en clorita. En este último caso se pueden formar agregados de cristales aciculares de rutilo que forman entre sí ángulos aproximados de 60°, conocidos como texturas *sageníticas*.

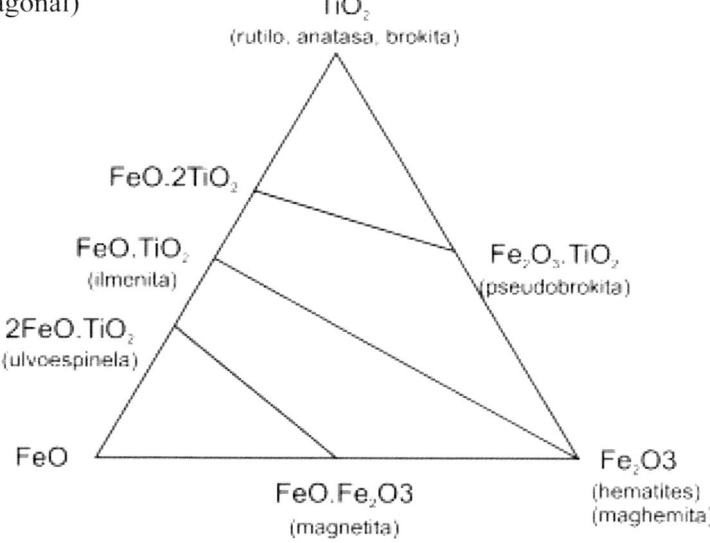

Figura 2.1. El sistema FeO - Fe_2O_3 - TiO_2 con los minerales y series de solución más comunes. Deer et al. (1966).

TITANITA (Ttn) $CaTi[SiO_4](O,OH,F)$ o $SiO_2.CaO.TiO_2$ Monoclínico, biáxico (+)

También conocido como *esfena*. Puede encontrarse tanto como mineral primario como secundario, en este último caso formado a partir de minerales ricos en Ti como ilmenita. También se puede formar durante la cloritización de micas ferromagnesianas ricas en Ti. Es un accesorio típico de rocas ígneas metalumínicas y peralcalinas.

Propiedades ópticas más distintivas:

— Suele formar cristales idiomorfos que en sección presentan típicas formas romboidales de bajo ángulo y con exfoliación moderada.
— Incolora a marrón característico.
— Birrefringencia: extremadamente alta (3.er orden) (fotos 1.21, 10.13 y 10.14).
— Pleocroísmo: marrón.
— Índice de refracción muy alto.
— Extinción: oblicua.

CALCITA (Cal) $CaCO_3$ o $CaO.CO_2$ Trigonal, uniáxico (+)

Propiedades ópticas más distintivas:

— Incolora.
— Exfoliación muy manifiesta a 75°, en forma de rombos.
— Pleocroismo: de relieve con nícoles paralelos.
— Maclado: con frecuencia en forma de lamelas.
— Birrefringencia extrema, en tonos rosados o irisados suaves (foto 1.22).

Minerales índice de rocas ígneas peralumínicas (ver también capítulos 9 y 10) que suelen aparece en proporciones modales accesorias:

— Polimorfos del silicato alumínico: andalucita y silimanita.
— Cordierita.
— Grupo del granate.
— Grupo de la turmalina.
— Grupo de la espinela.
— Otros: topacio, berilo, fluorita (en rocas muy félsicas, p. ej. leucogranitos y pegmatitas graníticas).

ANDALUCITA (And) Al_2SiO_5 o $SiO_2.Al_2O_3$ Ortorrómbico, biáxico (-)

Los tres polimorfos del silicato de aluminio: **cianita** (distena), **andalucita** y **silimanita,** reflejan con su presencia unas condiciones de formación a unas presiones y temperaturas determinadas según su diagrama de estabilidad. La silimanita es propia de altas temperaturas y presión moderada, al contrario que la cianita. La andalucita se forma a menor temperatura y presión que aquellas. Aunque sea en las rocas metamórficas donde el estudio de estos silicatos es más profuso, en rocas ígneas su presencia es indicadora, además de las condiciones termobarométricas señaladas, de un alto grado de saturación en aluminio del magma en que se formaron. En ocasiones los silicatos de aluminio, sobre todo en rocas volcánicas, pueden proceder de la asimilación de enclaves de rocas metamórficas. La distena no aparece en rocas ígneas.

Propiedades ópticas más distintivas:

— Incolora a rosa salmón, tanto cuanto mayor sea la sustitución del Al por Fe^{3+}.
— No tiene pleocroísmo o es débilmente rosado por la presencia de hierro (fotos 1.23 y 10.17).
— Exfoliación: buena.
— Índice de refracción moderado.
— Extinción recta.
— Birrefringencia baja (gris a amarillo paja, de primer orden) (fotos 1.23 y 10.18).
— Alteración: muy frecuente a moscovita.

SILIMANITA (Sil) Al_2SiO_5 o $SiO_2.Al_2O_3$ Ortorrómbico, biáxico (+).

La silimanita forma cristales prismáticos más o menos alargados que, en determinados casos, pueden llegar a ser aciculares. En ocasiones los microcristales aciculares constituyen un entramado o agregado en forma de huso o madeja, variedad que se denomina *fibrolita*.
     Propiedades ópticas más distintivas:

— Incolora. En la variedad *fibrolita* puede aparecer de ligero color beige, debido a la presencia imperceptible de otros minerales que la acompañan (fotos 10.17 y 10.19).
— Relieve: moderadamente alto.
— Extinción: recta.
— Birrefringencia fuerte, aunque en variedades fibrosas no es perceptible.
— Alteración: frecuente a moscovita.

CORDIERITA (Crd) $(Mg,Fe)_2[Si_5Al_4O_{18}]nH_2O$ o $5SiO_2.2Al_2O_3.2(Fe,Mg)O$ Ortorrómbico (seudo-hexagonal), biáxico (±)

Ópticamente la cordierita es muy parecida al cuarzo o la plagioclasa, también incolora, con un bajo índice de refracción y color de polarización gris (fotos 1.24, 10.15 y 10.16). La presencia de maclas cíclicas, ocasionales, y el carácter biáxico son discriminatorios.
     Además es un mineral que se altera con mucha frecuencia, parcial o totalmente, a cloritas, moscovitas, serpentinas, óxidos de Fe, etc. Por lo general, esta alteración suele hacerse siempre visible en algún grano de la lámina delgada, lo que puede ser decisivo para su identificación. Estos microagregados de alteración de la cordierita, de color verde claro *de visu*, reciben el nombre de *pinnita* (fotos 1.24 y 10.15).

GRUPO DEL GRANATE (Grt)   Cúbico

Este grupo lo constituyen una serie de minerales de fórmula general $A_3B_2(SiO_4)_3$, en donde A = Ca, Fe^{2+}, Mg, Mn^{2+} B = Al, Cr, Fe^{3+}, Mn^{3+}, e incluso Si, Ti, V^{3+} y Zr. Por último, el Si puede encontrarse parcialmente sustituido por Al y Fe^{3+}. Estos minerales forman soluciones sólidas entre sí, en algunos casos, prácticamente, de manera continua.
     Los granates más importantes desde el punto de vista petrográfico son mezclas de los siguientes componentes:

Almandino   **(Alm)**   con B = Fe^{2+}
Espesartina   **(Sps)**   = Mn^{2+}
Piropo   **(Prp)**   = Mg
Grosularia   **(Grs)**   = Ca

A veces, son notables en estos minerales sus zonados químicos, lo que, sin embargo, no suele reflejarse en cambios de color perceptibles al microscopio. Todo ello hace que para su clasificación y determinación de sus posibles zonados sea imprescindible el uso de la microsonda de electrones.

En las rocas ígneas ácidas los granates suelen ser esencialmente de la serie almandino-espesartina, aumentando el contenido en piropo en las rocas básicas. Granates con contenidos mayoritarios de espesartina son típicos de rocas ígneas félsicas y pueden encontrarse en riolitas o riodacitas peralumínicas así como en leucogranitos y ciertas pegmatitas graníticas.

Propiedades ópticas más distintivas:

— Incoloros en lámina delgada.
— Su morfología tiende a ser equidimensional (cúbica), siendo característica su total extinción con nícoles cruzados (isótropos).
— Índice de refracción muy alto (fotos 9.15 y 10.20).

GRUPO DE LA TURMALINA (Tur)   Trigonal (-)

Las turmalinas forman un grupo de borosilicatos de fórmula general $WX_3Y_6(BO_3)_3Si_6O_{18}(O,OH,F)_4$, donde W = Na, K, Ca; X = Al, Fe^{2+}, Fe^{3+}, Li, Mg, Mn^{2+}; Y = Al, Cr, Fe^{3+} y V^{3+}. Las turmalinas forman soluciones sólidas entre sí, pero su grado de miscibilidad es muy variable, existiendo serias limitaciones entre muchas de ellas. Las turmalinas más frecuentes en rocas ígneas son las de la serie **chorlo, dravita, elbaíta** con Fe, Mg y Al como cationes principales en la posición X.

Propiedades ópticas más distintivas:

— Suelen ser coloreadas en tonos verdes, marrones y azulados, a veces con zonados cromáticos concéntricos, con un pleocroísmo muy acusado, de carácter inverso (el máximo color lo adquiere en posición N-S del retículo, al contrario que muchos minerales, p. ej. biotita, anfíbol) (foto 10.21).
— Ausencia de buena exfoliación (diferencia con anfíboles).
— Birrefringencia media a alta (foto 10.22).
— Extinción recta.
— Índice de refracción moderadamente alto.

GRUPO DE LA ESPINELA (Spl)   Cúbico

Cromita	**(Chr)**	$Fe^{2+}Cr_2O_4$
Magnetita	**(Mag)**	$Fe^{2+}Fe^{3+}_2O_4$
Hercinita	**(Hc)**	$Fe^{2+}Al_2O_4$
Espinela	**(Spl)**	$MgAl_2O_4$

Grupo de minerales que forman soluciones sólidas entre sí y que aparecen al microscopio de diversa manera, en función de su composición química. Así, mientras la magnetita y cromita son opacos, otras espinelas como, por ejemplo, la hercinita o la espinela s.s. son transparentes.

Propiedades ópticas más distintivas:

— Las espinelas en lámina delgada tienen colores verdes (hercinita) a marrones (picotita: Cr-hercinita), siendo distintivo su carácter isótropo con nícoles cruzados (fotos 6.11 y 6.12).
— Índice de refracción alto.

Minerales índice de rocas ígneas alcalinas y peralcalinas (ver capítulos 7 y 8):

— Anfíboles alcalinos: riebeckita, arfvedsonita (ver figura 8.3).
— Piroxenos alcalinos: egirina.
— Perovskita, titanita, apatito, fluorita.

2.2. MINERALES SECUNDARIOS (*subsolidus*, postmagmáticos)

Las rocas plutónicas tardan mucho tiempo en ser exhumadas a la superficie y pueden sufrir numerosas transformaciones metamórficas e hidrotermales. También los depósitos volcánicos expuestos en superficie pueden sufrir procesos hidrotermales de baja temperatura, tanto sincrónicos como muy posteriores a su consolidación. Todas estas transformaciones conllevan un reajuste de la mineralogía inicial que queda ahora lejos de las condiciones de equilibrio en las que se formaron. Como consecuencia inmediata comienzan a aparecer una serie de minerales que por su origen, en condiciones *subsolidus* o postmagmáticas, reciben el nombre genérico de minerales secundarios.

La cantidad de los mismos es una buena medida del grado de alteración de la roca ígnea primitiva. Aunque, lógicamente, existe una cierta movilidad de los elementos químicos en todo proceso hidrotermal, normalmente cabe esperar en la transformación de los minerales primarios la formación de otros secundarios con un quimismo más o menos afín a aquellos. Así, la alteración de los feldespatos y foides, originará minerales formados por Si, Al y álcalis, como son las micas dioctaédricas, clinozoisita, zeolitas, cancrinita, etc. Por el contrario, en la alteración de minerales ricos en ferromagnesianos aparecerán minerales como clinoanfíboles de baja temperatura (tremolita-actinolita), epidota, prehnita, cloritas, serpentina, hematites, rutilo, etc.

Algunos de estos minerales ya han sido descritos como minerales primarios, principales o accesorios, pues con tal carácter también pueden aparecer en las rocas magmáticas. Es el caso de la calcita y de la moscovita. Entre los minerales secundarios se debe considerar también al ópalo y al cuarzo, que pueden originarse a partir de fluidos hidrotermales enriquecidos en sílice, tal como ocurre en algunos fluidos que percolan en coladas volcánicas.

GRUPO DE LA EPIDOTA   Monoclínico, biáxico (±)

Epidota (Ep) $Ca_2(Fe^{3+},Al)Al_2O.OH.Si_2O_7.SiO_4$ o $6SiO_2.Fe_2O_3.2Al_2O_3.4CaO.H_2O$
Clinozoisita (Czo) $Ca_2Al_2=.AlOH[Si_2O_7][SiO_4]$ o $6\ SiO_2.3Al_2O_3.4CaO.H_2O$

Ambos minerales forman una solución sólida completa. La clinozoisita se puede formar por la alteración de la plagioclasa, e igual ocurre con la epidota, pero necesitando, en este caso, la alteración de algún otro mineral que aporte el Fe necesario. La epidota es más corriente que se forme a expensas de minerales ferromagnesianos que también pueden aportar el Ca necesario. Es rara la epidota *ss.* como mineral ígneo, salvo en granitoides de alta presión (p. ej. Zen y Hammarstrom, 1984).

La epidota forma también serie con la **allanita**, mediante sustituciones del Ca por elementos de las REE o del Y (con independencia de cuál sea la Tierra Rara o REE dominante), y del Fe^{3+} por el Fe^{2+}, para nivelar cargas. Desafortunadamente, no es posible conocer ópticamente este grado de sustitución. La allanita puede ser un mineral accesorio ígneo, frecuente en granitoides tipo-I (fotos 10.23 y 10.24).

Propiedades ópticas más distintivas:

— Incolora la clinozoisita y amarillenta (o verdosa) pálida la epidota.
— Exfoliación moderada.
— Índice de refracción alto.

— Birrefringencia moderada en la clinozoisita, con colores amarillentos a azulados, y muy alta en la epidota, con colores verdes, azules y rojos extremadamente llamativos (de 2.º orden) (manto de arlequín).

GRUPO DE LA CLORITA (Chl)   Monoclínicas, biáxica (±)

Se trata de un grupo de filosilicatos hidratados de Mg, Fe y Al, de aspecto micáceo que se forman en las rocas ígneas debido a la alteración de minerales ferromagnesianos, sobre todo a partir de las micas ferromagnesianas, en las que la trasformación a clorita lleva implícita la pérdida de todo el K y Ti.

Propiedades ópticas más distintivas:

— Color verde, variablemente pálido.
— Birrefringencia anómala, en grises y azules de primer orden, dependiendo de la composición (en general más azulados cuanto más ricos en Fe^{2+}) (foto 2.19).
— Extinción recta.

GRUPO DE LA ZEOLITA (Zeo)

Las zeolitas son un numeroso conjunto de silicatos con aluminio y álcalis que tienen la particularidad de tener una estructura que forma una serie de canales y jaulas, donde se pueden alojar numerosas moléculas de agua (hasta un 20% de su peso). Son minerales que se forman a bajas temperaturas, incluso a temperatura ambiente. Aunque con mayor frecuencia se forman a partir de rocas alcalinas volcánicas, algunas zeolitas se llegan a formar en granitos cuando están alterados, a partir de la hidrólisis de plagioclasa y feldespato alcalino.

Son minerales incoloros de bajo relieve, que pueden confundirse con feldespatos y feldespatoides de los que proceden. También pueden estar asociados a minerales secundarios como cancrinita, prehnita, carbonatos, etc. Igualmente las zeolitas pueden transformarse unas en otras, llegando a observarse crecimientos epitaxiales entre ellas. Muchas de las zeolitas forman agregados radiales (fibrosos) que pueden rellenar vacuolas, a veces con carbonatos (fotos 1.22 y 2.22).

GRUPO DE LA SERPENTINA: ANTIGORITA (Atg) $(Mg)_3Si_2O_5(OH)_4$ o $MgO. 2Si_2O. 2H_2O$

Es un subgrupo de minerales secundarios que se forman fundamentalmente como consecuencia del metamorfismo de bajo grado e hidrotermal en rocas básicas y ultrabásicas, normalmente peridotitas (foto 6.7), y que alteran minerales pobres en aluminio tales como olivino, anfíboles y piroxenos ricos en magnesio. En rocas básicas (basaltos y gabros) con olivino también puede aparecer alterando el olivino, parcial (fotos 6.9 y 6.10) o totalmente.

El subgrupo de la serpentina pertenece al grupo de la caolinita-serpentina, generalmente trioctaédrico, con fórmula genérica $X_23Si_2O_5(OH)_4$. Entre los miembros más comunes destacan la *antigorita* $Mg_3Si_2O_5(OH)_4$, el *crisotilo* $Mg_3Si_2O_5(OH)_4$ y la *lizardita* $Mg_3(Si_2O_5)(OH)_4$, con composiciones químicas muy parecidas.

Sus características distintivas más notables son:

— De incolora a verde pálido (lizardita, antigorita) o amarillento (crisotilo), con colores de interferencia débiles, similar al cuarzo.
— Birrefringencia de primer orden (grises a amarillentos) (foto 6.10).
— Índice de refracción muy bajo.
— Con frecuencia hábito fibroso a fibroso-radiado (asbestiforme).

ANFÍBOLES DE BAJA TEMPERATURA   Monoclínico, biáxico (-)

Tremolita (Tr) $Ca_2Mg_5[Si_8O_{22}](OH,F)_2$ o $8SiO_2.5MgO. 2CaO\ H_2O$

Actinolita (Ac) $Ca_2(Mg, Fe^{2+})_5[Si_8O_{22}](OH,F)_2$ o $8SiO_2.5(Mg,Fe^{2+})O. 2CaO\ H_2O$

Ambos minerales, que se suelen encontrar en forma de solución sólida, en rocas ígneas aparecen como productos de alteración de piroxenos o, incluso, de anfíboles primarios (foto 2.24). Tienen las características generales propias de los anfíboles.

Sus características distintivas más notables:

— Planos de exfoliación se cortan a 56°. Ángulos de extinción menores que hornblendas (Fig. 2.3b).
— La tremolita es incolora, adquiriendo tonalidades verde pálido hacia composiciones actinolíticas que pueden presentar ligero pleocroísmo (fotos 2.24 y 10.11).
— Aparecen frecuentemente en agrupaciones de cristales aciculares.
— Birrefringencia de segundo orden.

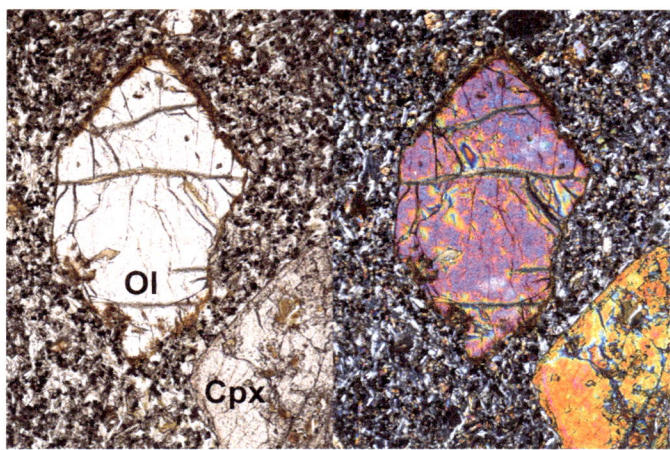

2.1. Fotografías microscópicas con nícoles paralelos (izda.) y cruzados (dcha.) (x100). Fenocristal de olivino con mala exfoliación. Destaca su alta birrefringencia con nícoles cruzados (dcha.). También puede aparecer como inclusión en el clinopiroxeno (Cpx). El olivino aparece parcialmente alterado a agregados iddingsíticos. Basalto olivínico.

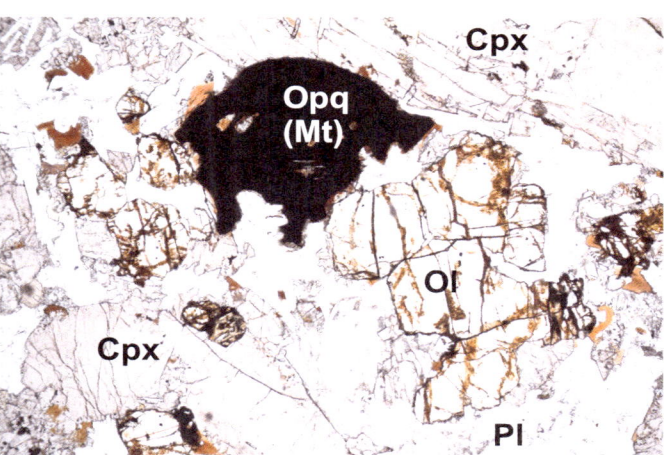

2.2. Fotografía microscópica con nícoles paralelos (x25). Cristales alotriomorfos (o anhedrales) de olivino con alteración rojiza (iddingsita) a favor de fracturas. Los cristales clinopiroxeno son de augita y están ligeramente zonados. Gabro olivínico.

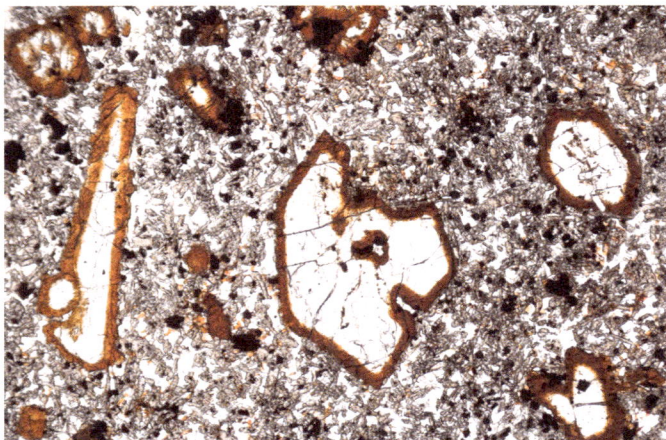

2.3. Fotografía microscópica con nícoles paralelos (x100). Cristales de olivino magnésico (rico en forsterita) subidiomorfos, ligeramente corroidos y alterados aiddingsita. En la matriz, formada por clinopiroxeno tipo augita, opacos y nefelina intersticial, también hay olivino (con bordes rojizos, iddingsíticos). Nefelinita olivínica de Calatrava.

2.4. Fotografía microscópica con nícolescruzados (x100). Microfenocristales tabulares idiomorfos (o euhedrales) de melilita con microinclusiones (a modo de manchas) y birrefringencia gris azulada, a veces anómala. Los otros microfenocristales son de olivino. La matriz está formada por minerales opacos, clinopiroxeno y nefelina intersticial. Melilitita olivínica de Calatrava (Ciudad Real, España).

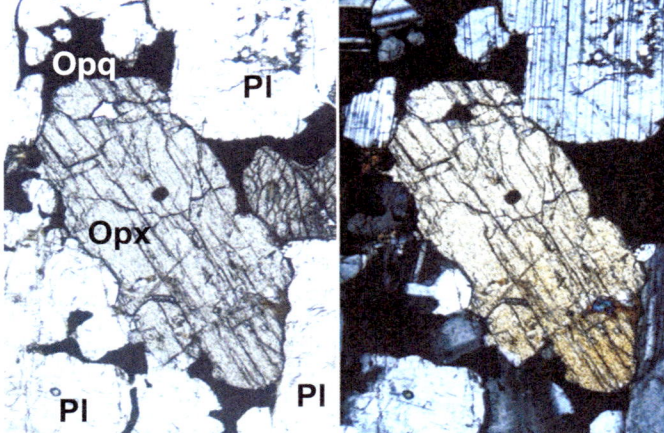

2.5. Fotografías microscópicas con nícoles paralelos (izda.) y cruzados (dcha.) (x100). Ortopiroxeno, incoloro en nícoles paralelos (izda.) y con birrefringencia gris-amarillo de primer orden (dcha.). La presencia de buenos planos de exfoliación y su extinción recta (en secciones longitudinales) son dos rasgos clave para identificarlo.

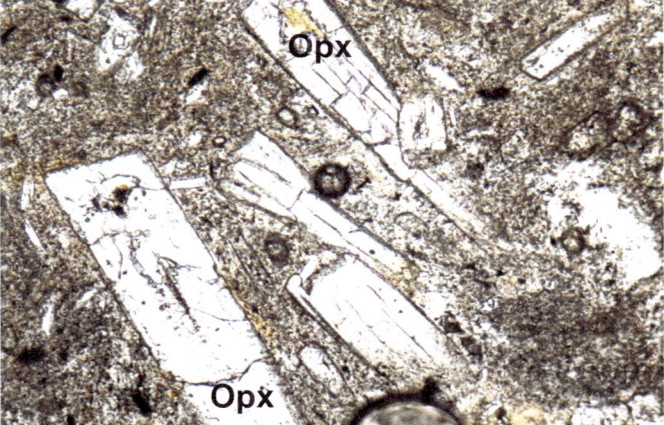

2.6. Fotografía microscópica con nícoles cruzados (x25). Microfenocristales euhédricos de ortopiroxeno (sección longitudinal), de composición rica en enstatita (rica en magnesio), de ahí que sean incoloros. Presenta una exfoliación moderada, típica de los piroxenos. Andesita piroxénica.

2.7. Fotografía microscópica con nícoles paralelos (x25). Cristalidiomorfo en sección basal (ocho caras) de clinopiroxeno tipo augita, con zonado cromático por un mayor contenido en titanio (augita titanada) en el borde. Doble exfoliación prácticamente en ángulo recto. La matriz está formada por minerales opacos, augita, olivino alterado y plagioclasa. Basalto alcalino.

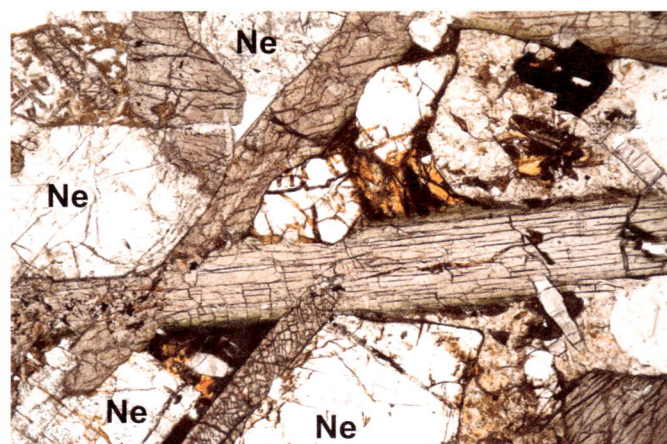

2.8. Fotografía microscópica con nícoles paralelos (x25). Cristal idiomorfo de augita, zonado hacia el borde a composiciones más egirínicas (verdosas, ricas en Na y F 3+e), junto a cristales de nefelina. El hábito tan alargado responde a su crecimiento dentro de un dique micropegmatítico, intrusivo en una colada de lava. Dique de ijolita. Campo volcánico de Calatrava.

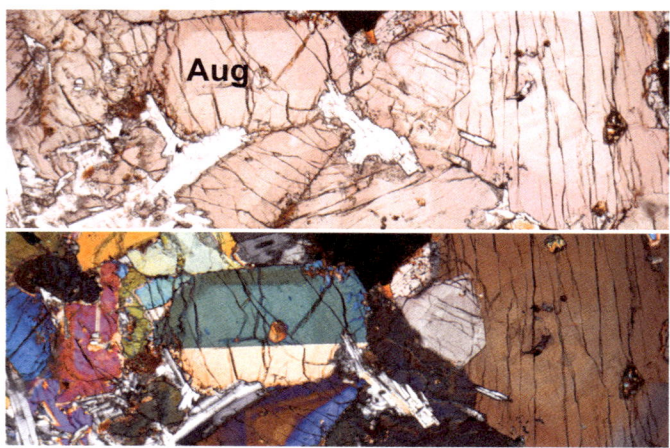

2.9. Fotografías microscópicas con nícoles paralelos (superior) y cruzados (inferior). Cristales de augita titanada con zonado concéntrico. A pesar del color más intenso, el pleocroísmo sigue siendo débil, el típico de los piroxenos. En la foto inferior la augita del centro presenta macla simple. Gabro alcalino.

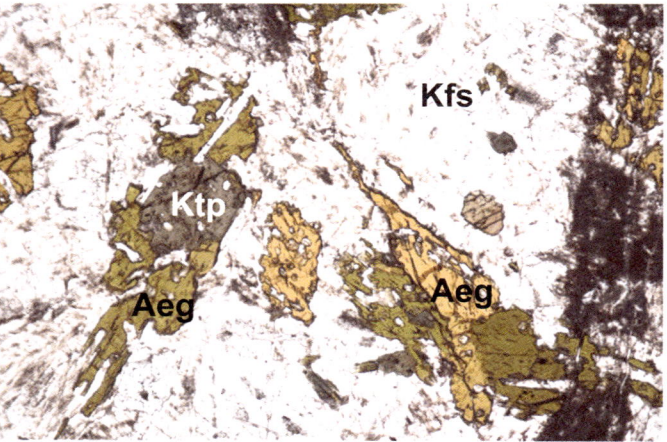

2.10. Fotografía microscópica con nícoles paralelos (x25). Cristales alotriomorfos de clinopiroxeno tipo egirina, mostrando con su diferente orientación el pleocroísmo más marcado, de verde a ocre. Aparece asociado a un anfíbol magnésico sódico (katoforita, Ktp), siendo intersticiales a los abundantes cristales de mesopertitas (Kfs). Sienita con nefelina de Boavista (Cabo Verde).

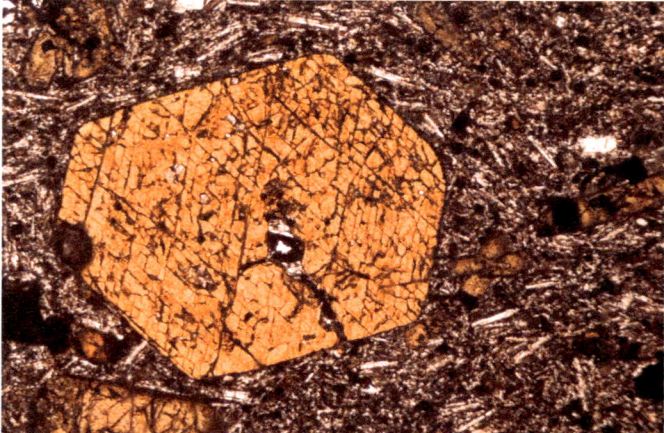

2.11. Fotografía microscópica con nícoles paralelos (x100). Fenocristal idiomorfo de anfíbol, tipo kaersutita marrón. Se trata de una sección basal de seis lados, con sus dos planos de exfoliación cortándose en ángulo de 56°. La matriz microcristalina está formada por clinopiroxeno tipo augita, plagioclasa y minerales opacos. Tefrita haüynica (Canarias).

2.12. Fotografía microscópica con nícoles paralelos (x100). Fenocristales idiomorfos de anfíbol, tipo kaersutita marrón. Son secciones longitudinales que muestran un solo plano de exfoliación (algo deficiente en este caso) y, sobre todo, el marcado pleocroísmo de estos minerales, lo que contrasta con el débil o nulo de los piroxenos. Tefrita haüynica (Canarias).

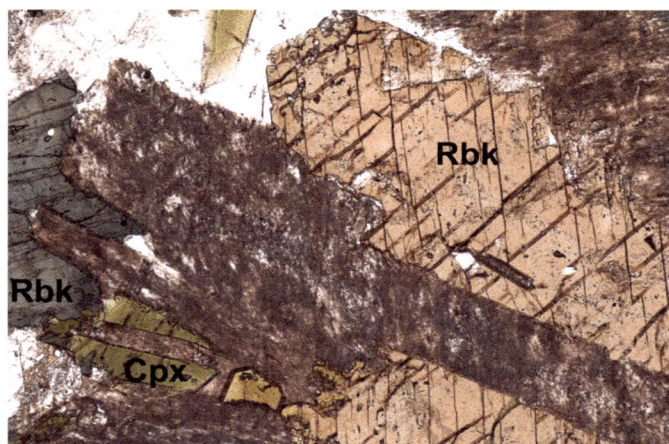

2.13. Fotografía microscópica con nícoles paralelos. Anfíbol tipo riebeckita, típico de rocas peralcalinas y alcalinas, con su característico pleocroísmo azul, algo violáceo (tonos índigo o añil, cristal izdo.). Clinopiroxenos egirínicos en tonos verdes, cristales mas pequeños. Feldespatos

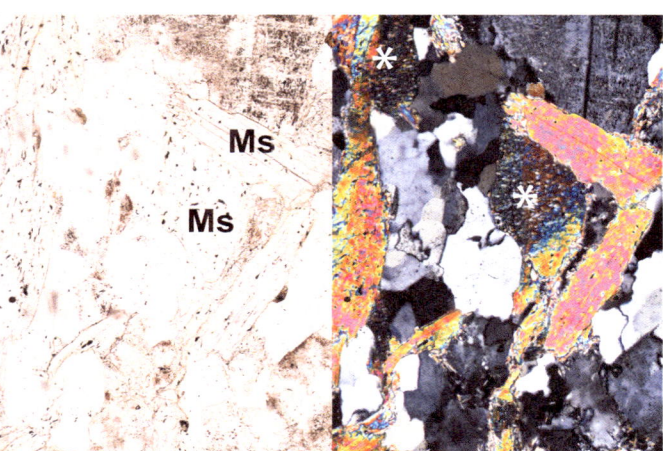

2.14. Fotografía microscópica con nícoles paralelos (izda.) y cruzados (dcha.). Cristales alotriomorfos de moscovita en un granito peralumínico, incolora (izda.) y con birrefringencia en vivos colores de segundo-tercer orden (dcha.). Las secciones marcadas con * están extinguidas (posición N-S) y muestran más acusadamente el característico moteado de las micas. Leucogranito aplítico.

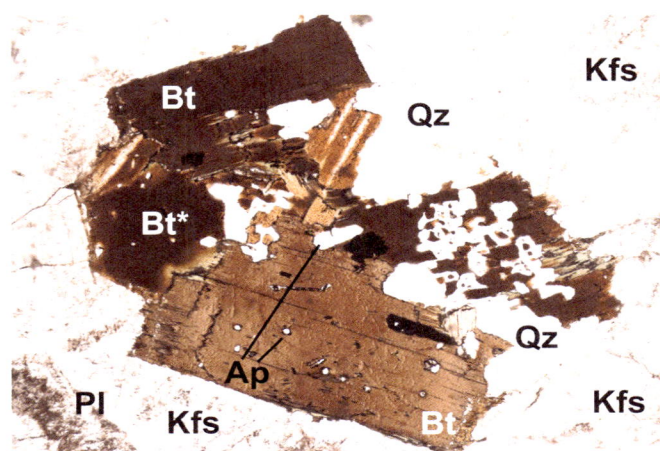

2.15. Fotografía microscópica con nícoles paralelos. Agregado de cristales de biotita con diferentes colores y tonos por su acusado pleocroísmo. El cristal de biotita marcado con * es una sección basal, por tanto sin exfoliación y sin pleocroísmo, prácticamente isótropa. Las otras secciones presentan exfoliación y son secciones longitudinales. Granito biotítico.

2.16. Fotografía microscópica con nícoles cruzados (x25). Microlitos tabulares de biotita que muestran un bien definido plano de exfoliación y el característico "ojo de perdiz" (birrefringencia moteada), aspectos comunes a todas las micas. Dacita biotítica del Cabo de Gata (Almería, España).

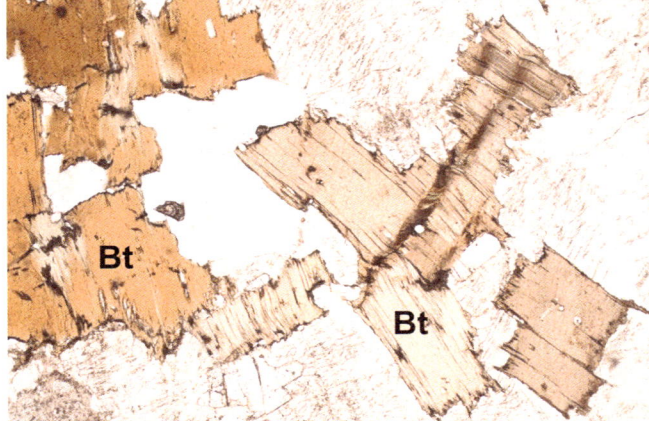

2.17. Fotografía microscópica con nícoles paralelos (x25). Cristales de biotita en granito deformado, generando pliegues tipo kink (biotita kinkada). Incipiente alteración aclorita (sectores más descoloridos paralelos a la exfoliación) en cristales de la zona superior izda. Roca granítica.

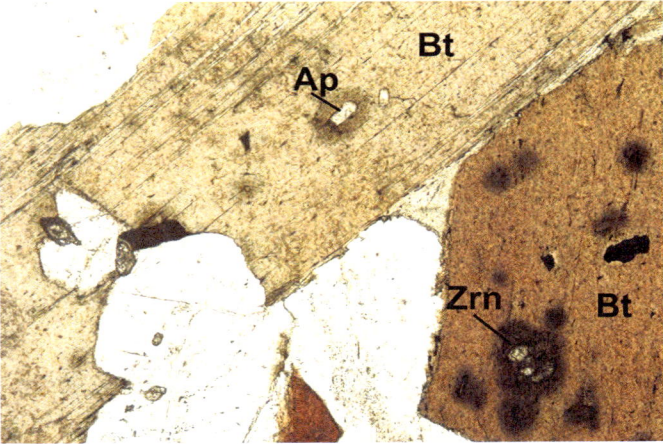

2.18. Fotografía microscópcacon nícoles paralelos (x25). Microinclusiones de circón con halos metamícticos en sección basal de biotita, junto con algunos cristales de apatito y opacos alargados (ilmenita). Roca granítica.

2.19. Fotografía microscópica con nícoles paralelos (izda.) y cruzados (dcha.). Biotita pseudomorfizada casi completamente por clorita. El color verde pálido (izda.) y el pleocroísmo anómalo de azul a gris (según la composición más férrica o magnésica), así como su relación con la biotita, es lo más distintivo para identificar este filosilicato secundario. Roca granítica.

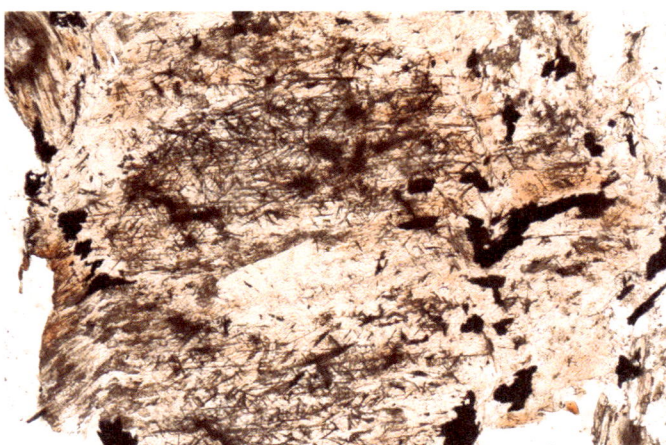

2.20. Fotografía microscópica con nícolesparalelos (x100). La biotita que se muestra está intensamente alterada a moscovita. El TiO, que no entra en la red de la moscovita, forma rutilo (TiO) que se dispone en agujas reticularmente, dando lugar a las llamadas inclusiones sageníticas. Hay también un opaco titanado (ilmenita) como producto de la alteración. Roca granítica.

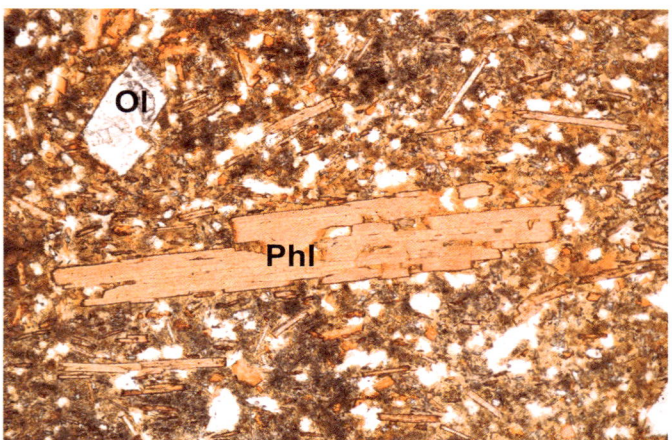

2.21. Fotografía microscópica con nícoles paralelos. Cristales subidiomorfos subhedrales) de flogopita. Lo más distintivo comparativamente con otras micas es su color anaranjado, más pálido que los tonos más fuertes de la biotita. Roca lamproítica: verita (Vera, Almería, España).

2.22. Fotografía microscópica con nícoles cruzados. Cristales intersticiales de zeolitas secundarias, con su característico hábito fibroso radiado y birrefringercia baja, de primer orden. Proceden de la alteración de feldespatoides ígneos, o rellenan vesículas y vacuolas en lavas.

2.23. Fotografía microscópica con nícoles cruzados (x25). Numerosos cristales de epidota secundaria ligada a alteraciones de silicatos cálcicos (plagioclasa o clinopiroxenos). Destaca por su birrefringencia alta, que da lugar a colores amarillos y rojo-azulados, algo anómalos (manto de arlequín). Roca diorítica alterada.

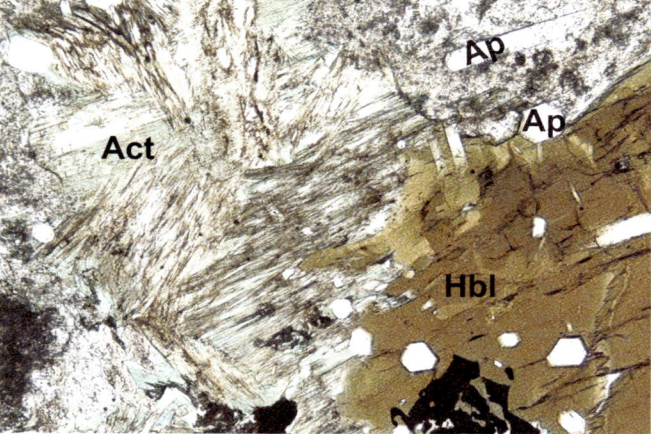

2.24. Fotografía microscópica con nícoles cruzados. Hornblenda verdosa-marrón, transformada parcialmente a anfíbol fibroso, tipo actinolita (de tonos más pálidos). Ambos anfíboles presentan inclusiones euhedrales de apatito, principalmente en secciones basales (hexagonales), pero también longitudinales, aciculares.

3. Microtextura general de rocas ígneas: cristalinidad, granulometría y morfología cristalina

Conceptos básicos

La clasificación de rocas ígneas resultaría imposible si no se utilizaran los criterios de fábrica que discriminan el carácter plutónico, volcánico o filoniano (subvolcánico-hipoabisal) de la roca.

Con el término **fábrica** se incluye todo el conjunto de rasgos o caracteres que son discernibles en una roca ígnea, aparte de su mineralogía (Teruggi y Leguizamón, 1987). Dentro del amplio concepto de fábrica se distinguen los términos de textura y estructura.

La **textura** se aplica a aquellos aspectos de la fábrica relativos al tamaño y forma de los cristales y a las relaciones mutuas entre ellos. La **estructura** se usa en dos sentidos: por un lado agrupa el total de propiedades macroscópicas de las rocas (de nuevo, caracteres dimensionales, morfológicos o de orientación), y también se refiere a la heterogeneidad de las mismas, es decir, discierne las porciones o dominios con diferentes textura o mineralogía (Fig. 3.1). Algunos autores hablan de microestructuras de rocas ígneas, englobando todos los aspectos de su fábrica (p. ej. Vernon, 2018).

Estructura: Geometría de las heterogeneidades (dominios minerales y/o texturales distintos) y su distribución.

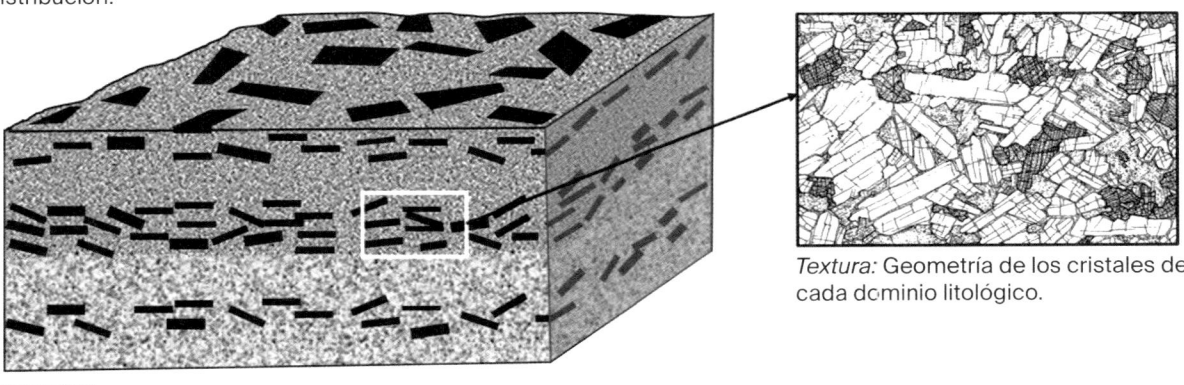

5 cm

Textura: Geometría de los cristales de cada dominio litológico.

Figura 3.1. La fábrica de una roca ígnea comprende aspectos texturales y estructurales.

La fábrica estudia los aspectos geométricos generales de un cuerpo ígneo, las variaciones estructurales y texturales en el espacio, y permite deducir aspectos de su petrogénesis. Hay que tener en cuenta que parte de las estructuras y texturas que se estudiarán (intercrecimientos, exsoluciones, orientaciones de cristales, etc.) pueden ser claramente de origen *subsólidus* o metamórfico, según sea el proceso que las origine y la nueva mineralogía que las defina.

El desarrollo de las texturas de las rocas ígneas se produce como consecuencia del enfriamiento y, por tanto, de la cristalización o solidificación del magma. Los cristales pueden empezar a formarse cuando se alcanza la sobresaturación en el líquido magmático de los elementos que forman el mineral.

En estas condiciones empiezan a formarse núcleos estables a partir de los cuales van a crecer los distintos minerales. Un núcleo es un conjunto de iones que posee las características del cristal. La velocidad a la cual se forman núcleos estables depende de cada especie mineral, por lo que esta no es la misma para las distintas fases minerales que están cristalizando simultáneamente a partir de un mismo líquido.

Por otro lado, el crecimiento de los cristales se ve favorecido por el descenso de temperatura y está controlado por la velocidad de difusión de los elementos dentro del líquido magmático. La difusión es el movimiento de los átomos en respuesta a un gradiente composicional, por lo que controla el movimiento de los mismos dentro del fundido silicatado. La velocidad de los iones es de 10^{-8} a 10^{-10} cm^2/s, pero este valor puede variar enormemente con la temperatura y la viscosidad, y depende también de la carga y el tamaño del ión. Los iones pequeños o monovalentes se difunden más rápidamente que los grandes iones (como el K) o con alta carga, también las moléculas complejas formadas por átomos de Si, Al, O tienen menor movilidad que los cationes separados. Las altas temperaturas favorecen la difusión y cuanto menor sea la viscosidad, mayor será la velocidad de difusión. Está claro que la difusión es importante, pues transporta los elementos químicos necesarios para que el cristal crezca.

Los cristales de cada especie mineral pueden comenzar a formarse cuando el líquido magmático se encuentra por debajo de su temperatura *liquidus*, pero esto no ocurre justo al traspasar esa temperatura, sino que se requiere una determinada sobresaturación de los elementos que forman dicho mineral. Este hecho introduce el concepto de "subenfriamiento" (*undercoooling* o *supercooling*, ΔT^a) que se define como la diferencia de temperatura entre la temperatura *liquidus* y la temperatura en la que ocurre la cristalización (Fig. 3.2).

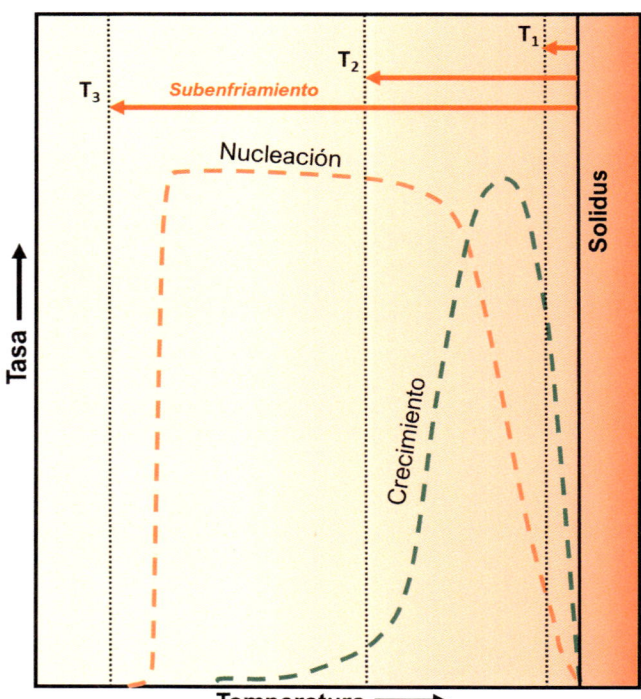

Figura 3.2. (modificado de Winter, 2010). Se han representado las curvas de la tasa de nucleación y de crecimiento en función de la temperatura para un determinado mineral. Un líquido magmático al enfriarse pasa por una temperatura a la cual el magma está saturado respecto a una determinada fase mineral, pero no empieza a nuclear y crecer hasta que no llega a una temperatura tal en la que dicho líquido está sobresaturado. Ese desfase entre la temperatura a la que teóricamente deberían nuclear (*solidus* en la gráfica) y la temperatura a la que realmente nuclean (por ejemplo, T_1) se llama subenfriamiento. En el caso de un subenfriamiento bajo (T_1) hay una baja tasa de nucleación, pero alta velocidad de crecimiento, y el resultado es una roca con pocos cristales de gran tamaño. En el caso de que el subenfriamiento sea mayor (T_2), la tasa de nucleación es muy alta y el crecimiento muy bajo, dando muchos cristales, pero de pequeño tamaño. Finalmente, en T_3, el subenfriamiento es tan alto que no da lugar a que se formen núcleos estables ni, por tanto, habrá crecimiento: el magma no cristaliza y se formará vidrio.

En resumen, las texturas de las rocas ígneas dependen del subenfriamiento, y de las relaciones entre las tasas de nucleación y crecimiento para cada fase mineral. Por tanto, la interpretación de las texturas de las rocas ígneas requiere una observación cuidadosa de las mismas junto con un conocimiento de los procesos de cristalización.

Vamos a estudiar cuáles son los principales parámetros de la fábrica de rocas ígneas. Debe prestarse especial atención a los cuatro primeros aspectos que se describen a continuación, pues son la base de la descripción textural de una roca ígnea. Con ellos transmitiremos los rasgos principales de la fábrica de la roca a partir de los cuales se podría deducir su historia de solidificación.

1. Grado de cristalinidad

Se define en función de la proporción cristales/vidrio de la roca ígnea. Es un factor textural muy importante, pues solo las rocas volcánicas pueden presentar vidrio en proporciones importantes. Las rocas plutónicas son totalmente cristalinas. El vidrio es un mineraloide y representa una solidificación brusca (enfriamiento en condiciones volcánicas o muy someras) del fundido magmático. Es, por tanto, un componente ígneo (mineraloide) que debe ser destacado en el análisis modal.

— *Holocristalina* - Compuestas en su totalidad por cristales (fotos 3.1 y 3.2). Las rocas plutónicas y un sinfín de rocas volcánicas son holocristalinas. Esta textura se produce cuando el descenso de temperatura es lento, con densidad de nucleación baja en comparación con la velocidad de crecimiento.

— *Hipocristalina* - Rocas con vidrio y cristales, sin que ninguno de ellos supere el 90% en volumen de la roca (fotos 3.3 y 3.4). Se debe estimar, aunque sea de forma aproximada, la proporción de vidrio a cristales. Esta textura *en dos fases* es consecuencia de variaciones bruscas en la velocidad de enfriamiento.

— *Vítrea (holohialina)* - Más del 90% en volumen de vidrio (foto 3.5). Se produce cuando el enfriamiento es tan rápido que no se forman cristales. Como el magma silicatado está polimerizado, el vidrio se considera una especie de mineraloide con menor ordenamiento estructural que las especies cristalinas. Además, el vidrio ígneo es metaestable en condiciones atmosféricas y con el tiempo pueden aparecer cristalitos y microcristalitos aciculares o dendríticos. Las rocas vítreas volcánicas (p. ej. *obsidiana*) pueden presentar diversas texturas ocasionadas por procesos de desvitrificación:
  — Perlítica - Fracturación en formas esféricas, concoideas, por hidratación del vidrio (Fig. 3.3, y fotos 3.5 y 9.17).
  — Esferulítica - Crecimientos incipientes de cristales fibroso-radiados en formas esféricas o elipsoidales (Fig. 3.3 y foto 3.6).

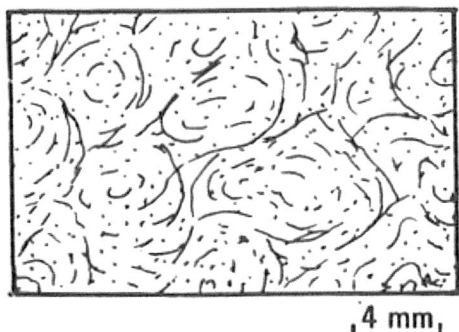
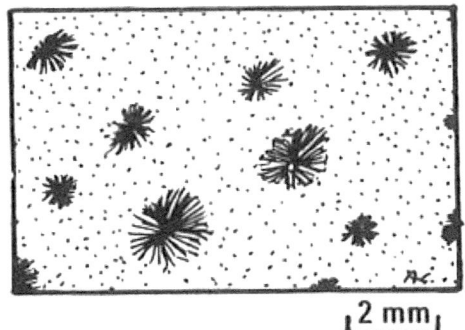

Figura 3.3. Textura perlítica (izda.) y esferulítica (dcha.) (Castro, 1989).

2. Tamaño relativo de los cristales

En función del tamaño relativo de los cristales, las rocas ígneas se agrupan en dos grandes tipos:

— *Equigranular* - Todos los cristales son aproximadamente del mismo tamaño, indicando que las fases cristalinas han tenido una densidad de nucleación y velocidad de crecimiento similares (fotos 3.1 y 3.2). En rocas volcánicas es frecuente el uso del término *afírico* para designar tipos equigranulares en los que no se aprecia ningún fenocristal (ver apartado 6).

— *Inequigranular* - Hay una marcada diferencia de tamaños entre los cristales de la roca porque la tasa de nucleación y velocidad de crecimiento de las distintas fases minerales han sido diferentes. Hay dos tipos de rocas inequigranulares: (1) las **seriadas**, que presentan una gradación en el tamaño de los componentes, y (2) las **porfídicas** o **hiatales**, que se caracterizan por tener dos (o más raramente tres) poblaciones de cristales dimensionalmente distintos, sin que existan componentes de dimensiones intermedias (Fig. 3.4). Existe pues una interrupción o hiatus dimensional en la generación de cristales (fotos 3.3 y 3.4). Es una típica textura de crecimiento cristalino *en dos fases*: cristales bien desarrollados en condiciones de enfriamiento lento, en zonas de estancamiento magmático (fenocristales); cristales mucho menores (matriz), a veces con vidrio acompañante si ocurre con enfriamiento brusco del magma volcánico o subvolcánico (Fig. 3.7).

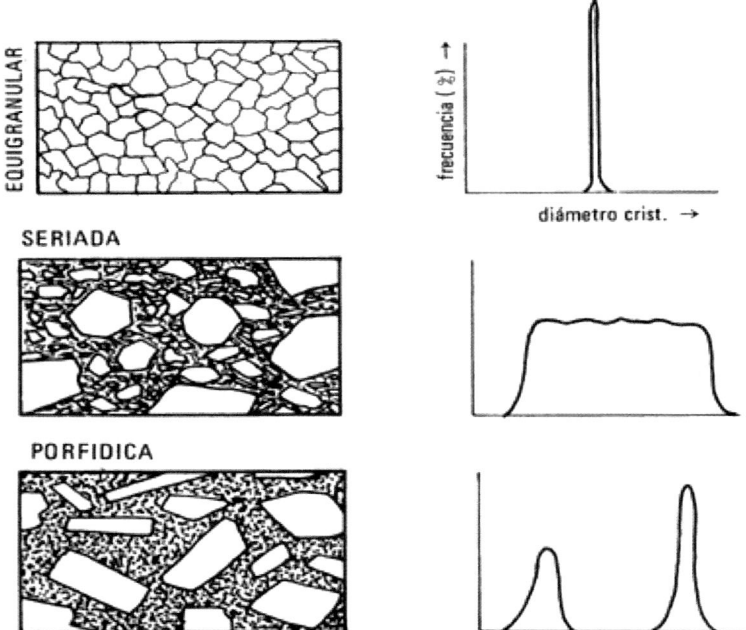

Figura 3.4. Tamaño relativo de cristales en rocas ígneas: equigranular (diagrama superior) e inequigranular (seriada y porfídica). Obsérvese cómo las texturas inequigranulares porfídicas presentan un hiato o vacío de tamaños intermedios (Castro, 1989).

3. Tamaño de grano general de la roca

En función del tamaño de los cristales, las rocas ígneas se dividen en cuatro grandes grupos:

— Grano muy grueso > 3 cm.
— Grano grueso 5 - 30 mm.
— Grano medio 1 - 5 mm.
— Grano fino < 1 mm.

Es muy fácil clasificar por su granulometría las rocas ígneas equigranulares. En los tipos inequigranulares seriados se hace más difícil y en los tipos ígneos porfídicos hay que definir la granulometría de los cristales grandes (fenocristales) y la granulometría de la matriz.

También se habla de *rocas ígneas faneríticas* cuando en muestra de mano se reconocen los cristales a simple vista o con la ayuda de la lupa. En las *rocas afaníticas* no se reconocen los cristales *de visu* por su pequeño tamaño, siendo entonces necesario el uso del microscopio. Estos dos grandes grupos permiten diferenciar el origen plutónico (faneríticas) o volcánico (afanítica, parcial o totalmente), mientras que las rocas subvolcánicas o filonianas pueden aparecer con ambos tipos de texturas, incluso en un mismo dique.

Rocas faneríticas	*Rocas afaníticas*
— Grano muy grueso > 30 mm — Grano grueso 5 - 30 mm — Grano medio 1 - 5 mm — Grano fino < 1 mm (pero reconocibles)	— *Microcristalinas*: minerales reconocibles al microscopio. — *Criptocristalinas*: minerales no reconocibles al microscopio.

Como ya hemos visto (Fig. 3.2), el tamaño de grano es función de la velocidad de enfriamiento del magma. Si la cristalización se efectúa lentamente, en el interior de la corteza, se formarán rocas faneríticas en las que la densidad de nucleación es baja en comparación con la velocidad de crecimiento, que es rápida. En las rocas afaníticas la densidad de nucleación es alta con respecto a la velocidad de crecimiento, en respuesta a un rápido enfriamiento o a una rápida reducción del contenido en agua del sistema magmático, por lo que aparecen un gran número de pequeños cristales.

4. Forma de los cristales

En un sistema magmático, los cristales precoces suelen presentar todas sus caras cristalinas propias y son automorfos (idiomorfos). Los más tardíos, por el contrario, son en general más irregulares y cristalizan de manera intersticial al entramado sólido previo. Los cristales en desequilibrio con su medio son corroídos y frecuentemente rodeados de los productos de la reacción. Así pues, el estudio de la morfología de los cristales es clave para la correcta interpretación del orden de cristalización de una roca magmática. En el estudio de la morfología de un cristal ígneo se deben considerar dos aspectos: en primer lugar, el hábito (tabular, laminar, prismática, acicular...), y en segundo lugar, los términos referentes al grado de desarrollo de sus caras cristalinas. Estos son:

— *Idiomorfo, automorfo o euhedral* - Cristales bien formados, regulares y limitados por caras cristalinas (p. ej. plagioclasa en foto 3.6). Generalmente se producen cuando el enfriamiento es lento y los minerales tienen tiempo de crecer y desarrollar sus caras cristalinas.

— *Alotriomorfo, xenomorfo o anhedral* - Cristales irregulares. Pueden deberse tanto a un origen ígneo primario, donde su crecimiento ha sido rápido y no se han desarrollado buenas caras cristalinas (Fig. 3.2 y foto 3.7), como a problemas de reacción o desequilibrio químico con el fundido residual, originándose procesos de disolución parcial (formas *ameboides* y otras *formas de corrosión* con bordes curvos) (fotos 1.18, 3.9 y 7.19). Un último grupo de cristales alotriomorfos son aquellos de hábito intersticial, por cristalizar tardíamente, en condiciones próximas al *solidus* del magma (p. ej. feldespato potásico en foto 3.8).

Otros casos de cristales alotriomorfos de origen magmático son las denominadas *formas esqueléticas, dendríticas y plumosas* (olivino en foto 3.10). Son cristales imperfectos con huecos (esqueléticos) o muy aciculares y fibrosos (dendríticos), a veces con orientaciones de tipo ramificado (plumosos). Una textura típica de rocas ultrabásicas hipocristalinas (con poco vidrio) y con muchos cristales esqueléticos y dendríticos es la textura **spinifex** (Fig. 3.5). Se produce cuando hay una alta velocidad de enfriamiento junto con un crecimiento rápido de los cristales, que no tienen tiempo de completarse.

— *Subidiomorfo o subhedral* - Cristales en parte limitados por caras y en parte irregular. Se desarrollan en magmas parcialmente cristalizados, en los que las posibilidades de crecimiento están restringidas por cristales adyacentes ya formados que interfieren con su desarrollo.

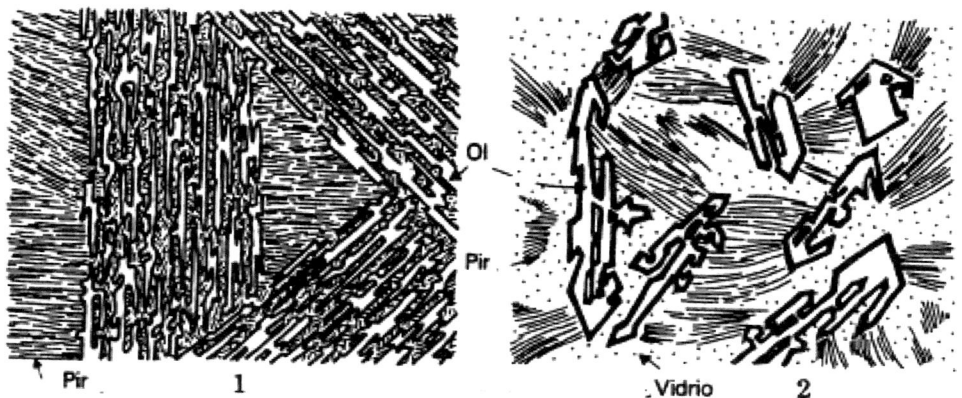

Figura 3.5. Textura spinifex con cristales esqueléticos de olivino (Ol) y dendríticos o fibrosos de piroxeno (Px), de cristalización rápida en un fundido ultrabásico subenfriado (Bard, 1985).

Las rocas ígneas se clasifican según la morfología dominante de sus minerales principales en:

— *Panidiomorfa* - Roca ígnea con la mayor parte de los cristales idiomorfos.
— *Hipidiomorfa o subidiomorfa* - Parte idiomorfos, parte alotriomorfos o todos subidiomorfos.
— *Panalotriomorfa* - Roca ígnea con la mayoría de fases minerales alotriomorfas.

5. Texturas de tendencia equigranular

— *Texturas granudas* - Son típicas de rocas plutónicas con minerales félsicos dominantes e indican que durante la cristalización la temperatura ha descendido de forma relativamente lenta (foto 3.11). Algunas variedades son la texturas *aplíticas* (textura microgranuda panalotriomorfa) (foto 3.12) y *felsíticas* (textura criptogranuda, solo para rocas ácidas).

— *Texturas intergranulares* - Típica de rocas básicas de grano fino (gabros, basaltos) (Fig. 3.6). Cristales tabulares de plagioclasa entre los que cristaliza piroxeno u olivino (fotos 3.13 y 3.14). Transita a tipos ofíticos-diabásicos, más claramente inequigranulares. Se producen por diferencias entre la densidad de nucleación y la velocidad de crecimiento. Los cristales de plagioclasa tendrían baja densidad de nucleación y alta velocidad de crecimiento, por lo que forman grandes cristales; los minerales intersticiales, de menor tamaño, tienen mayor densidad de nucleación y menor velocidad de crecimiento, pero todos ellos (olivino y piroxeno) tendrían las mismas condiciones de nucleación y crecimiento, por lo que su tamaño es similar.

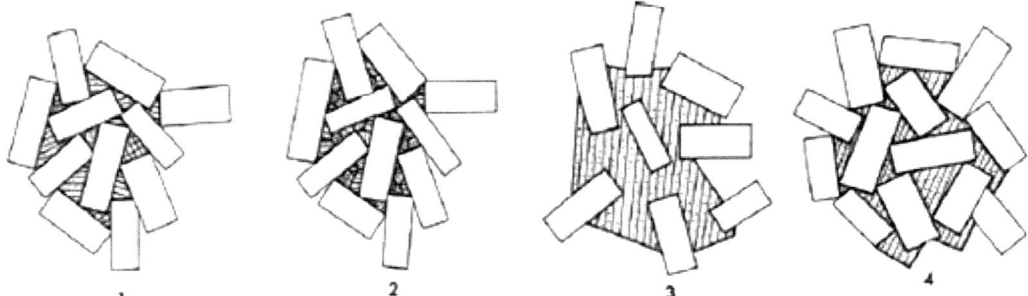

Figura 3.6. (1) **Textura intergranular**: los cristales de plagioclasa unidos por los bordes forman un armazón en cuyos espacios intersticiales se alojan minerales ferromagnesianos de alta temperatura (olivino, anfíboles, piroxenos). (2) **Textura intersertal**: idéntica a la anterior, pero los intersticios están ocupados por un vidrio basáltico o minerales secundarios de baja temperatura (epidota, cloritas, etc.). (3) **Textura ofítica**: los cristales de plagioclasa no están juntos y son englobados por poiquilocristales de piroxeno o anfíbol. (4) **Textura subofítica**: los cristales de plagioclasa están en contacto y los espacios intersticiales están ocupados por piroxenos o anfíboles en poiquilocristales reconocibles por las orientaciones ópticas y cristalográficas icénticas a las de las áreas ferromagnesianas intersticiales (Bard, 1985).

— *Texturas intersertales* - Entramado de cristales tabulares de plagioclasa dejando huecos poligonales rellenos de vidrio o minerales secundarios. En rocas hipocristalinas, según aumenta la proporción de vidrio, se pasaría a texturas hialopilíticas y vitrofídicas.

6. Texturas inequigranulares

— *Texturas seriadas* - En rocas inequigranulares seriadas, con gran diversidad de tamaños de cristales, no es raro encontrar algún "megacristal" idiomorfo de primera generación, y entonces se emplea la expresión de roca de "tendencia porfídica", pues puede transitar a texturas inequigranulares hiatales.

— *Texturas porfídicas* - Aparecen *fenocristales* (cristales de mayor tamaño) rodeados de una pasta o matriz formada por los cristales más pequeños (microlitos) o vidrio (fotos 3.3, 3.4 y 7.7). Cuando la roca es *vítrea* con algunos fenocristales se suele utilizar el término *vitrófiro* (foto 3.6). Los fenocristales, que no suelen superar el 50% del total de la roca, se formarían antes que la matriz, a partir de pocos núcleos con velocidad de crecimiento alta y enfriamiento relativamente lento; mientras que la matriz se formaría por enfriamiento más rápido (habría más núcleos pero sin tiempo para crecer). Por eso las texturas claramente porfídicas se denominan también como *en dos fases* o *en dos tiempos*.

La granulometría de las rocas porfídicas volcánicas es algo más compleja, pues en ocasiones arrastran una gran población de cristales profundos. Así tienen que ser precisados los tamaños de sus distintas modas de cristales. Se debe especificar el tamaño medio de los cristales mayores: *megacristales* (> 15 mm) y *fenocristales* de granos grueso, medio y fino (incluyendo microfenocristales < 0.5 mm). La matriz debe clasificarse según el tamaño de los cristales en:

— Matriz microcristalina, compuesta por *microlitos*, cristalitos subidiomorfos, de enfriamiento rápido (matriz fotos 1.5, 2.1, 2.3 y 3.9).
— Matriz criptocristalina (foto 1.6).
— Matriz vítrea (fotos 1.9 y 3.4).
— Matrices mixtas: p. ej. microcristalina-vítrea (foto 1.6).

Además, los cristales mayores de rocas porfídicas ígneas pueden ser no magmáticos o de sistemas magmáticos distintos (*xenocristales*) o derivados del mismo sistema ígneo, pero cristalizados a mayor profundidad (megacristales, macrocristales y/o fenocristales). El término *antecristal* indicaría también un origen ígneo, pero su formación sería a partir de un magma distinto al que lo transporta hacia niveles más superficiales (Fig. 3.7).

— *Glomeroporfídica* - Fenocristales en agregados o grumos, rodeados de matriz. Esta textura ha recibido otras denominaciones: glomerofírica o cumulofírica (fotos 1.9 y 3.18). Cuando los cristales recrecen juntos (proceso de sinterización) se ha utilizado el término de *sinneusis* (foto 1.9). Esto ocurre con los agregados de plagioclasa en magmas de composición básica-intermedia, pero también al olivino (en magmas basálticos) o cuarzo (en magmas graníticos, ricos en SiO_2).

— *Porfídica seriada* - Fenocristales con un rango amplio de tamaños, a veces terminando por gradar con el tamaño de los cristales de la matriz (fotos 1.18 y 3.17).

— *Texturas poiquilíticas* - Un cristal de gran tamaño incluye otros de menor tamaño (fotos 1.19 y 3.16). Se producen por diversos procesos: (a) crecimiento simultáneo con diferencias en la densidad de nucleación y velocidad de crecimiento de las distintas fases minerales. El cristal grande se ha formado a partir de pocos núcleos y ha crecido mucho (baja densidad de nucleación/alta velocidad de crecimiento), mientras que los pequeños se forman a partir de muchos núcleos pero crecen poco (alta densidad de nucleación/baja velocidad de crecimiento); (b) crecimiento sucesivo, con atrapamiento de las fases previas por el nuevo cristal (hospedador).

Una variedad de textura poiquilítica es la textura *cribosa* de cristales con numerosas micro- y nano-inclusiones vítreas que le dan un aspecto esponjoso o criboso (*spongy or sieved crystals*). Muy común en fenocristales de plagioclasa de rocas volcánicas calco-alcalinas (fotos 9.5 y 9.8) o en procesos de formación de neoblastos en zonas de fusión/reacción de xenolitos ultramáficos atrapados en basaltos (borde de Spl en foto 6.21 o borde Cpx en foto 6.22), entre otros.

— *Texturas ofíticas o diabásicas* - Es una variedad de las texturas poiquilíticas en la que cristales grandes de piroxeno encierran cristales menores de plagioclasa (foto 3.15). Cuando ambos minerales (plagioclasa y piroxeno) tienen aproximadamente el mismo tamaño, el atrapamiento es solo parcial, recibiendo el nombre de textura subofítica. Normalmente transita a texturas intergranulares (equigranulares) (ver esquemas 3 y 4 de Fig. 3.6). Los términos diabasa y dolerita son sinónimos de microgabro (campo 10 del diagrama QAPF, págs. 78-79) (Le Maitre et al., 2002) (ver capítulo 11, de rocas filonianas).

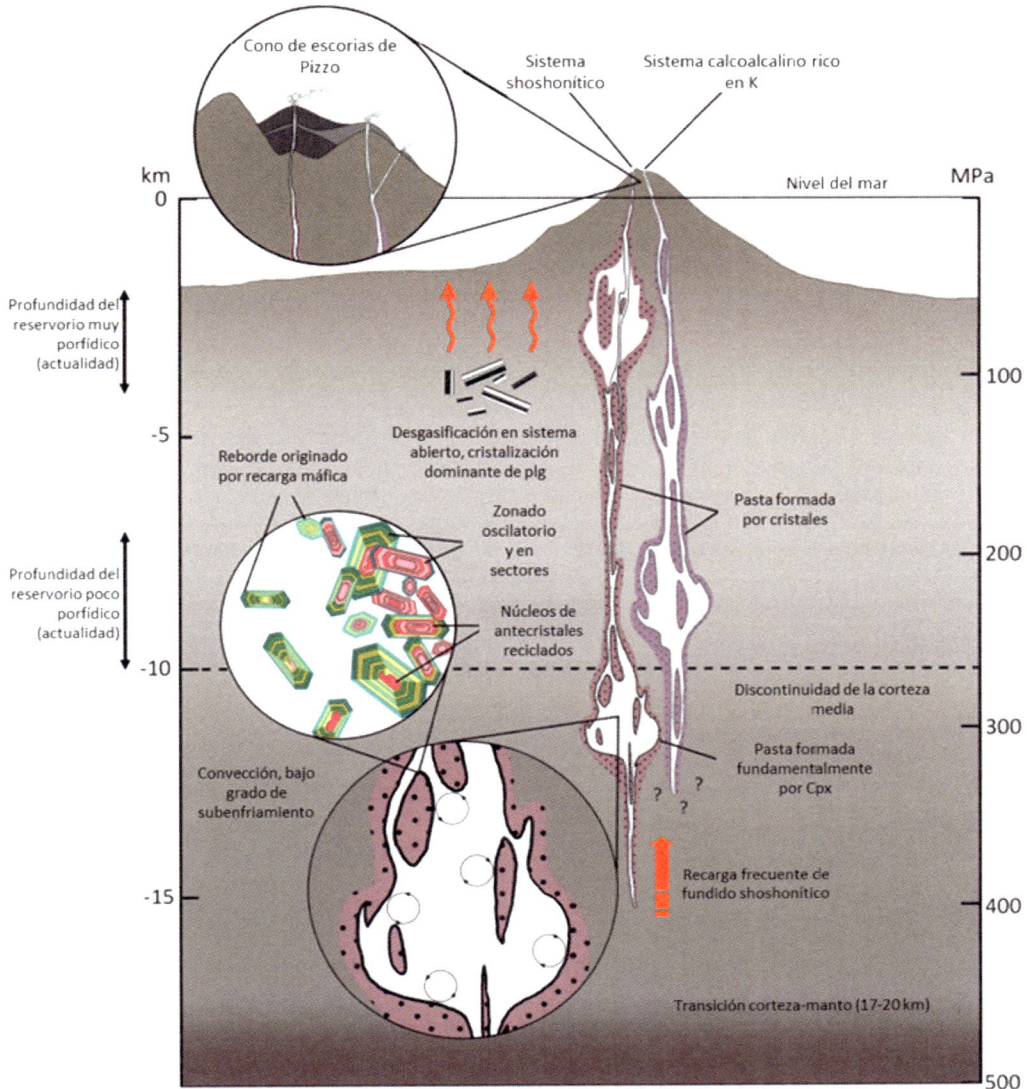

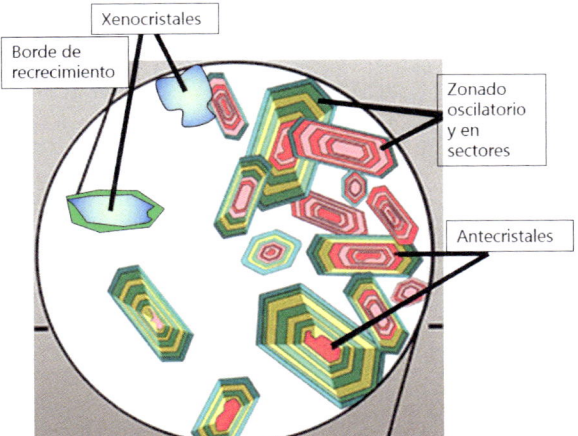

Figura 3.7. Sistema magmático complejo, con diversos niveles de estancamiento (volcán Strómboli, Italia) (basado en Ubide et al., 2019). La formación de megacristales/ fenocristales (con núcleos de antecristales) podría haberse dado en cámaras magmáticas profundas, a más de 10 km de la superficie (0.27 GPa). Los antecristales podrían estar ligados al relleno de la cámara por nuevos aportes, no comagmáticos con el fundido estancado. Se generan rocas porfídicas con típica textura en dos fases: cristales arrastrados (megacristales y/o fenocristales) y cristalitos de enfriamiento rápido durante el ascenso y emplazamiento volcánico o subvolcánico (microfenocristales, bordes recrecidos y matriz).

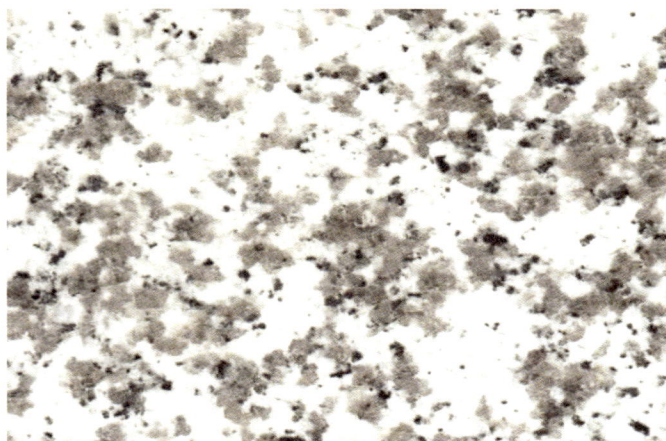

3.1. Muestra de mano de roca holocristalina, equigranular, de grano medio (diagonal = 5 cm). Granito con cuarzo (gris translúcido), feldespato potásico y plagioclasa (estos dos feldespatos no son distinguibles entre sí, *de visu*) y biotita (cristales negros).

3.2. Fotografía microscópica con nícoles cruzados (x25). Roca holocristalina, equigranular, rica en cristales de olivino (birrefringencia alta, colores variados) y plagioclasa (birrefringencia baja, colores grises, frecuente maclado polisintético). Gabro olivínico (troctolita).

3.3. Fotografía microscópica con nícoles paralelos (x25). Roca hipocristalina inequigranular hiatal (porfídica). Resaltan cristales grandes (fenocristales), seriados, de anfíbol pleocroico (Hbl) en tonos verdosos, así como de plagioclasa (Pl), ortopiroxeno (Opx) y algún opaco. La matriz es vítrea, como se aprecia en la figura siguiente. Andesita anfibólica.

3.4. Fotografía microscópica con nícoles cruzados de la andesita anfibólica anterior. La matriz o pasta vítrea, por ser amorfa, sale negra al cruzar nícoles (isótropa). Observar e identificar los cristales de plagioclasa, anfíbol y ortopiroxeno. Aparece a la derecha una sección rota de anfíbol (por eso sale negro todo el interior).

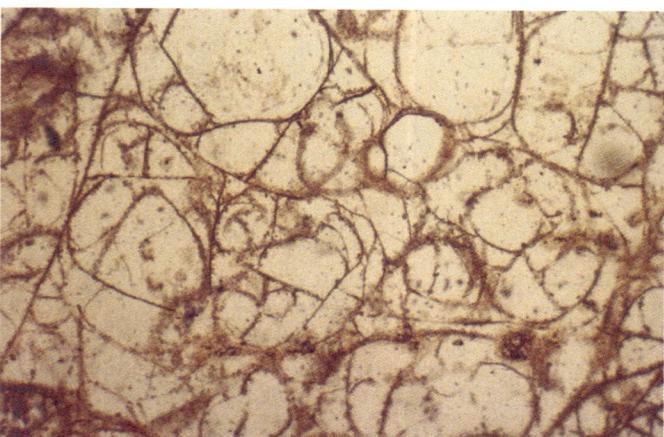

3.5. Fotografía microscópica de roca volcánica vítrea (holohialina u holovítrea) (x25), con textura **perlítica** por microfracturación ovoidal, subesférica. La composición de este tipo de vidrios suele ser riolítica (obsidiana).

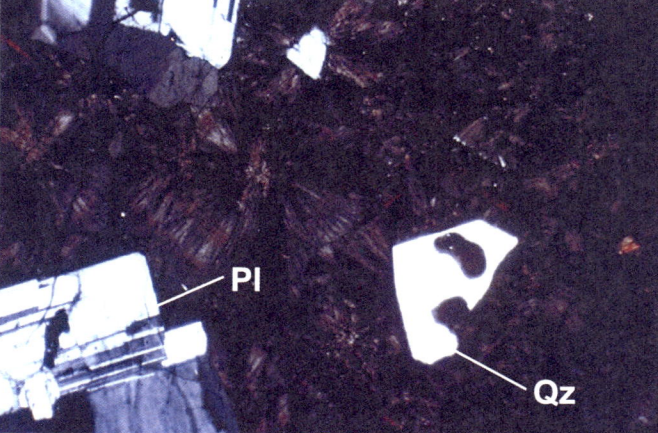

3.6. Fotografía microscópica de roca volcánica hipocristalina (x25). La matriz vítrea muestra textura **esferulítica**, por desvitrificación (agregados radiales de criptocristales fibrosos, aprovechando los glóbulos perlíticos, previos). Riodacita.

3.7. Fotografía microscópica con nícoles cruzados. Roca holocristalina, equigranular, grano medio, panalotriomorfa. Cristales muy alotriomorfos. Granito con microclina (Kfs), feldespato potásico secundario, con macla en enrejado.

3.8. Fotografía microscópica con nícoles cruzados (x25). Feldespato potásico y cuarzo) muy alotriomorfos, intersticiales (tardíos en cristalización). La plagioclasa y la mica son subidiomorfos (más tempranos en cristalizar). Granito.

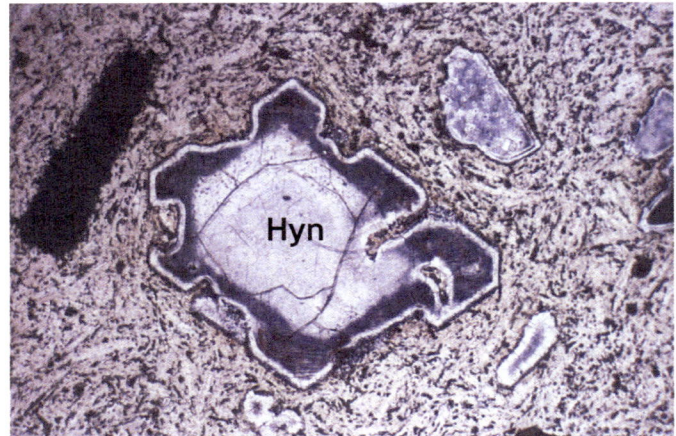

3.9. Fotografía microscópica con nícoles paralelos (x25). Roca holocristalina porfídica, con fenocristales ameboides (alotriomorfos, por corrosión) de haüyna zonada. Pasta microcristalina traquitoide que se amolda a los fenocristales arrastrados, previos. Fonolita haüynica (Gran Canaria, Canarias).

3.10. Fotografía microscópica con nícoles cruzados (x25). Roca holocristalina porfídica, con fenocristales esqueléticos de olivino (Ol) (parecen puntas de arpones) y prismas subidimorfos de melilita (Mel) (birrefringencia gris azulada). Matriz microcristalina rica en clinopiroxeno y opacos. Melilitita olivínica del campo volcánico de Calatrava (Ciudad Real, España).

3.11. Textura granuda (o granítica). Muestra de mano de granito inequigranular seriado. El fedespato potásico, de tonos rosados, contrasta con el otro feldespato (plagioclasa), más lechoso. El cuarzo es gris translúcido. Granito biotítico (tipo-I, por el tono rosado).

3.12. Textura aplítica. Típica de leucogranitos equigranulares de grano fino y panalotriomorfos. Las aplitas aparecen como pequeños diques o como bandeados en pegmatitas graníticas (ver capítulo 11). Foto microscópica con nícoles cruzados.

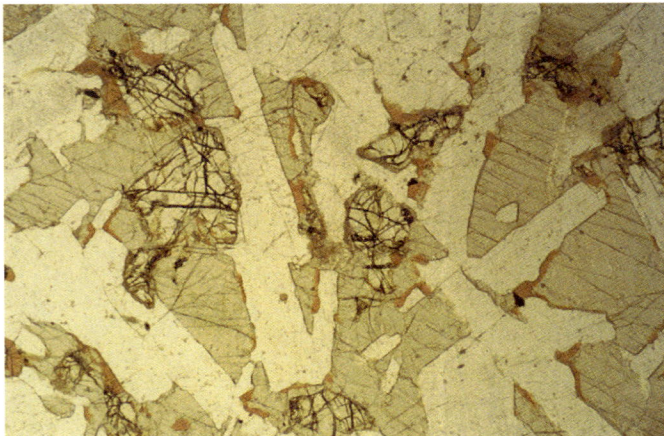

3.13. Textura equigranular de tipo **intergranular** (x25). Sólo se usa para rocas gabroideas. Si son filonianas, de grano fino, también pueden llamarse **diabasas** o **doleritas**. Las plagioclasas forman entramados pseudotriangulares donde los máficos (olivino, clinopiroxeno) son intersticiales, algo más tardíos.

3.14. Foto microscópica anterior (con nícoles paralelos), aquí con nícoles cruzados. Los máficos anhidros (olivino y clinopiroxeno) muestran un ribete o corona parcial de anfíbol marrón (ver foto 3.13). Gabro olivínico.

3.15. Fotografía microscópica con nícoles cruzados (x25). Textura **ofítica**. Gabro con grandes cristales de clinopiroxeno poiquilítico, que incluyen cristalitos menores de plagioclasa. Los clinopiroxenos pueden ser coetáneos (raramente posteriores) a la plagioclasa, pero nunca previos a ella.

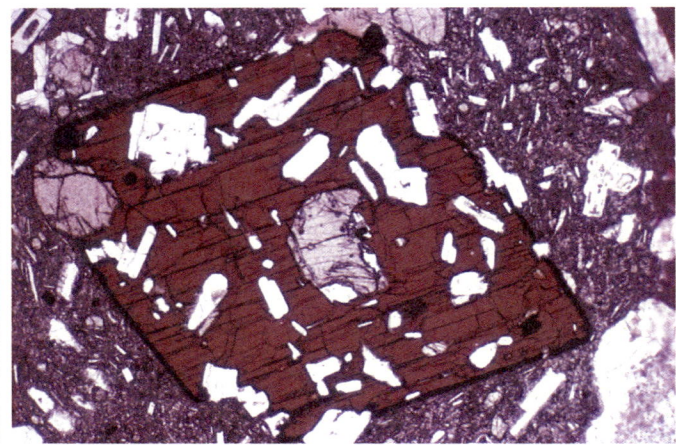

3.16. Fotografía microscópica con nícoles paralelos (x25). Cristal **poiquilítico** de anfíbol marrón (hornblenda), en roca volcánica de tipo andesítico. El anfíbol incluye plagioclasa, piroxeno grisáceo (de mayor relieve) y algún opaco. La roca es hipocristalina, volcánica. Andesita anfibólica.

3.17. Roca **porfídica seriada**, foto de campo (aprox. 80 cm, en diagonal). Los fenocristales son de plagioclasa y resaltan de una matriz afanítica. Dique de pórfido tonalítico.

3.18. Fotografía microscópica con nícoles cruzados (x25). Textura **glomeroporfídica**, resultante de la acumulación de fenocristales durante el flujo ígneo. Aquí son plagioclasas y algún piroxeno, en una matriz vítrea (foto microscópica con nícoles cruzados). Andesita piroxénica (San José, Almería).

4. Texturas y estructuras de rocas volcánicas y plutónicas

1. Texturas de intercrecimiento

Algunos intercrecimientos minerales son de origen magmático, normalmente en magmas de composición eutéctica, muy félsica. Sobresalen los intercrecimientos de cristales en magmas muy ácidos y ricos en fluyentes (F, Li, P, B, H), como son las pegmatitas graníticas.

— *Gráfica* - Cristalización simultánea de cuarzo y feldespato (plagioclasa o feldespato potásico). El aspecto es de un gran cristal de feldespato que engloba numerosos cristales cuneiformes de cuarzo con continuidad óptica, por ser en realidad partes de un único cristal de cuarzo (Fig. 4.1b y fotos 4.1, 4.2 y 11.11). Aunque muy común en pegmatitas graníticas (ver capítulo 11), también se habla de texturas (y rocas) *pegmatíticas* cuando se dan crecimientos de cristales de grano muy grueso (p. ej. sienitas, ijolitas, gabros), aunque carezcan de texturas gráficas.

— *Granofídica* - Coronas micrográficas, normalmente radiales, alrededor de fenocristales o cristales de mayor tamaño, normalmente de plagioclasa (Fig. 4.1c y foto 4.3). En rocas félsicas (próximas a composiciones eutécticas) se pueden formar porque al cristalizar plagioclasa el entorno de la misma queda enriquecido en los otros componentes del eutéctico (sílice y álcalis), y pueden cristalizar conjuntamente cuarzo y feldespato potásico.

Otras texturas de intercrecimiento que aparecen en rocas plutónicas pueden ser de origen secundario (*subsolidus*), por reemplazamiento de minerales ígneos, a veces formando texturas coroníticas y otras veces son claramente intersticiales. Hay dos tipos principales:

— *Simplectítica* - Intercrecimientos vermiculares entre pares de minerales que cristalizan simultáneamente (foto 4.4).

— *Mirmequítica* - Simplectita de cuarzo y plagioclasa rica en Ab, que reemplaza al feldespato potásico. Son crecimientos de cristales vermiculares, goticulares o bastoncillos de cuarzo en albita/oligoclasa que se desarrolla en los contactos entre ambos feldespatos ígneos, corroyendo al feldespato potásico (Fig. 4.1a y foto 4.5).

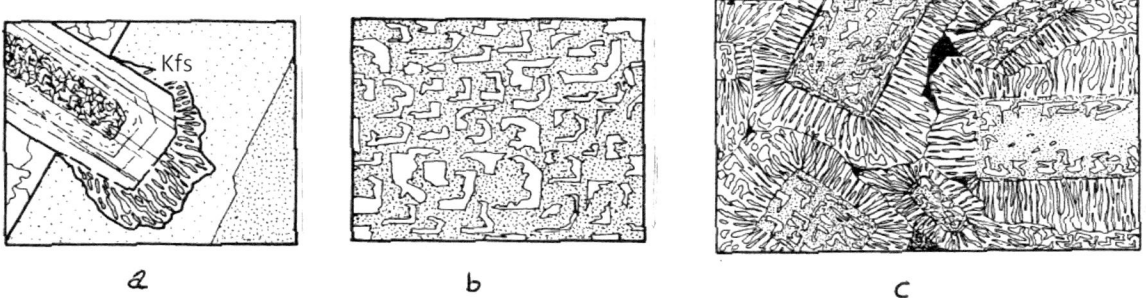

Figura 4.1 . Textura mirmequítica (a), textura gráfica (b), textura granofídica (c) (Castro, 1989).

2. Texturas de crecimiento, reaccionales y de exsolución

— *Zonado cristalino* - Cristal con bandas más o menos concéntricas marcadas por inclusiones alineadas (zonado de crecimiento), o por cambios abruptos/graduales en la composición de la solución sólida del cristal (zonado químico) (ver Fig. 4.2). Aparece en numerosos minerales, tanto félsicos (plagioclasa) como máficos (piroxenos, anfíboles, granates, etc.). El zonado químico es un registro de una reacción continua, que no llega a completarse, entre el fundido y el cristal para llegar a condiciones de equilibrio. La reacción no se completa porque la variación de los parámetros intensivos (P, T) es más rápida que la difusión química. Si no fuera así, se borraría el zonado y se llegaría a un perfecto equilibrio químico. Los zonados cristalinos se dice que son normales (o directos) si la composición de centro a borde sigue la pauta normal de un sistema magmático en progresiva cristalización (esto es, en descenso paulatino de las condiciones P y T). No obstante, muchos minerales presentan zonados inversos. Según la disposición de estas bandas composicionales se puede distinguir entre zonado concéntrico, continuo o discontinuo, zonado oscilatorio (foto 4.7), etc. Es importante, también, describir si hay zonas con marcada corrosión (¿de disolución parcial en el fundido?) (foto 4.8) o zonados en sectores (p. ej. foto 4.6).

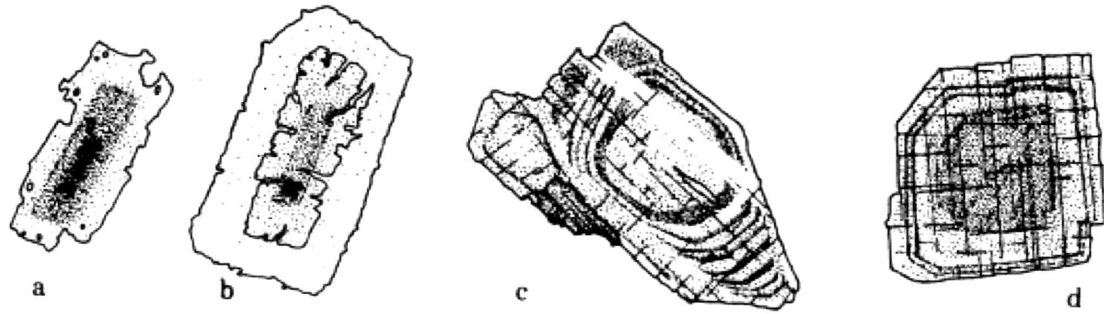

Figura 4.2. Diversos tipos de zonados en plagioclasas: a) zonado normal continuo; b) zonado normal discontinuo; c) zonado oscilatorio en un feldespato en "*sinneusis*"; d) zonado simple, ligeramente oscilatorio (Bard, 1985).

— *Coronas de reacción* - Aureolas de minerales no siempre identificables que pseudomorfizan parcial o totalmente al mineral primario (foto 8.12). Se produce por reacción de un cristal con el magma, bien porque sean cristales xenolíticos (mezcla, contaminación), o porque sean cristales previos, metaestables (foto 9.15). A veces son coronas secundarias (no ígneas) metamórficas (foto 4.9).

— *Aureolas de minerales hidratados alrededor de anhidros* - Cambios en la solubilidad de volátiles del magma según evoluciona la cristalización. Si hay un aumento en la concentración de volátiles se pueden formar cristales de anfíbol (mineral hidratado) en torno a piroxenos (minerales anhidros). En emplazamientos volcánicos o muy superficiales suele ocurrir el caso contrario, es decir, *coronas de minerales anhidros alrededor de anfíboles o micas,* por pérdida de solubilidad de volátiles en el magma (foto 4.10). En ocasiones pueden ser coronas de aspecto opaquizado (foto 9.7).

— *Texturas rapakivi* - Coronas de plagioclasa (de composición oligoclasa) alrededor de grandes cristales redondeados de feldespato potásico (foto 4.11). El caso contrario se denomina corona anti-rapakivi. Su origen es controvertido entre hipótesis de cambios químicos substanciales en el fundido por entrada de nuevos componentes (p. ej. mezcla de magmas) (Hibbard, 1995), o por cambios bruscos de despresurización magmática (Nekvasil, 1991).

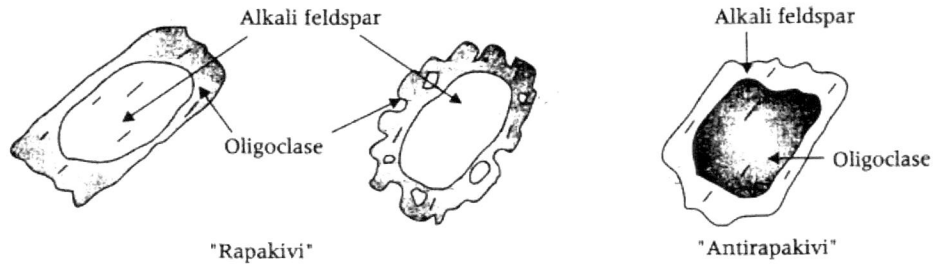

Figura 4.3. Feldespatos con texturas rapakivi y anti-rapakivi (Hibbard, 1995).

Las *texturas de exsolución* se generan en procesos *subsólidus* de rocas ígneas que se enfrían lentamente, es decir, en rocas plutónicas. En esos casos, un mineral de solución sólida completa a alta temperatura (p. ej. feldespatos alcalinos) deja de serlo a menor temperatura, dando lugar a una desmezcla en dos nuevas fases cristalinas más estables, intercrecidas. Es este lento enfriamiento el que permite que estos minerales tengan tiempo suficiente para reestructurarse a fases más estables, de temperaturas más bajas.

— *Pertítica* (Fig. 4.4) - Exsoluciones de feldespato Na (plagioclasa albítica) en feldespato potásico. Se observa como venillas finas o parches de albita (plagioclasa) en los cristales de feldespato potásico. Pueden clasificarse por tamaños (> 0,5; 0,5 - 0,05 y < 0.05 micras): mesopertita (fotos 4.14 y 8.11), micropertita (foto 4.13), criptopertita; y por morfología: pertitas en venas (foto 4.12), flamas (foto 4.13), damero, parche, etc. Cuando son exsoluciones de ortosa en plagioclasa se denomina antipertita. Las antipertitas suelen ser "en parches" y solo son comunes en rocas granulíticas de alta temperatura (rocas metamórficas) (Fig. 1.2C).

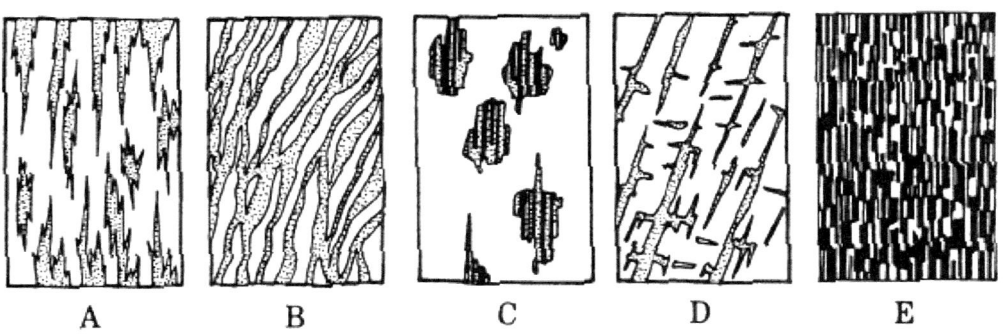

Figura 4.4. Principales tipos de pertita: (A) en flamas; (B) en bandas; (C) en parches; (D) interpenetradas; (E) en damero (Bard, 1985).

— *Lamelas en piroxenos* - Exsoluciones de génesis similar a las pertitas que se producen en los piroxenos (piroxeno rómbico con exsoluciones de monoclínico y a la inversa) (foto 4.15). Suelen ser piroxenos pigeoníticos (de composiciones intermedias entre clino y ortopiroxeno) los que generan estas exsoluciones secundarias, en rocas plutónicas. El grosor de las lamelas depende de la composición original del piroxeno y de la velocidad de enfriamiento del plutón.

Hay otras exsoluciones también comunes como las de minerales titanados en biotita (rutilo en texturas *sageníticas*, foto 2.20), o las de óxidos de Fe en piroxenos (minerales opacos en texturas *Schiller*).

3. Estructuras plano-lineares

Es un aspecto muy importante de la fábrica de rocas ígneas, que suele ser identificable en muestra de mano. Muchas de estas estructuras son de origen magmático, por la propia dinámica del fundido al emplazarse. Esto puede ocurrir tanto en coladas de lavas o piroclastos, como en diques, sills o en el caso de emplazamientos plutónicos forzados y diapíricos, generadas por el propio empuje magmático. Su estudio es clave para entender el mecanismo de emplazamiento magmático.

— *Fluidal o de flujo ígneo* - Orientación preferente de minerales o de objetos sólidos en el magma (p. ej. enclaves) definiendo foliación o lineación en la roca (foto 4.16). Una variedad para rocas volcánicas félsicas es la textura *traquítica*.

— *Traquítica* - Roca volcánica con microlitos de feldespato (normalmente alcalino) orientados paralelamente (fotos 4.17, 7.14, 7.16 y 7.18). Cuando la orientación viene marcada por cristales alargados de plagioclasa (rocas no félsicas), se denomina textura *traquitoide* (foto 7.4).

— *Afieltrada* - En algunas rocas con textura traquítica, los microlitos de feldespato están orientados en dos direcciones que se cruzan o entrelazan (foto 4.17).

Otro grupo de estructuras plano-lineares o de rocas con flujo ígneo son las que se observan en plutones máficos estratificados, definidos por capas, láminas o bandas finas, con diferencias en la composición química de los minerales (bandeado críptico) o modal (bandeado modal). En estos plutones máficos la estratificación se suele ligar a procesos complejos de acumulación (no necesariamente por sedimentación) de cristales, durante su evolución magmática. Así pues, las texturas de acumulado cristalino pueden originar estructuras de bandeado (y estratificación) con laminación ígnea en la roca (fotos 4.18 y 6.3). Las texturas de acumulado son texturas granudas hipidiomorfas formadas por cristales "cúmulo", de una primera etapa de cristalización, que tal vez se depositaron gravitacionalmente. Entre ellos cristalizan posteriormente otros cristales "intercúmulo", de menor tamaño y alotriomorfos (intersticiales). A veces la fase intercúmulo es de igual composición que la fase cúmulo, desarrollándose un simple recrecimiento zonado, que da origen a rocas casi monominerales llamadas "adcumuladas" (ver figuras 6.1 y 6.2 de la práctica 6).

— *Laminación ígnea* - Disposición subparalela de cristales tabulares según su eje más largo. Se acumulan de manera orientada (¿apilados por sedimentación u orientados en un flujo?) (foto 4.18).

— *Bandeados* - Variación composicional gradual o neta que está definida por variaciones texturales (tamaño de grano), de composición modal o de química mineral (críptica, no perceptible *de visu*).

Finalmente, conviene recordar que muchos magmas (rocas ígneas) se emplazan en la corteza aprovechando una tectónica activa, de forma que numerosos plutones tienen rocas foliadas gracias a la suma de empuje magmático y esfuerzos tectónicos regionales. Las deformaciones tectónicas de alta temperatura suelen ser difíciles de distinguir de las fábricas puramente ígneas (o primarias). Mientras que cuando la tectónica actúa sobre una roca magmática cristalizada y fría, las fábricas tectónicas (o secundarias) de carácter frágil son más fácilmente discernibles. Además suelen ir acompañadas de una fuerte recristalización *subsolidus* (secundaria) de la roca ígnea.

— *Fabricas tectónicas* - Son texturas típicas de tectonitas, lo cual se refleja en la deformación y/o trituración de los minerales, produciéndose además extinción ondulante, maclado mecánico, distorsión de lamelas de exsolución y de líneas de exfoliación, pliegues kink en micas, etc. (fotos 10.10, 10.18 y 10.19). Es frecuente la textura porfidoclástica (cristales gruesos rodeados de pequeños cristales triturados). Generan en la roca fábricas foliadas o lineares (Fig. 4.5b).

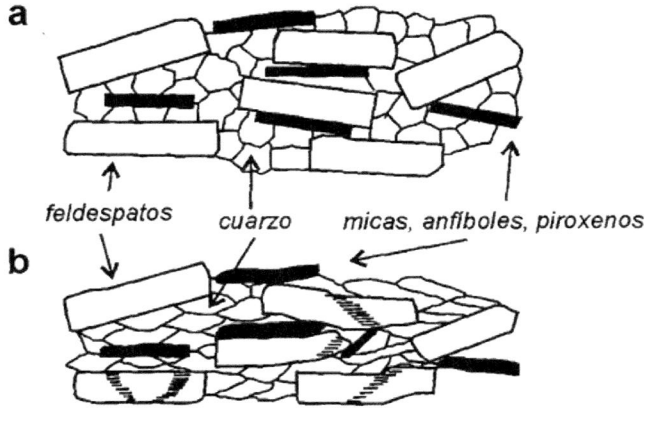

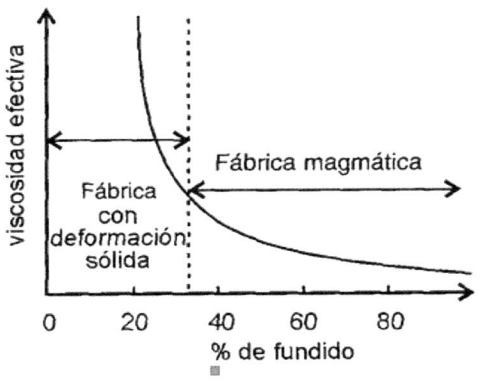

Figura 4.5. En esta figura de Hutton (1988, modificado por Llambías, 2003) se aprecia una deformación o alineamiento de cristales (u otros objetos rígidos, cristalinos) cuando el porcentaje de la fracción magmática semilíquida es muy grande (>65%). Las fábricas plano-lineares magmáticas se desarrollan a baja tasa de sólidos (*pre-full crystallization fabric*), cuando el sistema magmático es aún movible [esquema (a)]. Cuando el sistema magmático está muy cristalizado y se deforma, todo el conjunto plutónico presenta fábricas de deformación plástica o fábricas tectónicas (*cristal plastic strain fabric*) [esquema (b)].

4. Estructuras propias de rocas volcánicas

— *Vacuolar o vesicular* - Huecos (vacuolas o vesículas) originados por desgasificación (foto 4.19). Quedan los moldes de las burbujas de vapor de agua.

— *Amigdalar* - Vacuolas rellenas por productos deutéricos o secundarios (foto 4.20). Antiguamente se llamaban rocas *almendradas,* pues los rellenos suelen ser de minerales claros (carbonatos, calcedonia, zeolitas...).

— *Escoriácea* - Roca o estructura esencialmente vítrea con vacuolas (rellenas o no), muy abundantes y de formas normalmente irregulares. Suele formar los caparazones de piroclastos o techos/bases de coladas de lava (foto 4.21).

— *Piroclásticas* - Rocas fragmentarias (incluye aglomerados, brechas, tobas) de origen volcánico cuyo medio de transporte es gas fluidificado, en su mayor parte exsuelto del magma. El transporte, concentración de partículas y trayectoria de deposición de estos fragmentos del sistema volcánico las divide en varios tipos: depósitos de caída (deposición de material fragmentario siguiendo trayectorias verticales o subverticales, como lluvia de proyectiles desde una columna eruptiva volcánica) y corrientes piroclásticas densas (PDC) (trayectorias subhorizontales de los fragmentos piroclásticos en nubes ardientes rasantes) (ver trabajo de Wilson y Houghton, 2000).

Los depósitos piroclásticos de caída se distinguen por estar poco cohesionados y relativamente bien clasificados por su granulometría (capas de *bloques/bombas* de >64 mm, *lapilli*: 64-2 mm, o *cenizas* <2 mm) (fotos 4.22 a 4.24 y 7.20). Una de las rocas piroclásticas más densas y cohesionadas es la que presenta una estructura *ignimbrítica* o eutaxítica (*ash flow tuffs*) (foto 9.1). Son depósitos piroclásticos PDC muy densos, con más de un 20% de fragmentos cristalinos y accidentales, de contrastado tamaño (mala clasificación). Presentan abundantes fenocristales rotos o fenoclastos, clastos de rocas (líticos accidentales), fragmentos de pumita/pómez (> 80% vacuolar, foto 9.20) en una matriz de partículas muy finas (cenizas vítreas o vitroclastos) (p. ej. Best, 2003). Suele tener desvitrificación más o menos desarrollada. Muy típicas son las flamas negras (aplastadas y soldadas) de material vítreo (bloques o lapilli pumíticos) en ignimbritas compactadas (fotos 4.25 y 4.26).

5. Estructuras más propias de rocas plutónicas

— *Miarolítica* - Espacios globulares huecos o cavidades rellenas normalmente por minerales hidratados, de mayor tamaño, a partir de fundidos residuales de los últimos estadios de cristalización (foto 4.27). Algunas miarolas transitan a cavidades o geodas en pegmatitas graníticas (foto 11.12).

— *Orbicular* - Morfologías ovoidales de cristales (mono/poliminerales) radiados en crecimiento concéntrico alrededor de un núcleo contrastado mineralógicamente (foto 4.28). Las orbículas más espectaculares son de varias capas (foto 4.29). Raras en rocas volcánicas.

— *Nódulos minerales* - Nidos o agregados ovoidales de minerales máficos, normalmente peralumínicos (turmaliníferos, granatíferos, cordieríticos, etc.), intercrecidos con cuarzo, que dan aspecto nodular o moteado a la roca (foto 4.30). A veces desarrollan halos leucocráticos a su alrededor.

— *Enclaves* - También aparecen en rocas volcánicas. Son inclusiones fragmentarias de otros tipos rocosos en la masa ígnea (foto 4.31). Hay una variada tipología de enclaves y su estudio es muy importante en la petrogénesis de una roca ígnea (a veces son fragmentos rocosos de la zona de origen, del trayecto o, más frecuentemente, del área definitiva de emplazamiento). Los tres principales grupos de enclaves en rocas ígneas son: (a) **xenolitos** (también llamados *líticos accidentales* en volcanismo: foto 4.32) (fotos 4.33 y 6.4); (b) **restitas micáceas** (normalmente solo aparecen en rocas ígneas peralumínicas) (fotos 4.36 y 10.5), y (c) **enclaves microgranulares**, tanto félsicos (raros) como máficos (los típicos gabarros o negrones de los granitos ibéricos) (fotos 4.34, 4.35, 10.3 y 10.4). En rocas volcánicas se llamarían enclaves o *líticos juveniles*, no siempre comagmáticos (fotos 4.32, 9.11 y 9.12).

6. Ejemplos de descripción textural (figuras)

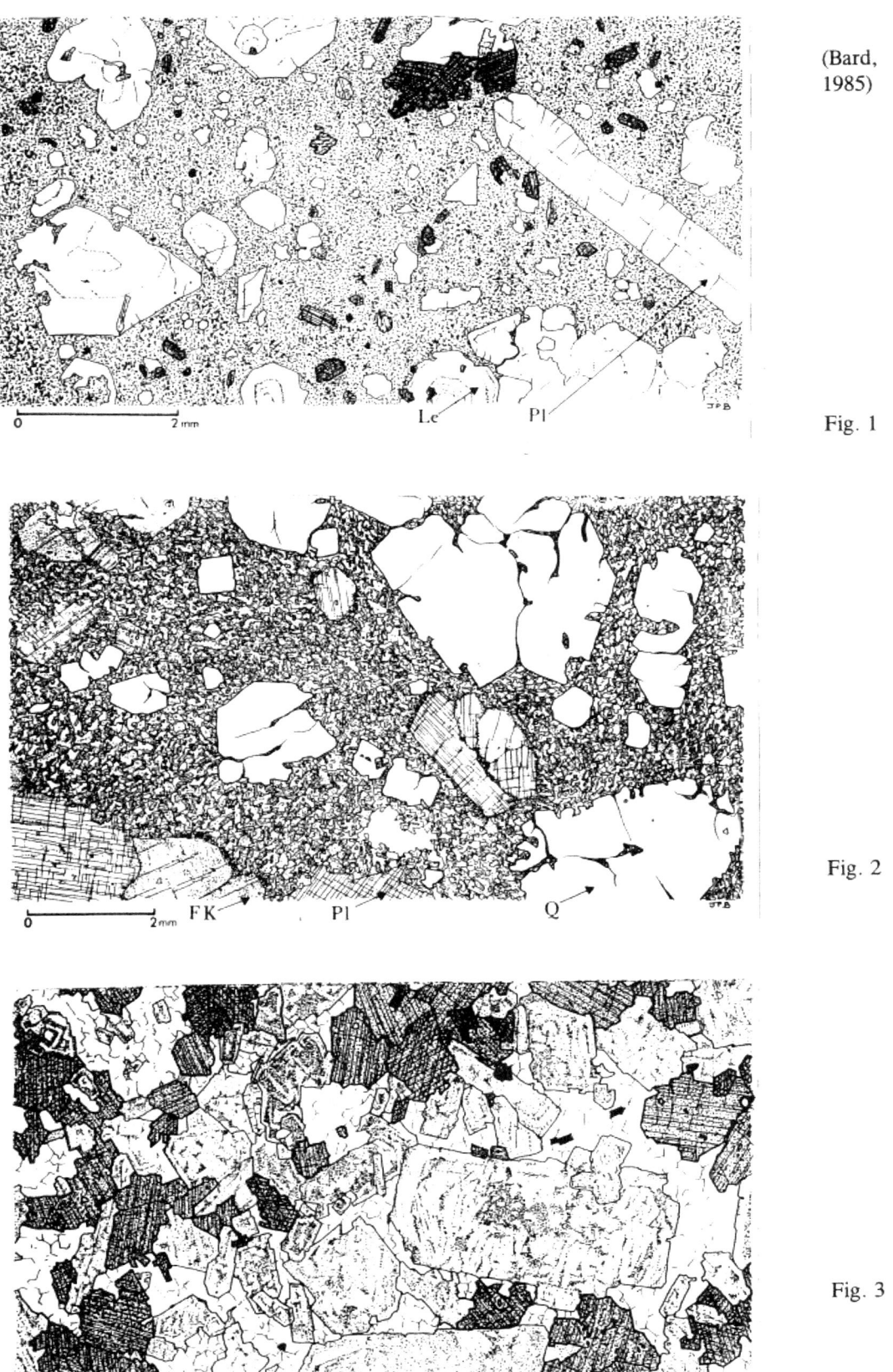

(Bard, 1985)

Fig. 1

Fig. 2

Fig. 3

7. Comentarios de descripción textural a las figuras anteriores (punto 6)

(Fig. 1, página previa) Roca hipocristalina con vidrio restringido a la matriz, desvitrificado a cripto-cristales (según Bard, 1985). Sería una roca casi afanítica *de visu*, aunque se viera algún fenocristal. La textura es claramente inequigranular de tipo porfídico seriada (en sectores glomeroporfídico), con feno-cristales idiomorfos y subidiomorfos por corrosión. Los fenocristales son de tamaño fundamentalmente fino. La matriz es mixta: criptocristalina y vítrea, que podría denominarse hialocriptogranuda. En resumen, es una roca volcánica hipocristalina con textura porfídica, de fenocristales de grano fino a medio (microporfídica) y de pasta hialocriptogranuda, de tendencias hipidiomorfas. Es una *tefrita leucítica* (Le, en la figura) con máficos de tipo anfíbol y clinopiroxeno de composición egirina.

(Fig. 2, página previa) Roca probablemente holocristalina, porfídico seriada, de matriz microgranu-da, hipidiomorfa. Si hubiera zonas criptocristalinas se utilizaría el término *felsita* o textura felsítica, muy común en rocas efusivas e hipoabisales (filonianas) ácidas. Como la roca anterior, presenta una típica textura en *dos fases*: la primera de cristales mayores, bien formados (fenocristales), la segunda de enfriamiento rápido (matriz o pasta), durante el emplazamiento subvolcánico o volcánico del mag-ma. Al verse solo fenocristales de los tres minerales félsicos podría clasificarse como *microgranito porfídico*.

(Fig. 3, página previa) Roca granuda hipidiomorfa de grano medio y de tendencia porfídica (megacris-tal de ortosa). En ella se observa una evolución en la cristalización: primero los dos feldespatos (Or en cristales grandes + Plag zonada), luego los minerales máficos (Hbl ≥ Bi) y finalmente el cuarzo, marca-damente intersticial. *Granodiorita anfibólico-biotítica*.

8. Comentarios finales sobre el análisis textural de una roca ígnea

De la correcta interpretación de la fábrica de una roca ígnea puede apuntarse la evolución o el orden de cristalización mineral del magma (Fig. 4.6). Esto es importante para establecer las condiciones de cristalización de las fases minerales y aplicar correctamente los cálculos de geotermobarometría magmática.

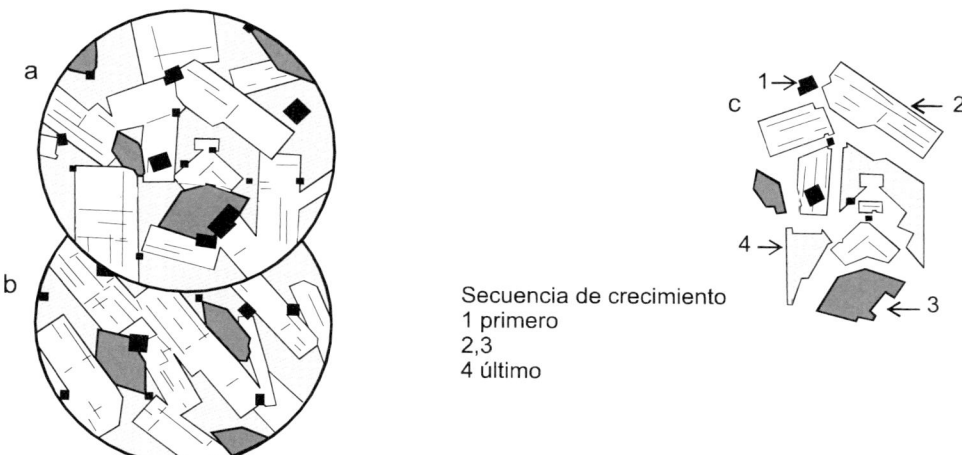

Secuencia de crecimiento
1 primero
2,3
4 último

Figura 4.6. Orden de cristalización mineral: a) fábrica isótropa; b) fábrica anisótropa; c) explicación de la figura (a) mostrando los contrastes de morfologías entre los minerales que se han formado primero (1) y los más tardíos (4) (basado en Best, 1982).

Muchas veces, como hemos visto, las texturas y estructuras ígneas originales son modificadas por procesos posteriores. Las texturas *subsolidus*, debidas al enfriamiento lento de la masa ígnea y cuando no hay actuación significativa de fenómenos orogénicos (tectono-metamórficos o solo tectónicos) ni de hidrotermalismo (fondos oceánicos, p. ej.), suelen limitarse a exsoluciones minerales y a ligeras modificaciones de los bordes intercristalinos (p. ej. albitización y mirmequitización de rocas ácidas) o a reemplazamientos pseudomórficos. De cualquier forma, rara es la roca magmática (sobre todo las plutó-nicas) que no tiene alguna transformación textural y/o mineral de origen posterior.

4.1. Fotografía microscópica con nicoles cruzados. Textura **gráfica** de crecimiento eutéctico de cuarzo y feldespato potásico (micropertítico). Véase la morfología cuneiforme del cuarzo que recuerda (en muestras de mano, fotos 4.2 y 11.11) escrituras mesopotámicas antiguas.

4.2. Fotografía de muestra de mano (véase escala de 1cm). Textura **gráfica** en pegmatita granítica. Intercrecimientos cuneiformes de cuarzo gris en cristales grandes de feldespato potásico tipo ortosa, de tonos lechosos. Foto tomada de London y Kontak (2012).

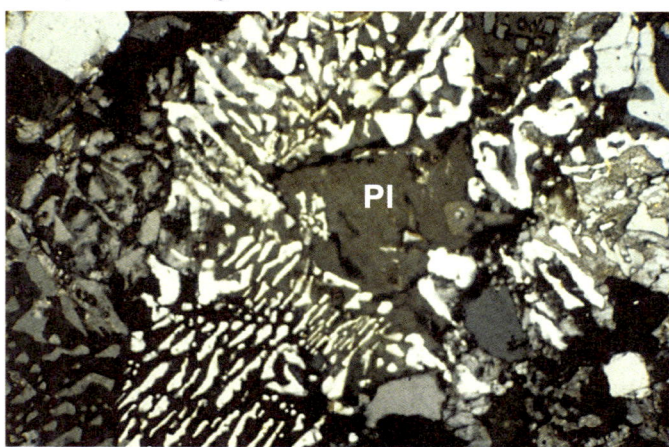

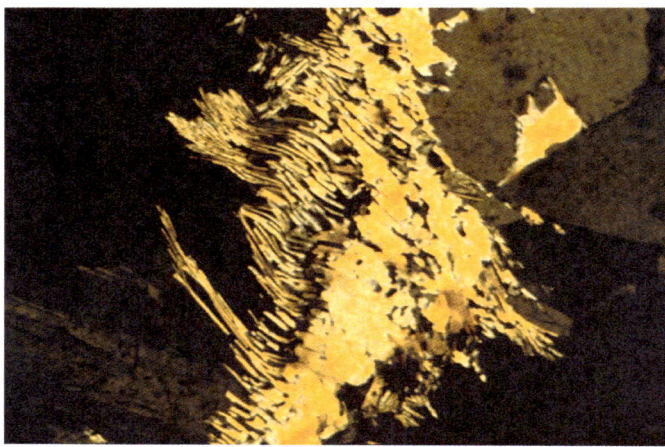

4.3. Fotografía microscópica con nicoles cruzados (x25). Textura **granofídica**. Cuarzo cuneiforme intercrecido con feldespato alcalino (a modo de textura micrográfica), con disposición radial a partir de cristales previos de plagioclasa. Microgranito.

4.4. Fotografía microscópica con nicoles cruzados (x25). Intercrecimiento **simplectítico** de cuarzo y moscovita. Es una modificación subsolidus o secundaria, de carácter intersticial o intergranular, que forma minerales de grano mucho más fino, intercreciendo "en peine". La formación de moscovita involucra fluidos ricos en agua. Granito de Aldeanueva (Toledo, España).

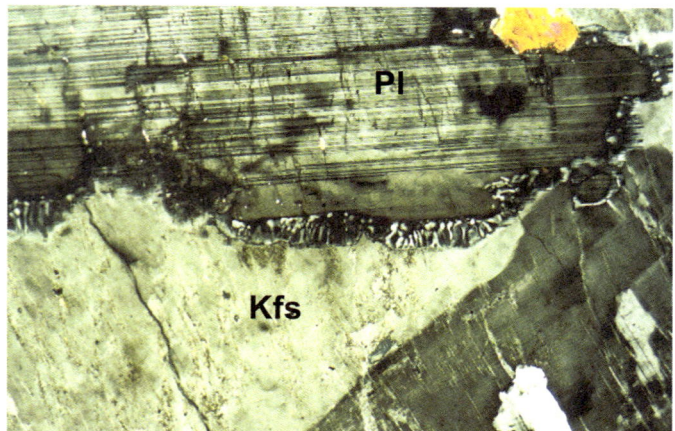

4.5. Fotografía microscópica con nicoles cruzados (x40). Texturas **mirmequíticas** de corrosión/reemplazamiento de los feldespatos ígneos. Suelen dar morfologías cóncavas hacia el feldespato potásico (Kfs) corroído. Son intercrecimientos vermiculares (o dactilíticos) de cuarzo y plagioclasa rica en Ab.

4.6. Fotografía microscópica con nicoles paralelos (x40). **Zonado en sectores** en clinopiroxeno marrón, de composición augita titanada. Da morfologías que recuerdan a un reloj de arena. Monzogabro alcalino.

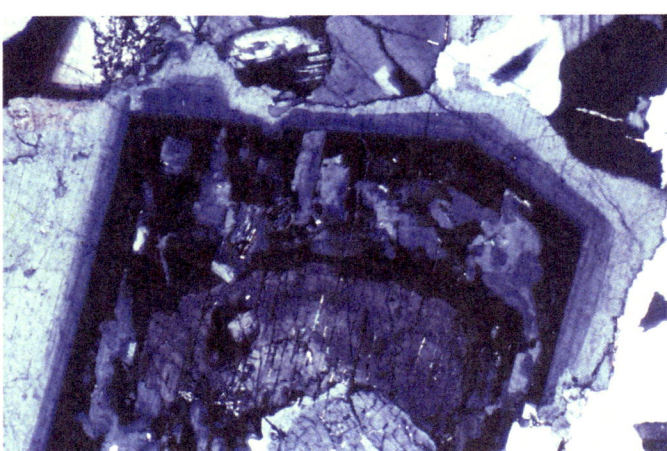

4.7. Fotografía microscópica con nícoles cruzados. Plagioclasa con **zonado oscilatorio** hacia su borde. El interior presenta un zonado concéntrico, aparentemente similar, de capas más gruesas. Las zonas son relativamente idiomorfas (¿crecimiento en equilibrio?). Roca subvolcánica, porfídica.

4.8. Fotografía microscópica con nícoles cruzados. Plagioclasa con zonado interno complejo, muy alotriomorfo y de bordes corroídos. La zona intermedia (extinguida, en gran parte) parece presentar **zonado en parches**, indicando un fuerte desequilibrio durante su formación (¿mezcla de magmas, cambios bruscos en proporción de volátiles, despresurizaciones?). Roca granítica.

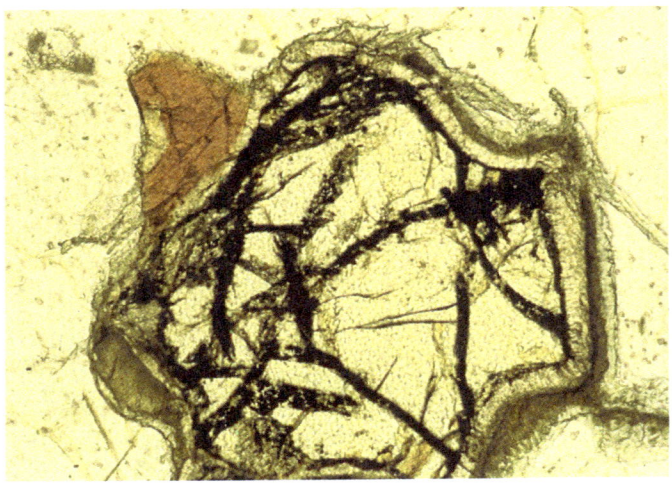

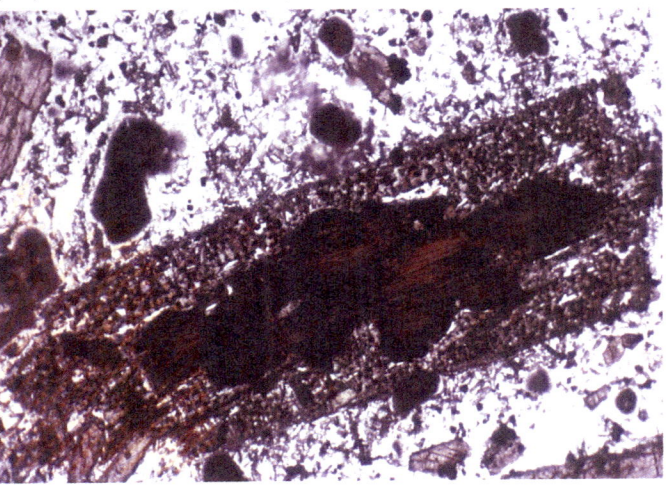

4.9. Fotografía microscópica con nícoles paralelos. Textura **coronítica** secundaria, alrededor de olivino. La corona es un intercrecimiento simplectítico muy fino de opx. y nueva plagioclasa, como consecuencia de reacción entre el olivino y la plagioclasa ígneos, durante un evento de recristalización metamórfica. Metagabro coronítico de Monte Castelo (La Coruña, España).

4.10. Fotografía microscópica con nícoles paralelos. **Corona de minerales anhidros** (clinopiroxeno y opacos) pseudomorfizando el anfíbol ígneo. Roca volcánica fonolítica, con cambios bruscos en la estabilidad de fases hidratadas, por despresurización del magma volcánico (reacción de destrucción del anfíbol).

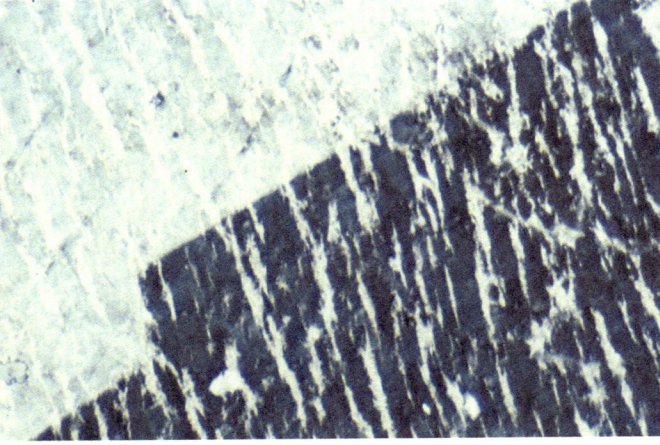

4.11. Fotografía de campo de un granito **rapakivi**. Véase multitud de coronitas blancas de oligoclasa (plagioclasa de composición An_{10-30}) alrededor del feldespato potásico rosado. Zona cerca del bolígrafo con microbolsada pegmatítica, enrojecida (oxidada). Granito paleoproterozoico (1.65 Ga) de Wiborg (Finlandia).

4.12. Fotografía microscópica con nícoles cruzados (x100). Feldespato potásico con **venas micropertíticas** cortando una macla simple del cristal. Tal vez haya un segundo ciclo de exsoluciones pertíticas, en ángulo agudo. Roca granítica.

4.13. Fotografía microscópica con nícoles cruzados (x100). Feldespato potásico con **pertitas en flamas**. Obsérvese el maclado polisintético del componente albítico (plagioclasa) exsuelto. Roca granítica.

4.14. Fotografía microscópica con nícoles cruzados. Feldespato **mesopertita** que parece un cristal mezclado de feldespato alcalino (rico en Or) y plagioclasa albítica. Corresponde a un feldespato alcalino hipersolvus, exsuelto al enfriarse la roca plutónica durante su exhumación tectónica/erosiva. Sienita con egirina.

4.15. Fotografía microscópica con nícoles cruzados. **Lamelas de exsolución** en cristal de clinopiroxeno. La exsolución está muy controlada geométricamente por la cristalografía del piroxeno. Se observa el bajo color de birrefringencia de las lamelas estrechas del ortopiroxeno exsuelto. Gabro.

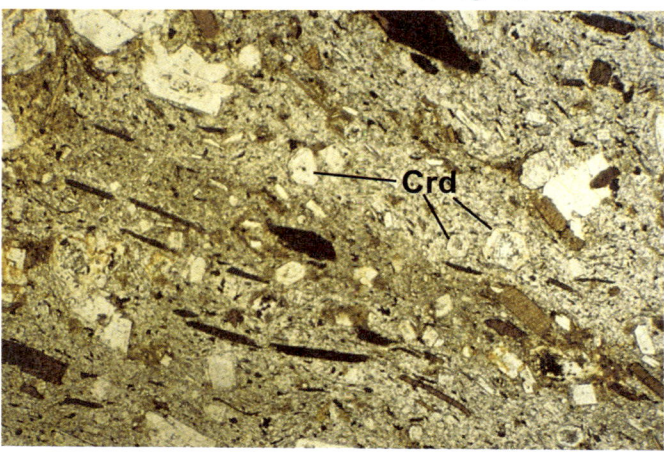

4.16. Fotografía microscópica con nícoles paralelos (x25). Estructura de **flujo ígneo** en una lava dacítica peralumínica. Se observa la buena orientación de micas y de algunos prismas blancos de plagioclasa, así como algo de bandeado. Hay cristales subredondeados de cordierita con numerosas inclusiones de microprismas de silimanita acicular. Dacita del Hoyazo (Almería, España).

4.17. Fotografía microscópica con nícoles cruzados (x63). Textura algo **afieltrada** de una roca con **flujo traquítico**, definido por multitud de microlitos de feldespato alcalino (tal vez anortoclasa). Traquita de Canarias.

4.18. Fotografía microscópica con nícoles cruzados. Se observa **laminación ígnea** marcada por la orientación subparalela de los ejes largos de los cristales de plagioclasa, así como un grosero bandeado composicional (banda máfica de la izquierda). Gabro de dos piroxenos (gabronorita).

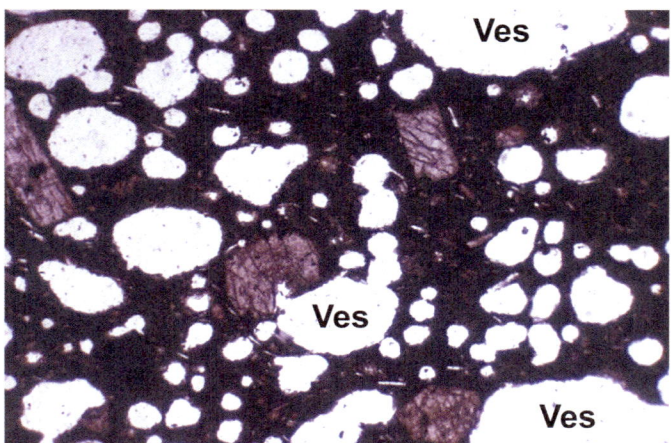

4.19. Fotografía microscópica con nícoles paralelos. Basalto hipocristalino rico en **vacuolas** o **vesículas** (Ves). Se observan fenocristales de clinopiroxeno augítico (marrón) en una matriz oscura, criptocristalina-vítrea.

4.20. Fotografía de muestra de mano de una roca basáltica con vacuolas rellenas de minerales blancos, secundarios, carbonatos y zeolitas. Estructura **amigdalar** (llamada piedra almendrilla en Calatrava).

4.21. Fotografía de campo (moneda de 1 euro como escala). Basalto **escoriáceo** que forma el techo de una colada de tipo **a'a**. Basaltos del volcán Teneguía (La Palma, Canarias).

4.22. Fotografía de campo de **lavas a'a**, de la erupción del Cumbre Vieja en el 2021. En primer término, casa y camino cubiertos de un manto de **ceniza gruesa** y **lapilli** basálticos (**piroclastos de caída**). En el horizonte se ven varios conos de escorias (La Palma, Canarias).

4.23. Fotografía de campo (aprox. 5 m). Detalle del cono de escorias basálticas del volcán Teneguía (La Palma, Canarias). Se observan grandes **bombas volcánicas** (redondeadas o elipsoidales, fusiformes) de algo más de 0,5 m de anchura (algo aplanadas al caer al suelo) en un depósito de **piroclastos de caída**, mal clasificado y poco cohesionado.

4.24. Fotografía de campo de piroclastos de caída del cono de escorias del Cerro Pelado (Calatrava, Ciudad Real). Se observa un cierto bandeado entre los piroclastos de caída de **lapillis** de diversos tamaños, relativamente bien clasificados. Depósito poco cohesionado.

4.25. Fotografía de muestra de mano de una **ignimbrita** alcalina (moneda de 1 euro), de composición fonolítica. Se observan numerosas flamas negras, que son fragmentos de lapilli pumítico, aplastados y soldados en una matriz de ceniza. Tenerife (Canarias).

4.26. Muestra de mano de **ignimbrita** fonolítica. Se observan numerosas flamas soldadas que definen el flujo (o aplastamiento) del depósito de corrientes piroclásticas densas (PDC). Este flujo piroclástico (*ash flow tuff*) contiene, también, numerosos vitroclastos y fenoclastos, en una matriz de ceniza vítrea. Tenerife (Canarias).

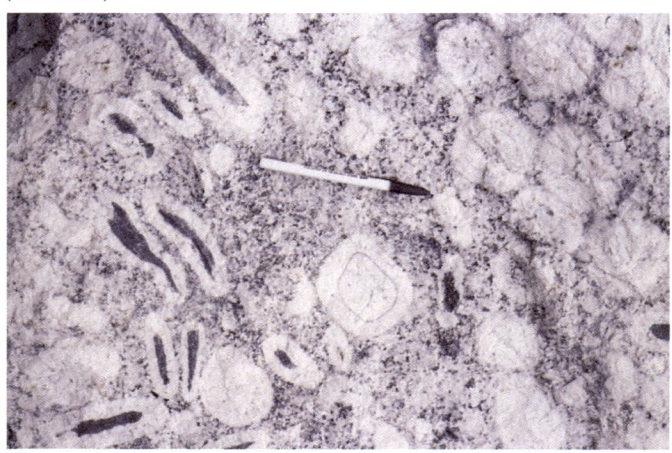

4.27. Fotografía de campo de una sienita miarolítica. Las **miarolas** son estructuras a modo de microgeodas, pues pueden terminar siendo huecos (zonas oscuras de la foto). Se les asigna un origen por exsolución de volátiles o fluyentes en magmas plutónicos muy someros (subvolcánicos). Sienita de Fuerteventura (Canarias, España).

4.28. Fotografía de campo de un granito orbicular. Las numerosas **orbículas** feldespáticas están nucleadas, a veces, a favor de enclaves micáceos o de xenolitos esquistosos. Granito varisco de Caldas de Rey (Pontevedra, España).

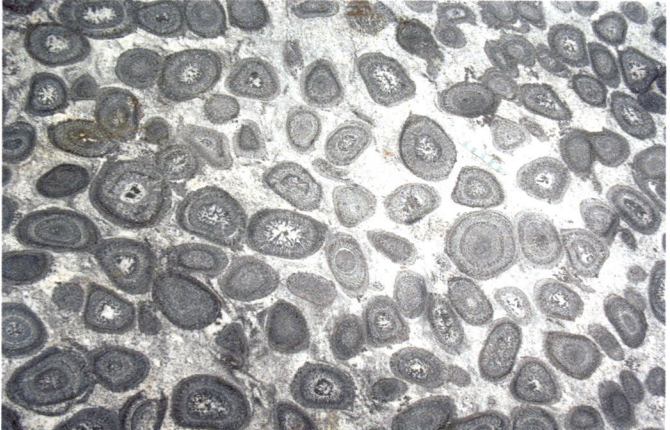

4.29. Fotografía de campo de un granito **orbicular**. Aquí las orbículas son más complejas, con zonados de varias capas y núcleos de aspecto micropegmatítico. Tonalita Boorgardie neo-arcaica, de 2.7 Ga de edad (Australia). Foto tomada de: aradon.com.au/orbicular-granite/

4.30. Fotografía de campo. Granito con nódulos turmaliníferos (turmalina intercrecida con cuarzo). Alrededor de algunos nódulos aparecen marcados halos leucocráticos (muy pobres en minerales máficos). Leucogranito de Hoyo de Manzanares (Madrid, España).

4.31. Fotografía de campo. Roca granítica con estructura de flujo y numerosos enclaves. Hay enclaves xenolíticos metamórficos (con foliación interna) y **enclaves** microgranulares máficos. Estos últimos son más globulares, de contacto neto (incluso, con bordes enfriados), probablemente debidos a mezcla con un fundido más básico. Granito de Toledo (España).

4.32. Fotografía de campo de depósito cohexionado de oleadas piroclásticas (*pyroclastic surges*) del volcán El Aprisco (Calatrava). Es una roca fuertemente contaminada de **líticos**, en su mayor parte **accidentales**: fragmentos de metasedimentos paleozoicos (p. ej. cuarcitas-Qt-) y de peridotitas lherzolíticas, del manto (Lzh). También hay **líticos juveniles** (glóbulos de lapilli negros, milimétricos).

4.33. Fotografía de campo de un **xenolito** metamórfico alargado. El magma penetra acuñando a la roca corneanizada del encajante, como si fuera un proceso de *micro-stoping* magmático. Granito de Aldeanueva de Barbarroya (Toledo, España).

4.34. Fotografía de campo de granito con un **enclave microgranular máfico**. Obsérvese la presencia de megacristales rosas (feldespato potásico) del granito, en el interior del enclave, lo que apoya ideas de mezcla física de magmas. Granito de Ploumanach (Bretaña, Francia).

4.35. Fotografía de campo de monzogranito con **enclaves microgranulares máficos**, a veces arrosariados o formando enjambres, como si fueran antiguos diques sin-plutónicos desdibujados. Granito de Alpedrete (Madrid, España).

4.36. Fotografía de campo de granito con **enclaves restíticos**, ricos en biotita y silimanita. Hay también un glóbulo de cuarzo (parte superior izda.). Son enclaves muy típicos de granitos muy peralumínicos. Granito de Peraleda de San Román (Toledo, España).

5. Análisis y clasificaciones modales

Los análisis modales son porcentajes de la superficie que ocupan (proporcional al volumen) los minerales que componen la roca, que puede estimarse visualmente en el microscopio petrográfico (ver plantillas adjuntas) o que, más correctamente, se deben determinar cuantitativamente mediante técnicas de contaje de puntos, con los accesorios adecuados (Anexo 2). La nomenclatura de rocas ígneas que se va a estudiar está fundamentalmente basada en los trabajos de Streckeisen (1973, 1979), comisionado por la Unión Internacional de Geocientíficos (IUGS) para elaborar una nomenclatura unificada de rocas magmáticas. El rombo QAPF de clasificación modal de rocas volcánicas y plutónicas, así como otras clasificaciones de rocas ígneas especiales, como son las de rocas piroclásticas, carbonatíticas, lamprofídicas, melilitíticas y chrarnokíticas, pueden encontrarse en el compendio de Le Maitre (1989, 2002), que recoge las normas de la Comisión de Nomenclatura de Rocas Ígneas de la IUGS (ver también Anexo 3). No obstante, algunas de estas clasificaciones específicas se verán en la segunda parte de este manual (p. ej. rocas con melilita o rocas lamprofídicas).

Las clasificaciones que vamos a utilizar están basadas en las proporciones de los minerales ígneos primarios, por lo que a mayor grado de alteración o de metamorfismo de la roca ígnea, mayor será el grado de incertidumbre en encontrar su apropiada denominación. Los diagramas clasificatorios principales son los dos rombos QAPF de términos plutónicos y volcánicos. La clasificación modal QAPF se basa en los minerales félsicos de la roca ígnea:

Q = minerales del grupo de la sílice.

A = feldespatos alcalinos incluyendo albita (An_0 - An_5).

P = plagioclasa del rango composicional An_5 - An_{100}.

F = feldespatoides (incluyendo cancrinita y analcima).

M = resto de minerales que componen la roca (minerales máficos + opacos + otros, incluyendo otros minerales claros: apatito, moscovita y carbonatos).

Las rocas con un valor de M = 90 - 100% (rocas ultramáficas) no pueden ser proyectadas en este doble triángulo sino en clasificaciones especiales por su escasez de minerales félsicos (ver gráficos adjuntos en páginas sucesivas). El índice de coloración de la roca (IC) es la suma modal de los minerales coloreados de la misma. Es decir, la suma de los minerales máficos, opacos (metálicos) y la mayor parte de los accesorios. De cualquier manera, M no tiene que ser exactamente igual al IC, aunque la diferencia de valores va a ser muy pequeña (salvo en carbonatitas y rocas félsicas peralumínicas ricas en mica blanca).

Ocasionalmente en algunas rocas volcánicas o filonianas con matrices vítreas o criptocristalinas, donde solo se identifiquen fenocristales, se deberían clasificar utilizando el prefijo **feno**: feno-andesita, feno-dacita... etc. Es una forma de avisar de una clasificación modal muy imprecisa y provisional, que debiera precisarse por métodos químicos (p. ej. diagrama TAS de clasificación de rocas volcánicas, Fig. 7.2) (ver Anexo 3). Las rocas plutónicas son de textura normalmente fanerítica, por lo que su análisis modal es más preciso.

Una vez clasificada la roca según su composición modal, se puede adjetivar utilizando los minerales característicos ordenados decrecientemente en su abundancia. Normalmente son referencias a los máficos de la roca (que no están incluidos en los nombres del QAPF), o al feldespatoide, en el caso de rocas subsaturadas: p. ej.: granodiorita biotítico-anfibólica, quiere decir que tiene más biotita que anfibol, fonolita nefelínica-haüynica, etc. Recuérdese que se utilizará el término de granodiorita con biotita y anfibol (en vez de biotítico-anfibólica) si estos máficos son accesorios (< 5% en vol. modal). Igualmente, una sienita con nefelina, indica que el foide es accesorio (diferencia con sienita nefelínica, que indicaría contenidos en el foide de > 5%) (campos 6' o 7' comparados con 11 y 12 del diagrama QAPF, páginas 78-79).

Una representación modal simplificada de las principales rocas ígneas subalcalinas puede verse en la siguiente figura, que permite apreciar las proporciones relativas de los minerales esenciales que las componen. Se observa que existe una mayor proporción de minerales félsicos según se va haciendo más ácida la roca. Así, las peridotitas son rocas muy ricas en olivino y piroxenos, los basaltos tienen además plagioclasa, mientras que los granitos son rocas félsicas (leucocráticas y ácidas) ricas en cuarzo, feldespato potásico y plagioclasa. Además de una variación en las proporciones modales hay una evolución en la naturaleza y composición de los minerales magmáticos. Por ejemplo, en la parte inferior de la figura (tomada de Hébert, 1998) se observa que los máficos, según se hace más félsica la roca, son más pobres en Mg (y comparativamente más ricos en Fe) e hidratados. Una roca ígnea **ácida** suele ser también félsica, pero la acidez es un término químico, basado en el contenido en SiO_2 (en % peso) del análisis químico (ver nomenclatura de términos de acidez: ultrabásico a ácido, en la parte central de la figura).

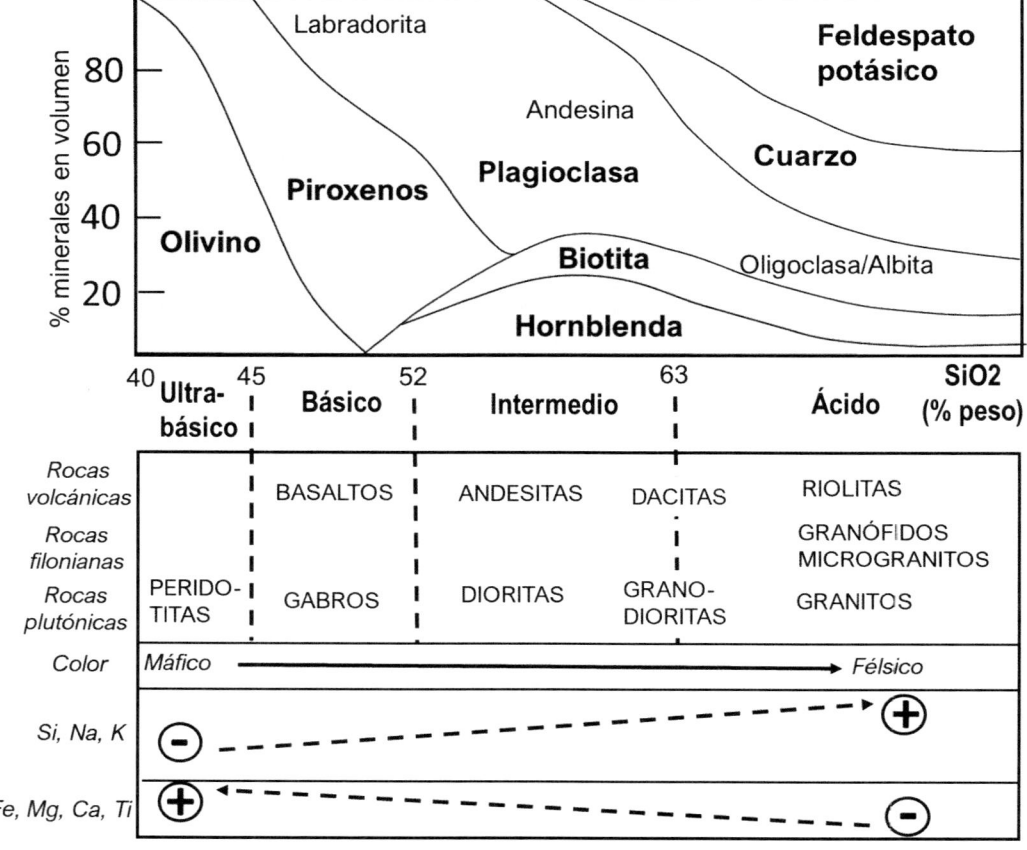

La clasificación "primera" de una roca ígnea debe estar basada en su textura (plutónica vs. volcánica) y contenido mineral. Esto es así por la relativa simplicidad mineral de estas rocas, que solo presentan un número muy limitado de fases (minerales ± vidrio). Las clasificaciones modales son rápidas y muy económicas, se nombran las rocas provisionalmente, en muestras de mano (*de visu*). Luego vendrán sucesivas clarificaciones con los estudios microscópicos y de química analítica, más caros y que demoran la precisa identificación y caracterización de la roca (Williams et al., 1968). De hecho, hay numerosas rocas ígneas que no pueden ser clasificadas modalmente de manera correcta (p. ej. rocas volcánicas diversas: piroclásticas, hipocristalinas y vítreas) y otros métodos de clasificación tienen que ser utilizados (p. ej. químicos) (Middlemost, 1985) (ver Anexo 3).

Aunque hay más de 1.500 nombres de rocas ígneas, la IUGS reconoce que solo son 316 los recomendados (los más comunes) y solo unas 179 rocas tienen nombres (con raíces) distintas (Le Maitre, 2002). En este manual aparecerán casi la mitad de esos términos rocosos.

Antes de ver los gráficos principales de clasificaciones modales, hagamos un ejercicio sobre la proyección de datos en un diagrama triangular, como es el doble triángulo QAPF (páginas siguientes). A partir del análisis modal de la roca se calcula el valor de M. Si este es < 90% y tiene cuarzo, se proyectará en el triángulo QAP, pero si M < 90% y tiene algún foide, entonces se proyectará en el FAP. Para proyectar, primero se han de calcular los valores de los parámetros que figuran en los vértices, recalculando para cada uno de ellos su valor modal correspondiente al 100%. Por ejemplo, supongamos que una roca ígnea tiene una moda con cuarzo (20%), plagioclasa (30%) y feldespato potásico (25%), lo que todo ello suma 75%; el recálculo a 100 sería: si en un 75% hay un 20% de cuarzo, Q entonces es igual a 26,7%; y así para los otros dos parámetros (ver más ejemplos resueltos en Anexo 4).

Con estos valores, que necesariamente han de sumar 100, se procede a proyectar el análisis de la roca en el diagrama triangular. Los vértices del triángulo representan el 100% del componente correspondiente, y su lado opuesto representa el 0%, es decir, el de las rocas que no tienen nada de dicho componente. Las líneas intermedias representarán contenidos intermedios. Se pueden dar tres casos:

1) Si la roca solo tiene un componente (o parámetro) del diagrama, entonces la roca quedará proyectada en el vértice de dicho componente.

2) Si la roca tiene dos componentes/parámetros con valores > 0, entonces quedará proyectada a lo largo de la línea (lado del triángulo) que une ambos componentes, en la posición que dicten sus proporciones.

3) Si la roca tiene los tres componentes (p. ej. Q=35, P=40 y A=25, recalculados a 100), entonces quedará dentro del área del triángulo superior QAP. Para proyectar dicha composición se toma el valor de uno de los parámetros, p. ej. Q, y se traza la línea que representa el 35% de Q (línea amarilla en la figura); y luego, p. ej. la de P (línea naranja). El cruce entre las dos líneas está dando la clasificación (el nombre) de la roca por el área en el que quede incluido (ver diagrama de la IUGS, página siguiente). Se comprueba que todo es correcto si al trazar la tercera línea, correspondiente en este caso al contenido de A (línea azul), intersecta en el mismo punto (que cae en el campo 3b del QAP, página siguiente).

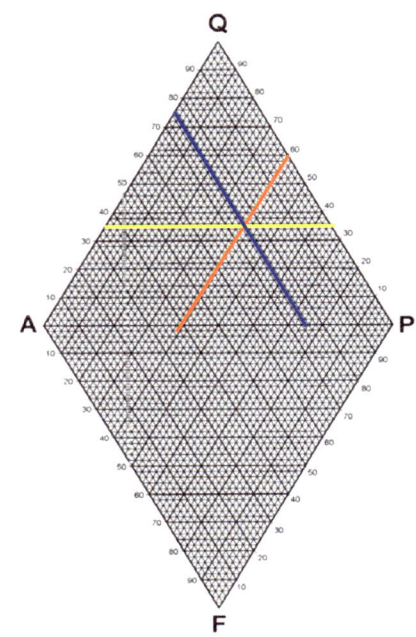

La roca queda así clasificada como *monzogranito* (si su textura es típica de un emplazamiento plutónico) o *riolita* (si es volcánica). Solo si la roca plutónica se hubiera proyectado como un tipo gabroideo (gabro s.l., campo 10) se habría de recurrir a una clasificación más precisa en los triángulos de clasificación para rocas máficas (cuatro páginas adelante). En ellos se considera la plagioclasa junto con ambos piroxenos (ortopiroxeno y/o clinopiroxeno) y el olivino, lo que da lugar a dos triángulos (Plag-Px-Ol y Plg-Opx-Cpx). Cada vez que se proyecte en un triángulo nuevo habrá que recalcular a 100 los nuevos parámetros que figuren en sus vértices, a partir del análisis modal. Si la roca queda proyectada en las áreas sombreadas, se requiere una nueva proyección en el diagrama Pl-Opx-Cpx, en el que ya se tiene en cuenta la relativa proporción entre los dos piroxenos. En el caso de que una roca plutónica tenga un valor de M>90%, la roca es ultramáfica y tiene unos diagramas de clasificación propios en los que la plagioclasa ya no se considera (por ser fase accesoria), y solo se tienen en cuenta los máficos anhidros: olivino y los dos piroxenos (y ocasionalmente también el anfíbol).

CLASIFICACIÓN MODAL DE LAS ROCAS ÍGNEAS
(IUGS, Le Maitre, 1989, 2002)

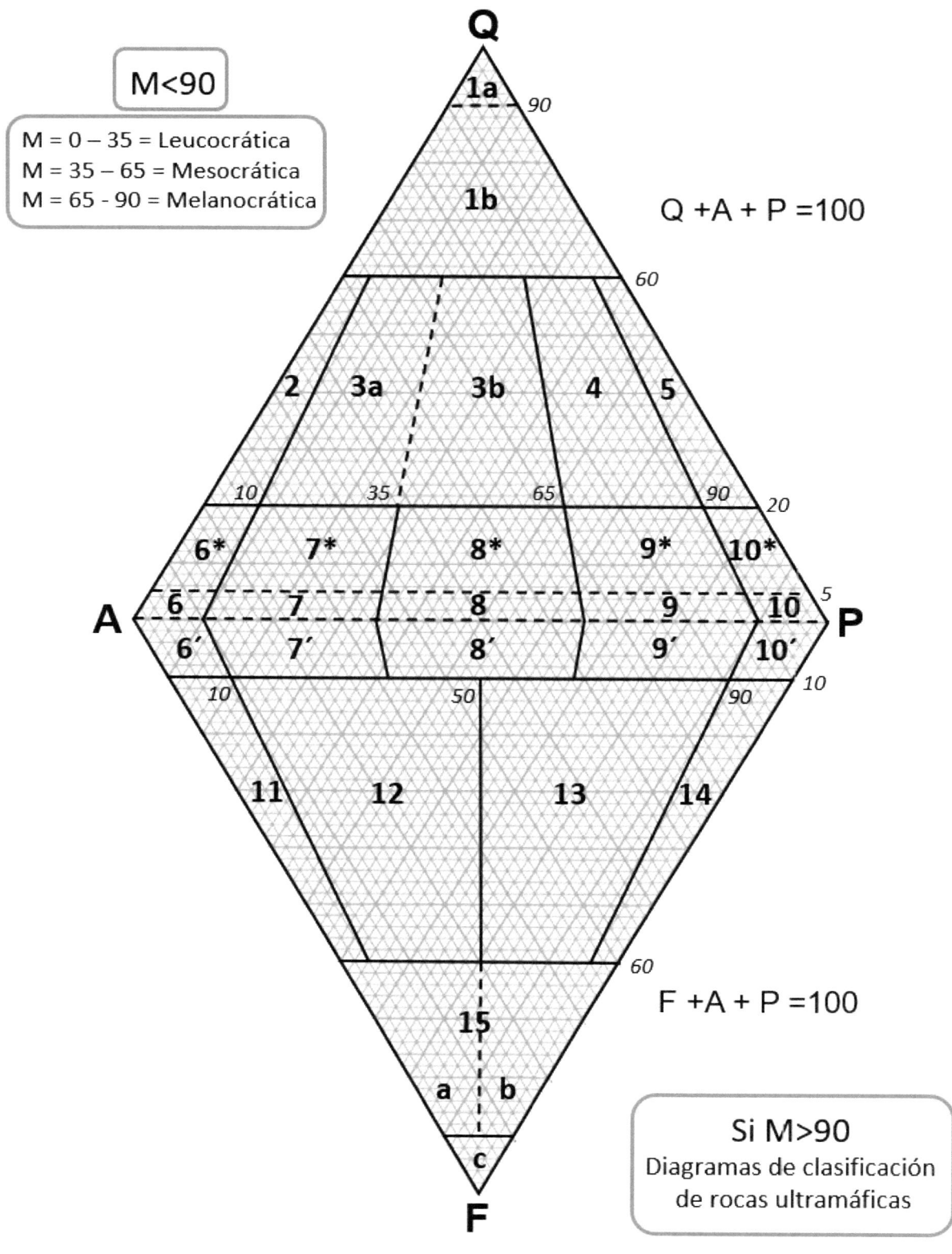

CLASIFICACIÓN MODAL DE LAS ROCAS ÍGNEAS
(IUGS, Le Maitre, 1989, 2002)

Plutónicas	Volcánicas
1. No ígneo	
2. Granito de feldespato alcalino	2. Riolita de feldespato alcalino
3. Granito: 3a Sienogranito 3b. Monzogranito	3. Riolita
4. Granodiorita	4. Dacita
5. Tonalita	5. Dacita
6'. Cuarzosienita de feldespato alcalino	6'. Cuarzotraquita de feldespato alcalino
7'. Cuarzosienita	7'. Cuarzotraquita
8'. Cuarzomonzonita	8'. Cuarzolatita
9'. Cuarzomonzodiorita Cuarzomonzogabro 10'. Cuarzodiorita, cuarzogabro, cuarzoanortosita	9', 10' (ver campos 9, 10)
6. Sienita de feldespato alcalino	6. Traquita de feldespato alcalino
7. Sienita	7. Traquita
8. Monzonita	8. Latita

9. Monzodiorita (Pl con moles de An < 50)
    Monzogabro (Pl con moles de An > 50)
 	
10. Diorita (Pl con An < 50), Gabro (Pl con An > 50),
    Anortosita (M < 10).
    Si es gabro (plagioclasa -Pl- muy cálcica, con
    moles An > 50%, Fig. 1.1) consultar diagramas p. 77
	9, 10. Basalto M > 35-40%, SiO_2 < 52% y con
	    plagioclasa muy cálcica (composición
	    rica en An: An$_{50-98}$, labradorita o bytownita,
	    Fig. 1.1)
	    Andesita M < 35-40%, SiO_2 > 52%

6'. Sienita de feldespato alcalino con feldespatoide	6'. Traquita de feldespato alcalino con feldespatoide
7'. Sienita con feldespatoide	7'. Traquita con feldespatoide
8'. Monzonita con feldespatoide	8'. Latita con feldespatcide

9'. Monzodiorita con feldespatoide
    Monzogabro con feldespatoide
 	
10'. Diorita con feldespatoide
    Gabro con feldespatoide
	9', 10' (ver campos 9, 10)

11. Sienita foidítica	11. Fonolita
12. Monzosienita foidítica	12. Fonolita tefrítica
13. Monzodiorita foidítica (An < 50) Monzogabro foidítico (An > 50) o Essexita (Ne)	13. Tefrita fonolítica

14. Diorita foidítica (An < 50)
    Gabro foidítico (An > 50) o Theralita (Ne),
    Teschenita (Analcima)
	14. Tefrita (olivino modal < 10%)
	    Basanita (olivino mocal > 10%)

15. Foidolita	15. Foidita

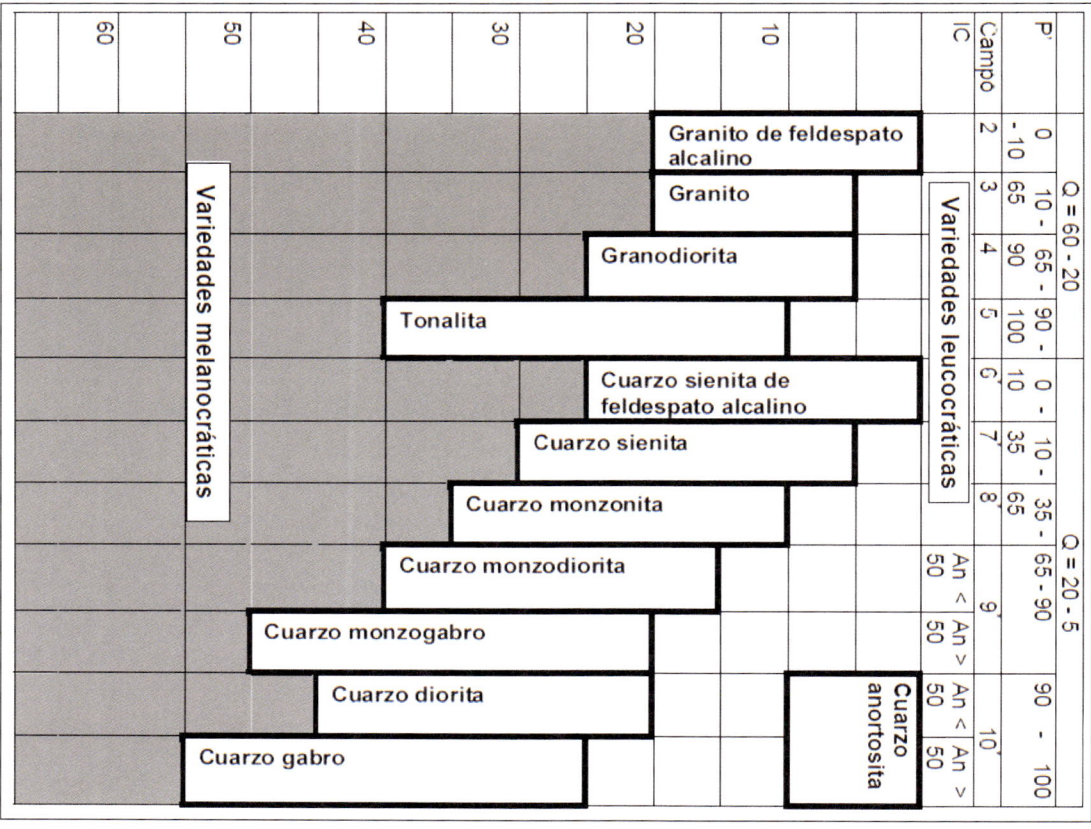

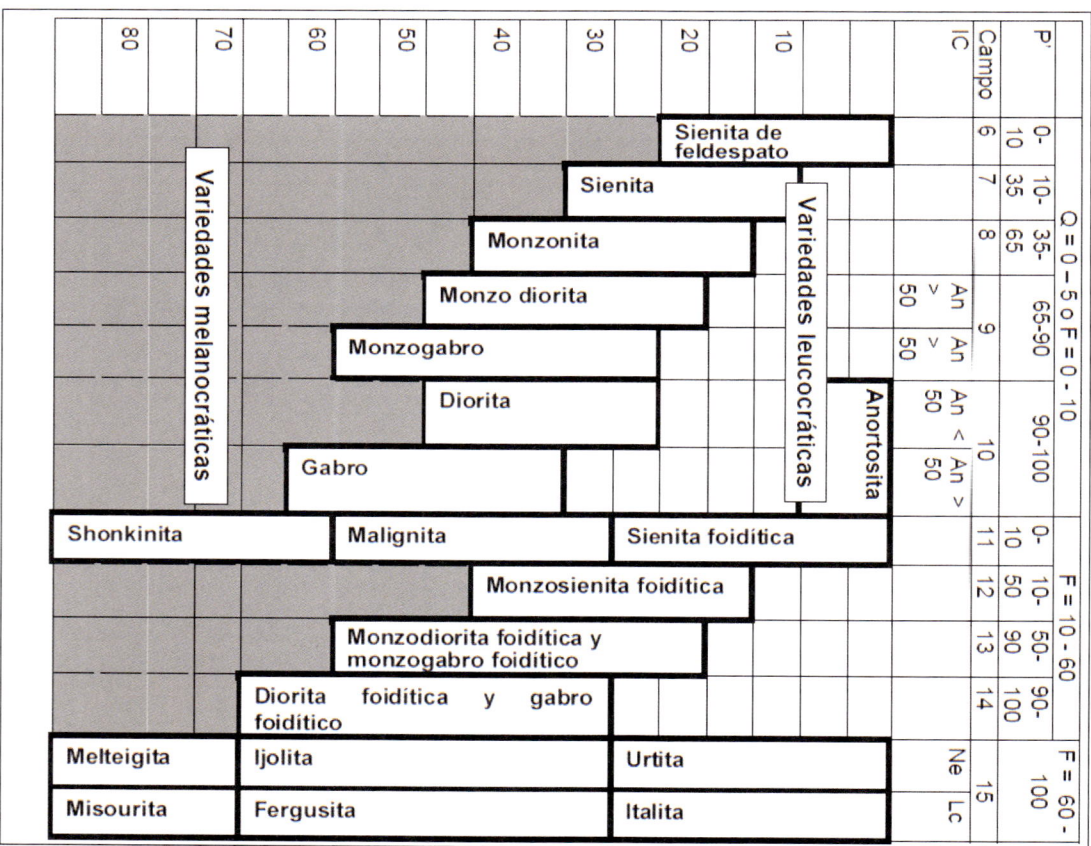

UTILIZACIÓN DEL INDICE DE COLOR (I.C.) PARA ROCAS PLUTÓNICAS

P' = 100 x P / (A + P)

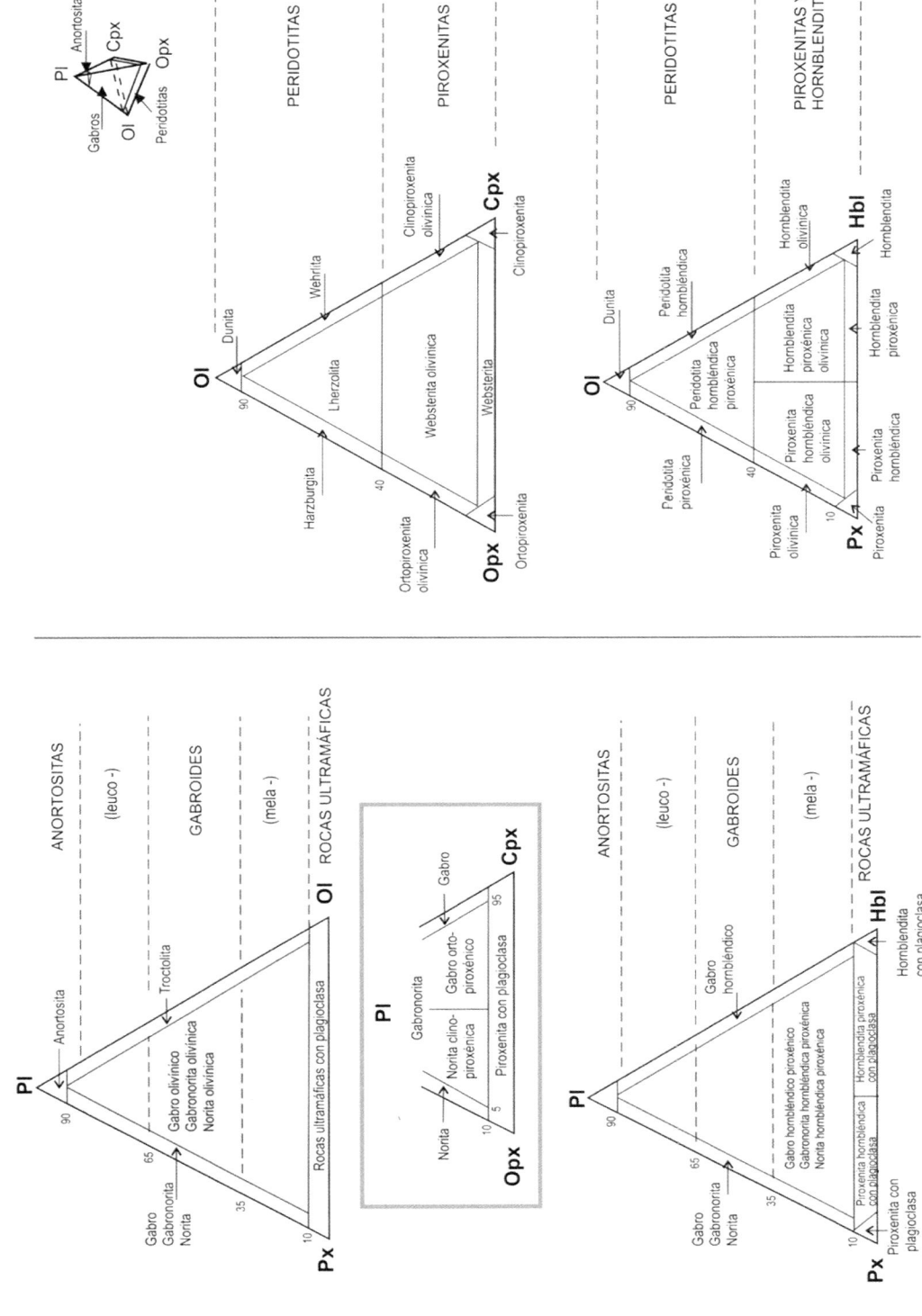

CLASIFICACIÓN DE ROCAS GABROIDEAS Y ULTRAMÁFICAS

PERIDOTITAS Y PIROXENITAS

GABROIDES

Estimación de la composición modal de una roca ígnea

¿Cómo se realiza el análisis modal de una roca? Hay métodos cuantitativos relativamente precisos (métodos de contajes de puntos con plantillas, Anexo 2 y apéndice B de Best, 1982) y otros métodos semicuantitativos (o meramente cualitativos) para determinar rápidamente un análisis modal y clasificar la roca ígnea. Cualquiera de los métodos usados para el análisis modal siempre será más rápido, barato y fácil que una clasificación química de la roca (aunque esta pueda ser más precisa e interesante petrogenéticamente).

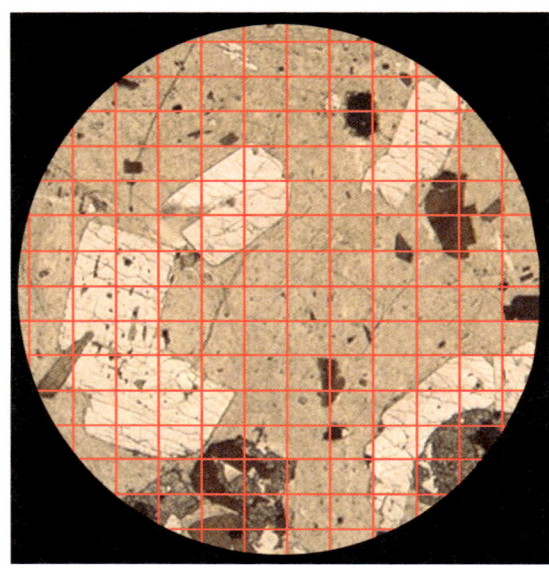

El método más preciso sería el de estimar la superficie que ocupa cada fase mineral principal, expresado en % vol. (pues hay que suponer que lo analizado en dos dimensiones es representativo de su porcentaje en profundidad). Sería algo parecido a lo expresado en la figura izda. Fijémonos en el mineral blanco (plagioclasa). Más de 37 intersecciones (o puntos) caen en su interior. Como el total de puntos de intersección de la malla dibujada son de unos 135, esto significaría que un 27% de la roca es plagioclasa. La roca parece volcánica, pues es porfídica con una matriz de grano muy fino (afanítica, tal vez rica en vidrio). Hay otros dos fenocristales, de fases máficas por tener alto relieve. Uno es marrón oscuro, que parece pleocroico (anfíbol) y otro mucho más incoloro, con buena exfoliación (clinopiroxeno). Ambos máficos parecen menos abundantes que el total de plagioclasa, es decir, que suman menos del 25% de la roca. Eso nos conduce a suponer que la matriz sea de alrededor del 50% de la misma. Obsérvese, en la figura doble, inferior, cómo mentalmente los cristales de plagioclasa llenarían ¼ de la roca (aprox. el 25% de la misma, método cualitativo).

En resumen, como las rocas ígneas se clasifican modalmente a partir de su porcentaje de minerales félsicos (en este caso solo hay uno, la plagioclasa), aunque nos equivocáramos muchísimo en su porcentaje (p. ej. dijéramos que hay de un 20 a un 80% de plagioclasa en la roca), siempre la clasificaríamos igual, como **andesita**. Esta es una roca volcánica que se proyecta modalmente en el vértice P del QAPF (campo 10 del mismo) y su porcentaje de máficos es inferior al 25% modal. A esto se podría añadir (ver capítulo 9) que la andesita suele una roca muy rica en vidrio y carece de olivino. Los basaltos (el otro tipo de roca que se proyecta en el campo 10) suelen ser de textura holocristalina, salvo en formaciones submarinas (costras de las lavas almohadilladas o *pillow lavas*), y el olivino es un máfico común en rocas basálticas, mientras que es muy raro en andesitas.

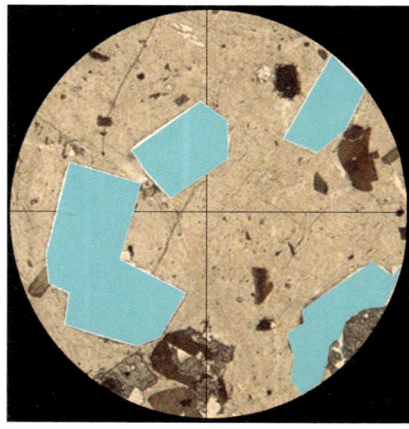
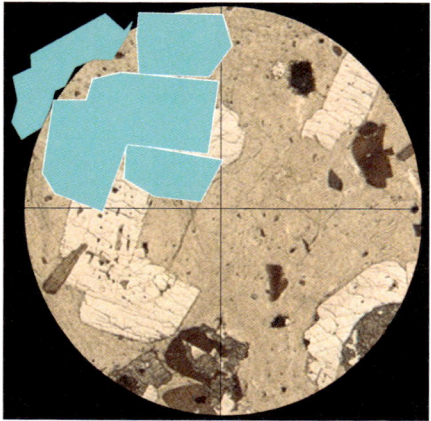

Veamos un segundo ejemplo. Nos vamos a basar en estimaciones visuales con ayuda de plantillas con proporciones cuantificadas para comparar. Veamos la siguiente roca porfídica, también volcánica. *A priori* destacan sus cuatro componentes fundamentales, a pesar de ser una viñeta gráfica (tomada de Bard, 1980): matriz punteada y fenocristales de un mineral máfico (mica biotítica) y de dos félsicos (cuarzo limpio y plagioclasa con zonado señalado por microinclusiones subparalelas al borde cristalino).

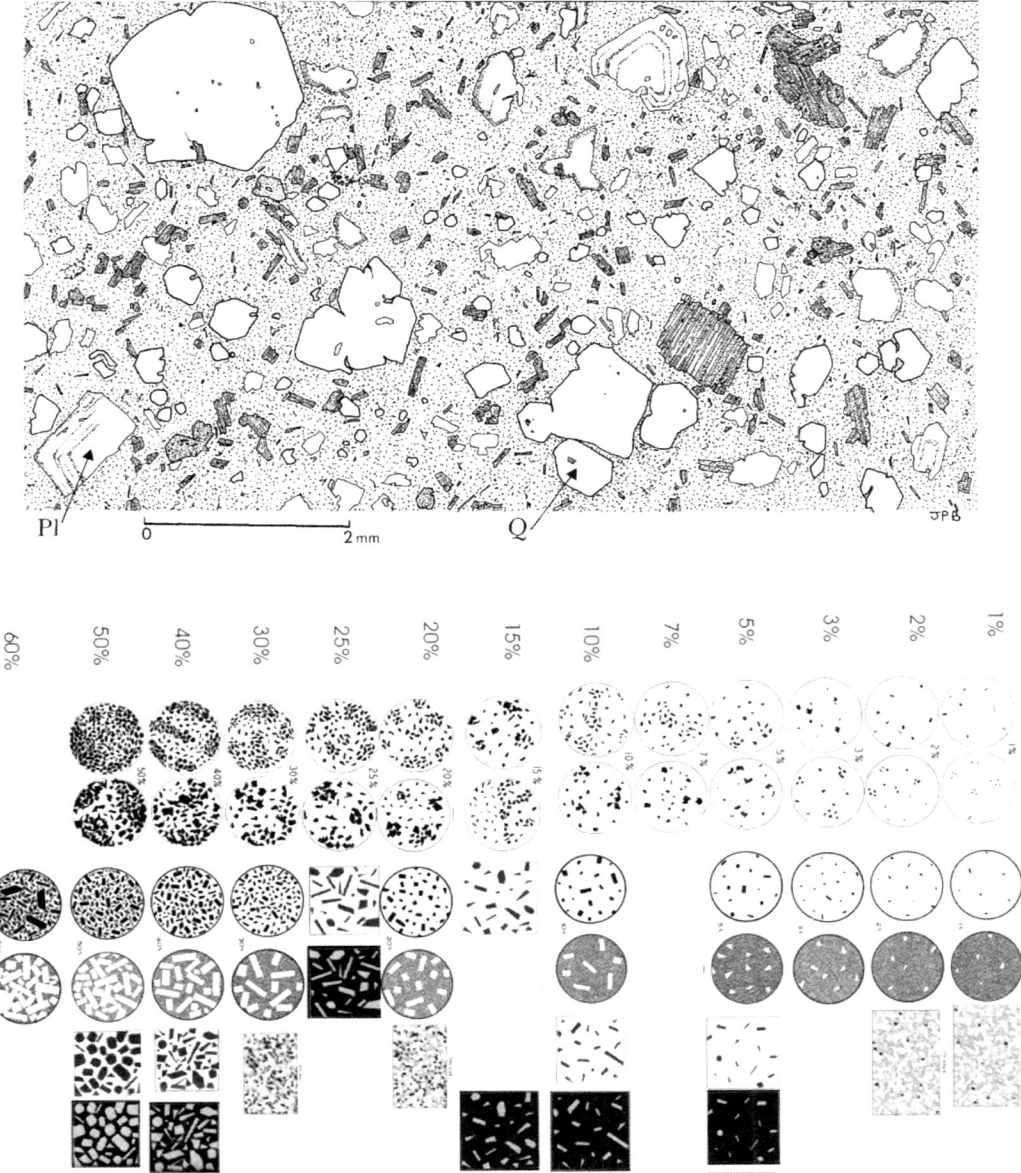

Se percibe que el componente mineral más abundante de la roca es la matriz, probablemente vítrea (o al menos criptocristalina) por no tener formas cristalinas apreciables. Los cristales félsicos parecen algo más abundantes que los de biotita (por ser de mayor tamaño). Aunque la diferencia no es muy grande. Si utilizamos las plantillas de las filas 1 a 4 observamos que la cantidad de biotita debe estar comprendida entre 10 y 15%. Los félsicos pueden llegar a ser el 20 o 25% de la roca (plantilla de la cuarta fila), el cuarzo el doble o más abundante que la plagioclasa. En resumen, la roca podría tener el siguiente análisis modal aproximado: 55% vidrio, cuarzo 17%, biotita 15% y plagioclasa 8%. La clasificación modal de la roca en el QAPF se proyectaría en el campo 5 de la misma. Como es una roca hipocristalina, sería una **feno-dacita biotítica**. Véase que la clave para precisar su nombre, en este caso, pasa por la proporción relativa entre cuarzo y plagioclasa (si están en proporciones iguales o no, si uno es el doble de abundante que el otro, o más del triple, etc.). Bard, sin embargo, la clasifica como *riolita biotítica* porque debe conocer el quimismo de este tipo de rocas del campo volcánico del Macizo Central francés. Pero la ausencia de feldespato potásico (que no llegó a cristalizar por ser una fase mineral tardimagmática), ahora comprendido en el conjunto amorfo vítreo, impide su clasificación modal como riolita. La mayor parte de dacitas hipocristalinas, muy félsicas, suelen ser riolitas químicamente (es decir, magmas riolíticos, en realidad).

En suma, que la estimación del análisis modal de una roca pasa por: (1) establecer el número de minerales fundamentales de la misma (suelen ser entre 3 y 6 minerales para la mayor parte de rocas); (2) por ordenarlos en orden decreciente de abundancia relativa, (3) por estimar los más rápidos y fáciles de identificar, p. ej. en láminas delgadas al ponerlas sobre papel blanco (o fondo claro) se puede percibir el total de máficos de la misma, si es una roca plutónica de granos medios a gruesos. El resto sería uno, dos o los tres félsicos restantes. Con ordenarlos por abundancia y con estrategias del tipo, tengo el doble del más abundante respecto al siguiente, o son próximos en abundancia A y B, podemos terminar aproximándonos al análisis modal. Recordad que la clasificación está principalmente basada en los minerales félsicos. Si solo hay uno (caso de basaltos y andesitas volcánicas, como de gabros y dioritas o anortositas plutónicas) es muchísimo más fácil clasificar la roca, casi sin hacer análisis modal alguno.

Hagamos un ejemplo más de una roca dibujada por Bard (1980). En este caso es una roca plutónica holocristalina y relativamente equigranular, de grano medio. A golpe de vista se observa que los tres minerales principales: plagioclasa (Pl), clinopiroxeno (Cp) y anfíbol (Hb) están próximos en proporciones modales. Pero no son el 33% de cada. Se ve que la plagioclasa es algo más abundante que el resto de minerales (próxima al 40% de la roca, por plantillas visuales). Además, el anfíbol es más abundante que el clinopiroxeno. Una composición modal aproximada sería: plagioclasa (40%), anfíbol (35%) y clinopiroxeno (25%). De nuevo, aunque cometiéramos grandes errores en la estimación modal de los minerales, siempre clasificaríamos la roca como un **gabro s.s. con anfíbol**, por tener solo plagioclasa como félsico. Bard la describe como un microgabro dolerítico con hornblenda (anfíbol).

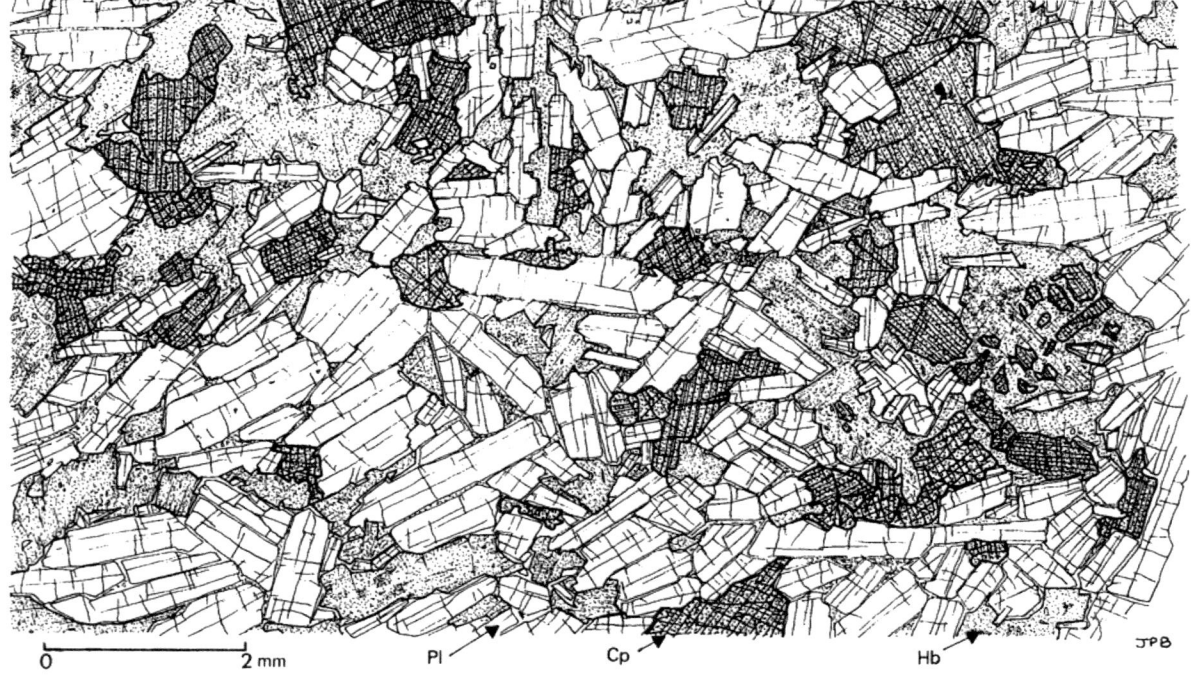

En las páginas siguientes encontraremos diversos modelos de plantillas visuales para poder estimar cualitativamente las composiciones modales de rocas ígneas y poder proyectarlas y clasificarlas adecuadamente en los diagramas modales de uso internacional (IUGS).

Plantillas tomadas de Best (1982)

PLANTILLAS DE ESTIMACIÓN VISUAL DE PROPORCIONES MODALES

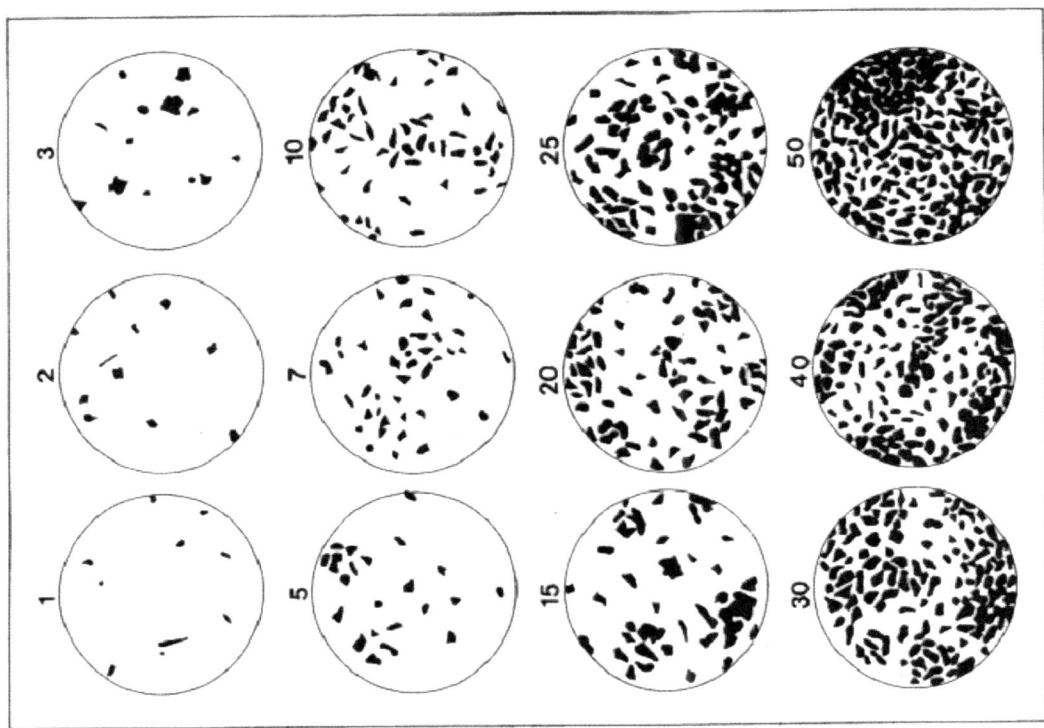

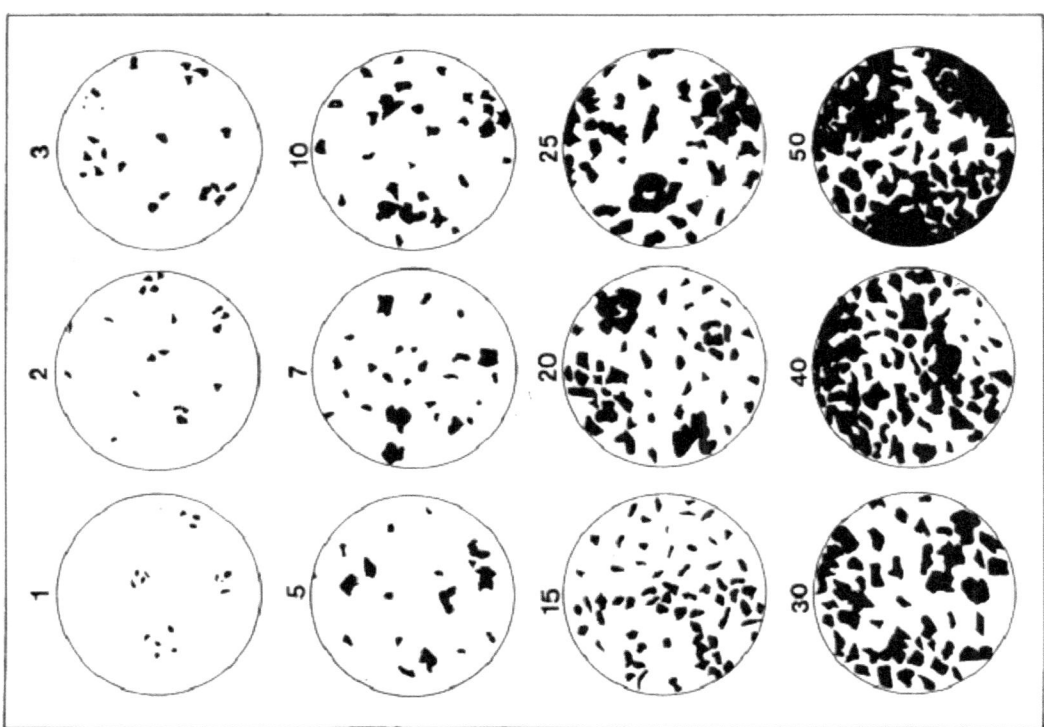

Plantillas tomadas de Philpotts (1989)

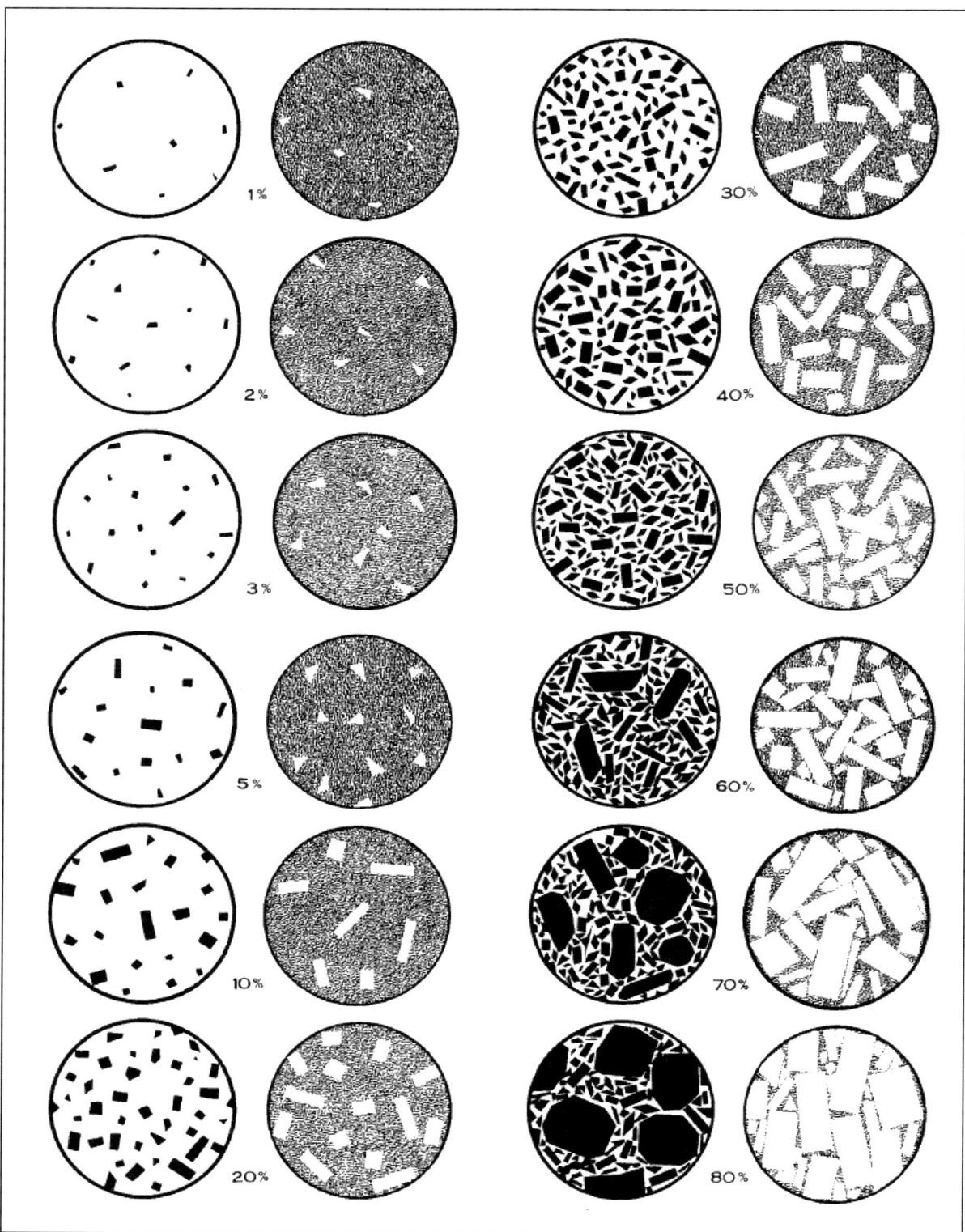

Ejercicio de clasificación modal de rocas ígneas (ver solución en Anexo 4)

A partir de los siguientes análisis modales, calcular para cada una de las rocas siguientes los parámetros Q, A, P, F, e IC y clasificarlas según Le Maitre (2002), teniendo en cuenta que la composición de los feldespatos es la siguiente:

Feldespato potásico: roca 1: ortosa, rocas 2 y 3: sanidina.
Plagioclasa: rocas 1 y 2: andesina (Pl con An_{30-50} Fig. 1.1); roca 3: oligoclasa (Pl de composición An_{10-30}); roca 4 (considerarla plutónica): bytownita (Pl con An_{70-90}, Fig. 1.1).

ROCA	1	2	3	4
Cuarzo	15,10	---	20,94	---
Fpto. potásico	5,00	30,30	12,23	---
Plagioclasa	48,74	15,50	19,25	57,85
Vidrio	---	---	25,4	
Nefelina	---	20,10	---	---
Biotita	20,20	9,20	13,52	---
Ortopiroxeno	---	10,20	---	39,65
Hornblenda	10,26	11,30	---	1,54
Moscovita	---	---	5,41	---
Cordierita	---	---	2,50	---
Apatito	0,30	1,20	0,40	0,66
Circón	0,20	2,20	0,26	---
Opacos	0,20	---	0,09	0,30

ROCA	Q	A	P	F	IC	Clasificación
1						
2						
3						
4						

Descripción sistemática de una roca ígnea en lámina delgada

1. Textura general de la roca (lo que se vería en muestra de mano)

Responder a los cuatro apartados siguientes:
— Grado de cristalinidad.
— Granulometría: • Tamaño relativo de los cristales.
  • Tamaño de grano general de la roca.
— Morfología de los cristales.
— Otros aspectos de la fábrica de la roca que consideres puedan ser apreciables *de visu* (p. ej. enclaves, elementos plano/lineares, vacuolas, etc.).

Siempre es recomendable hacer un esquema que ilustre las principales características texturales y mineralógicas de la roca.

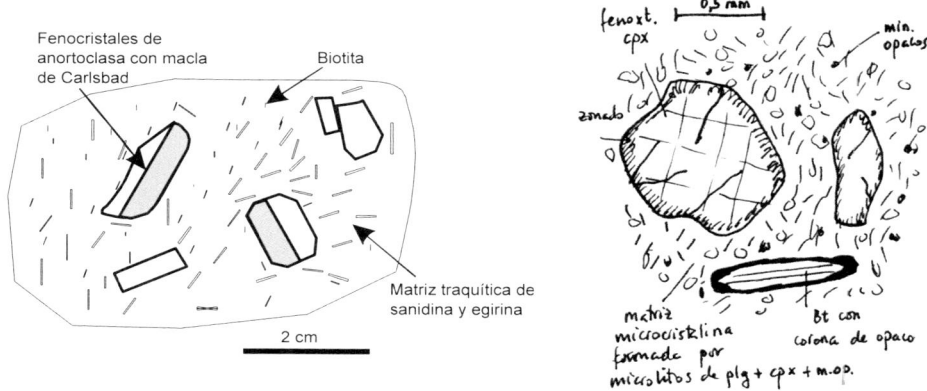

2. Composición mineralógica y proporción modal estimativa

— Minerales ígneos:
  • Principales (con su proporción modal estimada). Si es un mineral de un grupo complejo (p. ej. feldespato, foide o piroxeno), hay que especificar la especie.
  • Accesorios.
  • Vidrio, si la roca volcánica lo presentara, se indicará su proporción modal.
— Minerales secundarios:
  • Los que proceden de alteración o transformación de los minerales ígneos.

3. Descripción de la lámina (eventualmente, orden de cristalización)

— Descripción detallada y aspectos texturales particulares de cada especie mineral (forma del mineral, tamaño, maclados, zonados, intercrecimientos, relaciones de inclusión entre minerales, procesos de alteración, etc.).
— Intentar deducir el probable orden de cristalización, teniendo en cuenta las características texturales de los minerales principales de la roca.

4. Clasificación

— Proyección de los datos modales en el diagrama correspondiente (QAPF o diagramas de rocas máficas y ultramáficas plutónicas) y, consecuentemente, nombrar (clasificar) la roca en estudio. Si la roca es plutónica, indicar su índice de coloración (usar Tabla de IC de páginas anteriores). Adjetivar con los minerales característicos.

Aquí se expone un ejemplo de descripción sistemática de una roca ígnea tomada de las fichas petrográficas de Hojas Geológicas del plan Magna del servicio geológico español (Instituto Geológico y Minero de España, IGME), donde se observan grandes similitudes con la ficha propuesta aquí, salvo por la introducción de datos de identificación, edad u otros posibles registros (analítica, etc.) que no son necesarios en una descripción petrográfica.

INSTITUTO GEOLOGICO Y MINERO DE ESPAÑA
ANALISIS PETROLOGICO DE ROCAS IGNEAS   MAGNA

1.- IDENTIFICACION

Nº HOJA | EMP | REC | Nº MUESTRA | TA | PROFUNDIDAD | PROVINCIA | CLASIFICACION EFECTUADA POR

1722 | 2 | DP | MP | 9 | 73 | 2

2.- DATOS DE CAMPO

Plutón Navas

3.- DESCRIPCION MACROSCOPICA

Monzogranito de grano grueso con biotita en microagregados

4.- EDAD CARBONIFERO

PROCEDIMIENTO - POSICION ESTRATIGRAFICA.. A / DATACION ABSOLUTA.........B / DATACION PALEONTOLOGICA. C   VALORACION - BUENA.....B / PROBABLE. P / DUDOSA.....L   P

5.- ESTUDIO MICROSCOPICO

TEXTURA

HOLOCRISTALINA   HIPIDIOMORFA HETEROGRANULAR GRANO GRUESO

COMPOSICION MINERALOGICA

MINERALES PRINCIPALES (FENOCRISTALES, SI SE TRATA DE ROCAS VOLCANICAS O SUBVOLCANICAS)

CUARZO   FELDESPATO POTASICO   PLAGIOCLASA   BIOTITA

MINERALES ACCESORIOS (MATRIZ, SI SE TRATA DE ROCAS VOLCANICAS O SUBVOLCANICAS)

OPACOS   APATITO   CIRCON

ALTERACIONES (TIPO Y GRADO)

Bajo: Zoisitas sobre plagioclasas; cloritas, zoisitas y prenhita sobre biotita.

OBSERVACIONES

Cuarzo se presenta en cristales subidiomorfos, con mucha frecuencia incluidos en feldespato potásico.

Plagioclasa en cristales subidiomorfos, con zonados oscilatorios, maclado polisintético y bordes de caracter albítico.

Feldespato potásico en cristales alotriomorfos intersticiales con numerosas exoluciones pertíticas en cuerda. También presenta macla de microclina y de Karsbald.

Biotita en cristales idiomorfos y subidiomorfos, de color pardo que con frecuencia se presenta en agregados, aunque también hay algunos cristales dispersos por la roca.

6.- CLASIFICACION

MONZOGRANITO

ANALISIS QUIMICO 1   ANALISIS MODAL   PLUTONICA - P / HIPOBISAL - H / VOLCANICA - V   P

Descripción de una roca ígnea *de visu* (muestra de mano)

Las rocas ígneas se subdividen en dos grandes grupos por su forma de yacimiento. Los magmas extrusivos forman diversos tipos de rocas y productos volcánicos, mientras que los magmas intrusivos (la mayor parte de los magmas) dan yacimientos plutónicos o filonianos. A grandes rasgos, la marcada diferencia en la velocidad de enfriamiento entre las rocas volcánicas y los magmas plutónicos genera dos grandes tipologías de rocas magmáticas.

El origen volcánico de una roca suele deducirse por su grado de cristalinidad y granulometría, además de por algunas otras características estructurales propias, ya vistas en el capítulo anterior. Las rocas magmáticas con vidrio (hipocristalinas o vítreas) están fundamentalmente ligadas al emplazamiento volcánico. Igualmente, las rocas afaníticas o de granos muy finos son típicas de enfriamientos bruscos (¿volcánicos?). La presencia de vacuolas o aspectos escoriáceos son otras estructuras reflejo de la desgasificación magmática en el proceso volcánico.

Una vez decidido el carácter volcánico o plutónico de la roca ígnea (según los datos del yacimiento de la misma o, en su defecto, por su aspecto textural) hay que describirla en muestra de mano. Los pasos son los mismos que en lámina petrográfica, pero la descripción, tanto textural como mineral, es más limitada:

1. Textura general de la roca

Responder a los grandes apartados de: i) cristalinidad; ii) granulometría relativa y absoluta; iii) morfología de los cristales, y iv) otros aspectos destacables de su fábrica. Este apartado es esencial para decidir su clasificación según la nomenclatura volcánica o plutónica.

2. Descripción mineral

Se deben tratar de identificar las especies minerales visibles y, en lo posible, estimar una proporción modal de las mismas. Los rasgos de color, morfología y hábito, presencia de exfoliaciones, densidad de la roca, etc., ayudan a la identificación mineral. Es clave observar si dominan los minerales félsicos o son los máficos, para dar nombres apropiados (ver QAPF inferior de la página siguiente).

3. Clasificación provisional

Las clasificaciones *de visu* pueden ser muy provisionales, especialmente en rocas volcánicas de aspecto afanítico o con abundante contenido de vidrio. De hecho hay una numerosa terminología que solo apunta hacia descripciones texturales de la roca volcánica: vidrio (obsidiana), escoria, pumita, brecha, o a la granulometría y aspecto del piroclasto: ceniza, lapilli, ignimbrita (ver capítulo 4), sin decir casi nada de su composición. Veremos algunas clasificaciones químicas de rocas volcánicas en los capítulos siguientes de este libro (p. ej. Fig. 7.1). Para rocas volcánicas piroclásticas se debe consultar el tratado de Le Maitre (2002).

En rocas plutónicas hay también una numerosa nomenclatura con base en aspectos de fábrica de la roca plutónica: aplita, pegmatita, ofita, diabasa, granófido, etc., y que pueden ser poco indicativas de su composición modal. Estos términos se deberían abandonar, o utilizarlos como calificativos del nombre composicional correcto de la roca: p. ej. pegmatita granítica, aplita sienítica, leucogranito aplítico, etc., por otra parte muy útiles para la cartografía de áreas plutónicas.

Habida cuenta que la Comisión Internacional de Nomenclatura de Rocas Ígneas recomienda que las clasificaciones se basen en la composición de la roca (y no en su fábrica), la clasificación de rocas *de visu* debería terminar en la asignación de un nombre volcánico o plutónico de los mencionados en los diagramas QAPF simplificados, que aparecen a continuación:

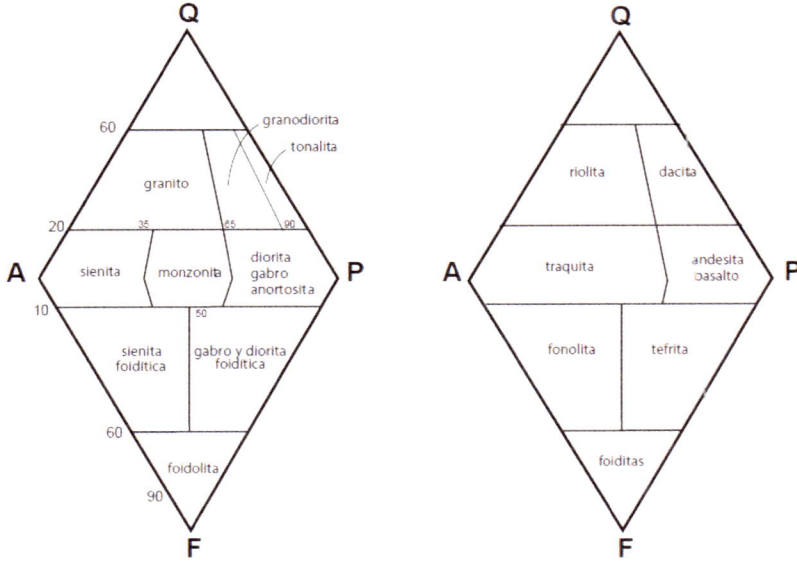

La figura superior son diagramas QAP simplificados de rocas plutónicas y volcánicas (ver los originales de Le Maitre, 2002, como rombos pequeños, en la figura de la página siguiente) que sirven para clasificar provisionalmente rocas en muestras de mano o en el afloramiento. Por ejemplo, las rocas plutónicas, granudas y con cuarzo visible, se denominan granitoides, y van de tonalita a granito según sean más félsicas (leucocráticas). Rocas sin cuarzo ni foides se denominarían gabroides/dioritoides si son máficas o sienitoides si fueran félsicas. Si el foide fuera un mineral principal en la roca plutónica, se hablaría de sienitoides foidíticos o de gabroides foidíticos, en este caso cuando la roca sea oscura y con máficos magnesianos abundantes (p. ej. olivino, clinopiroxeno augítico).

En el diagrama QAPF adjunto (dcha.) se puede observar cómo las series de rocas ígneas evolucionan desde términos máficos (basaltos o gabros, cerca del vértice P; o de F *foiditas/foidolitas* si son muy subsaturadas en sílice) hacia rocas más claras, leucocráticas y félsicas (granitos-sienitas, o sus equivalentes volcánicos: traquitas-fonolitas).

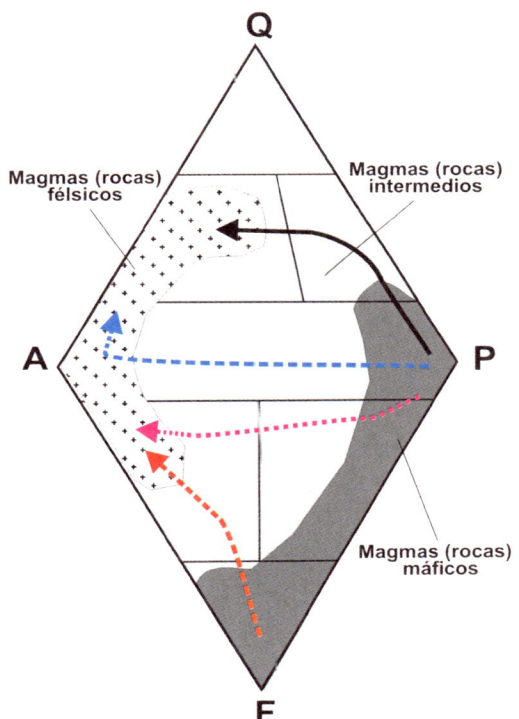

El índice de color puede ser, pues, un criterio muy útil para ayudar a clasificar muestras de mano de rocas ígneas. Esto es muy útil en granitoides, rocas con dos feldespatos de coloraciones próximas entre sí (p. ej. granitoides grises, con dos feldespatos blanquecinos), para distinguir tonalitas o granodioritas de granitos s.s. Ver también tabla de IC de rocas plutónicas en páginas anteriores.

Las fonolitas (y sienitas foidíticas) son rocas félsicas y, sin embargo, por su contenido en sílice suelen ser intermedias (ver diagrama TAS, Fig. 7.1). Por lo tanto, en cuanto al IC, serían rocas *intermedias* las comprendidas entre félsicas y máficas del QAP adjunto (ver también discusión de términos intermedios en Gill y Fitton, 2022).

Las flechas punteadas rojas de la figura son las evoluciones de series ultraalcalinas y fuertemente alcalinas, muy subsaturadas en sílice. La azul sería una serie moderadamente alcalina, mientras la flecha negra corresponde a rocas de series saturadas o sobresaturadas en sílice (magmas calcoalcalinos y toleíticos)

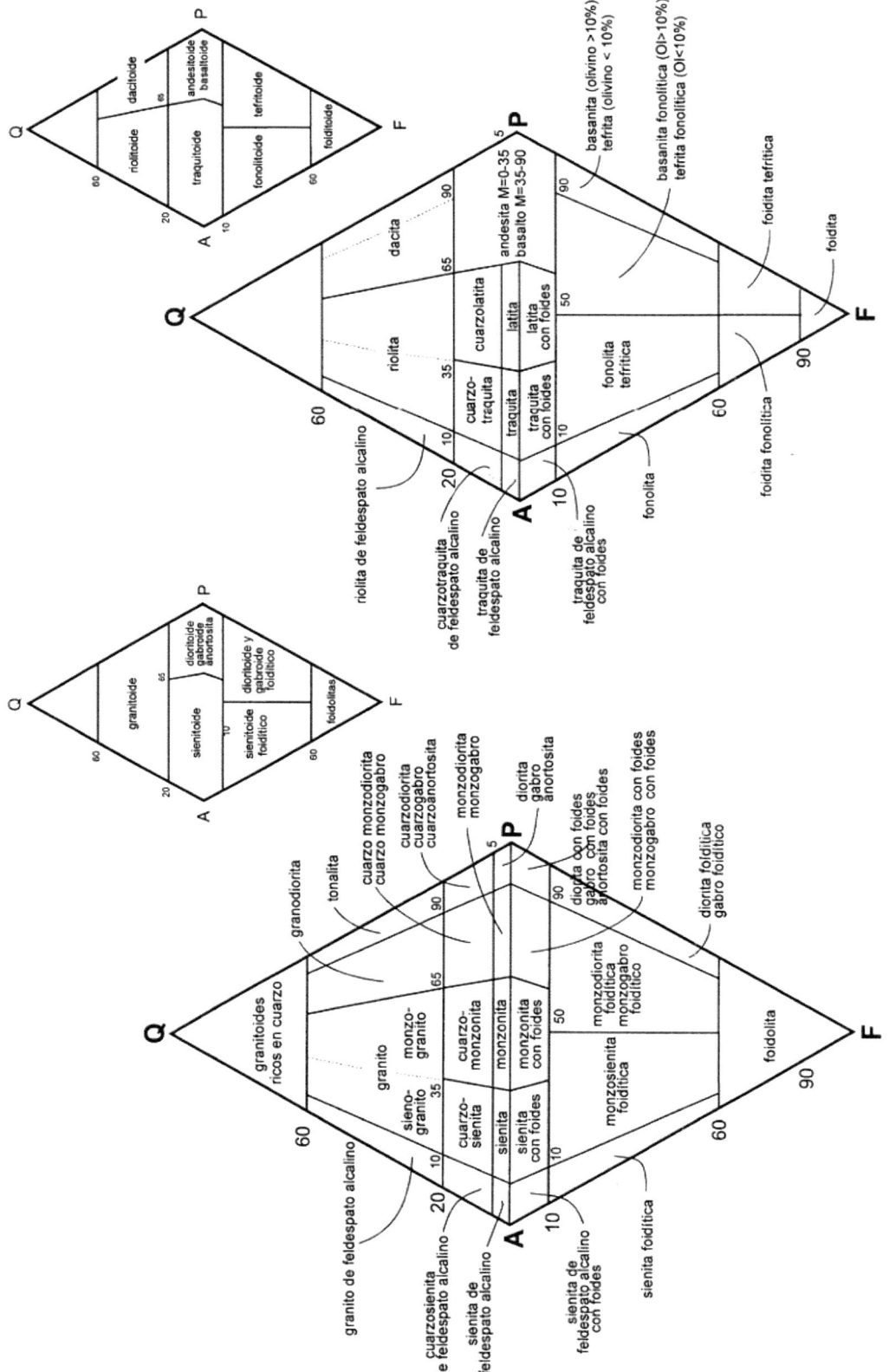

Clasificaciones modales de rocas ígneas (plutónicas y volcánicas) con su correcta nomenclatura en español.

6. Rocas ultramáficas

La clasificación modal de estas rocas debe efectuarse en diagramas específicos recomendados por la IUGS, ya que su contenido en máficos es muy elevado (ver diagramas de práctica anterior) y el rombo QAPF no las puede discriminar. Se consideran rocas máficas aquellas con un índice de coloración alto (IC > 65%) y que contienen más del 10% modal de plagioclasa, es decir, fundamentalmente las rocas gabroideas. Las rocas ultramáficas son las que contienen menos del 10% modal de plagioclasa (siendo este el único mineral claro que pueden contener) y a ellas pertenecen las peridotitas y piroxenitas (y las raras hornblenditas). Como son rocas muy densas, es el componente litológico principal del manto terrestre.

Así, las principales asociaciones de rocas ultramáficas que afloran en la superficie son verdaderos fragmentos mantélicos emplazados tectónicamente, en zonas orogénicas (complejos ofiolíticos y peridotitas alpinas). En estas peridotitas orogénicas las estructuras tectónicas (milonitización, plegamiento) e ígneometamórficas (retrometamorfismo hidratado: serpentinización, coronas y transformaciones minerales; fusión localizada en venas, diques o pequeñas masas plutónicas) son abundantes. Normalmente la distinción entre estructuras ígneas (estratificación, laminaciones cruzadas, bandeado rítmico, granoclasificación, estructuras de flujo, etc.) y estructuras tectónicas (foliación de cizalla y milonitización acompañante, fracturación y cataclasis, etc.) debe realizarse en campañas de cartografía sobre el terreno, en las que se puede precisar la cronología relativa y deducir modelos de emplazamiento (normalmente definido por estructuras ígneas) y deformaciones posteriores.

Principales asociaciones de rocas ultramáficas

Muy sucintamente pasaremos revista a los tres tipos principales de afloramiento de rocas ultramáficas. El principal conjunto de este tipo de rocas es el ya definido de (1) macizos mantélicos emplazados tectónicamente en niveles corticales. En ocasiones son fragmentos de manto suboceánico (en *complejos ofiolíticos*) y otras veces son mantos subcontinentales emplazados o indentados orogénicamente en niveles infra-mesocorticales (*peridotitas alpinas u orogénicas*). Como es obvio, se producirán tanto fenómenos de metamorfismo de contacto (son masas muy calientes), como de fusión localizada en el encajante (por su ascenso rápido, sin pérdidas muy importantes de calor: ascenso adiabático), pero no se emplazan como magmas propiamente dichos, es decir, no es un emplazamiento plutónico. Estudiaremos ejemplares de peridotitas orogénicas de la sierra de Ronda (Málaga), como ejemplo de rocas mantélicas emplazadas tectónicamente. Un segundo conjunto de rocas ultramáficas que aparecen en superficie son los pequeños fragmentos mantélicos variablemente transformados que aparecen como (2) *enclaves xenolíticos* (normalmente < 30 cm) en tipos basálticos muy primitivos (magmas primarios), fundamentalmente alcalinos, o en rocas filonianas hipoabisales, básicas-ultrabásicas (kimberlitas, lamprófidos, etc.) (fotos 6.4 y 6.15).

El tercer conjunto de rocas ultramáficas son consecuencia de fenómenos de acumulación de fases minerales que cristalizan (olivino, piroxeno o plagioclasa) en magmas muy fluidos, de composición básica basáltico/gabroidea. Debido a la baja viscosidad de estos magmas es frecuente que sufran procesos efectivos de sedimentación (o flotación) cristalina o fraccionamiento que originen niveles centimétricos a métricos de rocas máficas o ultramáficas, de mineralogía muy sencilla. Estos acumulados pueden tener una, dos o tres especies minerales, que forman un entramado de cristales entre los que cristalizan minerales postcúmulo. Según su abundancia en minerales postcúmulo se clasifican en: 25-50% (ortoacumulados), 7-25% (mesocumulados), 0-7% (adcumulados), normalmente definiendo bandeados o estratificaciones complejas (Irvine, 1982). Estas peridotitas y piroxenitas de acumulación son muy frecuentes tanto en magmas básicos toleíticos y alcalinos, en contextos anorogénicos, como en magmas básicos calcoalcalinos de zonas de subducción. En los complejos básicos calcoalcalinos hay variedades ultramáficas más frecuentemente ricas en anfíbol que en tipos toleíticos o alcalinos. No obstante, los complejos plutónicos más voluminosos y espectaculares son los generados por los magmas máficos toleíticos, y que son frecuentemente conocidos como **(3)** ***complejos estratiformes***, por la complejidad de pequeñas capas básicas y ultrabásicas que se diferencian (fotos 6.1 a 6.3).

Estas intrusiones finamente estratificadas presentan bandeados modales y químicos, que a veces definen rocas monominerales o de gran simplicidad mineral. Estas rocas enriquecidas en pocos minerales, se consideran cumuliformes. Hay una compleja nomenclatura de rocas acumuladas (ver, p. ej. Gill, 2010).

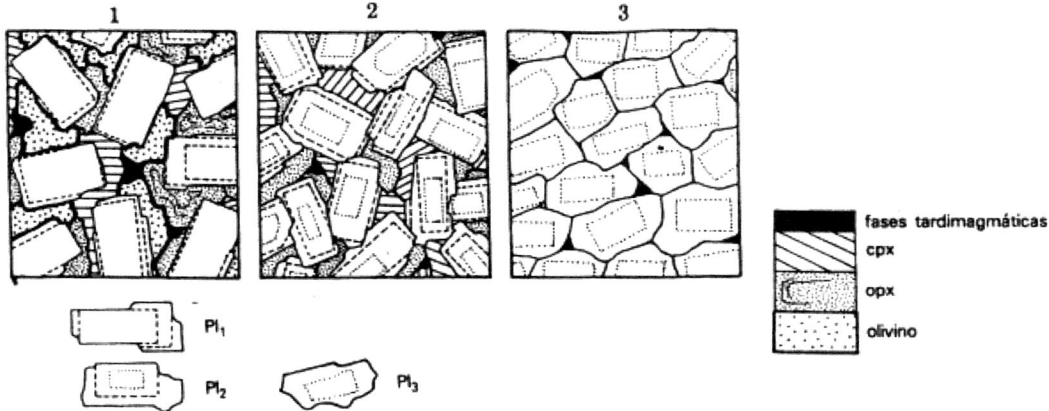

Figura 6.1. Esquemas de las texturas presentadas por los "cumulados" básicos o ultrabásicos en los complejos mágmáticos estratificados o estratiformes: (1) ortocumulado; (2) mesocumulado, y (3) adcumulado. El mineral cumuliforme es plagioclasa con crecimientos postcúmulos que le ocasionan zonados variables (Bard, 1985) (ver también Fig. 6.2).

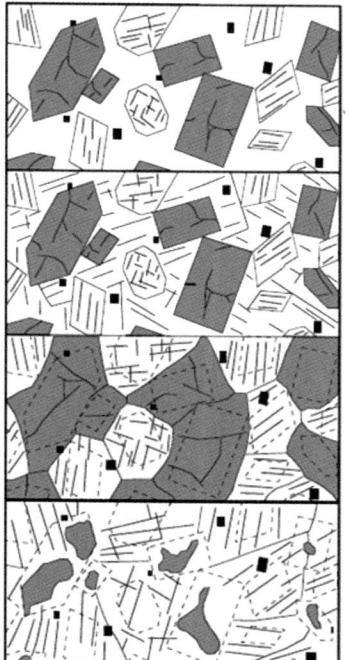

Figura 6.2. Evolución de una fábrica de acumulado.

A) Cristales cúmulo originales de olivino (gris) y clinopiroxeno (con exfoliaciones).

B) Crecimiento postcúmulo intersticial. El fundido intercumular de (A) cristaliza como plagioclasa. La fábrica resultante es poiquilítica, con textura de acumulado (ortocumulado).

C) Crecimiento postcumular secundario. El fundido intercumular que rodea a los cristales cúmulos en (A) cristalizó agrandando los cristales cúmulo (Ol, Px); la plagioclasa en este caso no se nucleó. Se originan tipos duníticos monominerales, piroxenitas y anortositas. Obsérvense los puntos triples.

D) Reacciones de reemplazamiento postcúmulo y crecimiento secundario. El fundido intercúmulo y los cristales cúmulo de (A) reaccionan, consumiéndose el olivino casi totalmente. Simultáneamente el piroxeno recrece, consumiéndose el líquido intercumular (Best, 1982).

En resumen, las rocas ultramáficas pueden aparecer como acumulados de magmas básicos, como fragmentos mantélicos (xenolitos) transportados por magmas volcánicos, o en grandes macizos de peridotitas orogénicas indentados en la corteza terrestre. No obstante, hay evidencias de la existencia de magmas muy ricos en MgO (casi peridotíticos en composición), como lo demuestra la presencia de lavas *komatiíticas*, fundamentalmente de edad precámbrica.

El macizo peridotítico de Sierra Bermeja de Ronda (Málaga)

El emplazamiento de estos macizos de manto subcontinental litosférico en la base de la corteza tuvo lugar durante la orogenia Alpina (21-23 Ma), con emplazamiento tectónico ligado a procesos de cizalla dúctil distensiva (posiblemente por extensión en la trasera del margen de subducción Bético-Rifeño), en condiciones de alta temperatura (1.200-900 °C). Es uno de los mayores afloramiento de peridotitas en superficie (Ronda tiene unos 300 km^2) (Gervilla et al., 2019).

El mayor de los macizos Béticos es el de Ronda (Figs. 6.3 y 6.4), compuesto fundamentalmente por lherzolitas (foto 6.5), variando de facies con granate a espinela, hasta lherzolitas con plagioclasa (Fig. 6.4, fotos 6.11 y 6.12). Hay cantidades menores de harzburgitas y dunitas. En general, la espinela es la fase alumínica que aparece prácticamente en todo el macizo. No queda claro que esta distribución de facies metamórficas represente una secuencia de reequilibrios a presiones decrecientes desde el NW al SE del macizo (el borde NW se habría enfriado antes y, por tanto, metamorfizado a mayor profundidad).

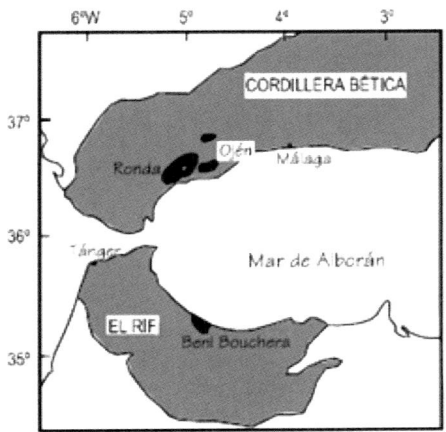

Figura 6.3. Situación del macizo de Ronda en el arco Bético-Rifeño. Los macizos peridotíticos se representan en negro.

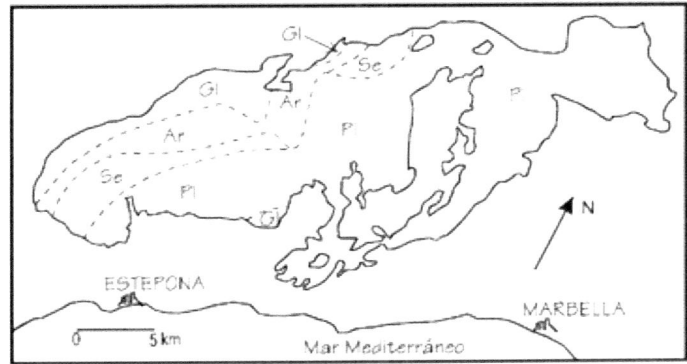

Figura 6.4. Distribución de facies minerales en el macizo. GL=lherzolita con granate (y espinela). Ar=Ariegita y Se=Seiland, son subfacies de peridotitas con espinela. PL=lherzolita con plagioclasa (y espinela) (Dickey et al., 1979).

En el macizo de Ronda son muy frecuentes las capas máficas (piroxenitas y gabros), sobre todo en la zona noroeste (Fig. 6.5). Son bandas de entre pocos centímetros hasta 3 m de potencia, de contacto neto con las peridotitas. Su composición varía de piroxenitas a gabros, normalmente con silicatos alumínicos estables según sea la facies metamórfica donde afloren (p. ej. paragénesis eclogíticas de Clpx-Grt en el sector de lherzolitas con granate). Estas capas concordantes y que no se cruzan entre sí, se supone que son fraccionados algo cumuliformes de fenómenos de fusión parcial localizada de la peridotita. No tienen características geoquímicas de fundidos primarios (Suen y Frey, 1987). Más recientemente, Gervilla et al. (2019) proponen que la mayor parte de estas capas máficas métricas son consecuencia de sucesivos fenómenos de reacción de las capas peridotíticas con fundidos percolantes, no todos originados por fusión de la peridotita durante su emplazamiento.

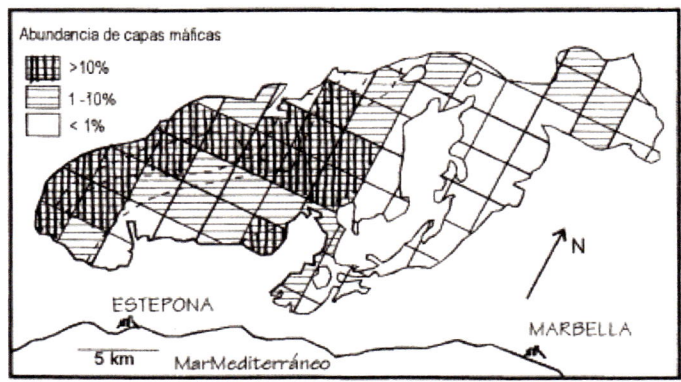

Figura 6.5. Distribución de capas máficas en el macizo peridotítico de Ronda (Dickey et al., 1979).

El alumno estudiará un muestreo de diferentes unidades de estas peridotitas orogénicas, así como de las venas máficas gabroideas (Fig. 6.5). Se debe prestar atención no solo a la clasificación modal de la roca máfica o ultramáfica, sino también a los rasgos texturales de la misma, muy abundantes y complejos. Estas observaciones petrográficas podrían ayudar a diferenciar las texturas mantélicas de las que tienen superpuestas por su emplazamiento cortical, así como esquematizar los cambios minerales ligados al metamorfismo del fragmento mantélico (Fig. 6.6 y fotos 6.8 a 6.12).

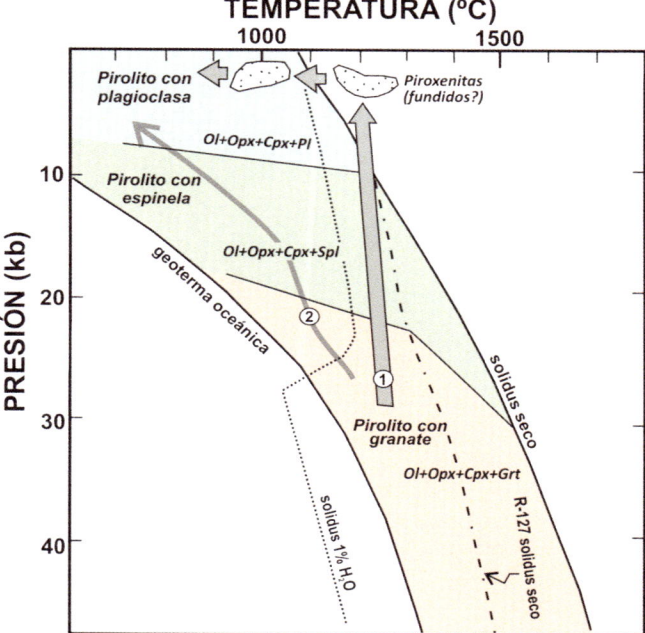

Figura 6.6. Trayectoria P-T inferida para un macizo peridotítico como el de Ronda, emplazado tectónicamente. La peridotita se moviliza desde grandes profundidades, en el manto superior, próximas al límite litosfera/astenosfera, y alcanza la corteza inferior/media aún a altas temperaturas y funde a baja tasa (pauta 1 subvertical gruesa) (inspirado en Dickey, 1970). La intersección de esta pauta con el sólidus seco de la roca R-127 (clinopiroxenita granatífera de Ronda) puede ocurrir a diversos niveles: subcontinentales (para los diques con espinela/granate) hasta claramente corticales (tipos gabroideos con plagioclasa ígnea), que puede originar diversas segregaciones magmáticas que podrían ser los actuales diques máficos del macizo. Los estadios finales de la peridotita son caracterizados por enfriamiento esencialmente isobárico, una vez ya emplazada en corteza inferior-media (aprox. 25-30 km, a unos 10 kb o menos, de presión confinante). La recristalización del macizo es continua desde su movilización en el manto. En etapas finales, ya en exhumación muy superficial, las paragénesis metamórficas varían de alta temperatura hasta en facies de esquistos verdes, e incluso de menor grado, normalmente muy localizadas en zonas de fracturación frágil del macizo y con circulación asociada de fluidos acuosos, percolantes (serpentinización, talcos y cloritas, etc.) (fotos 6.6, 6.7, 6.9 y 6.10). La pauta 2 no implicaría fusión de la peridotita sino solo recristalización hacia tipos más enfriados de peridotitas con espinela y plagioclasa, muy tectonizados (pauta de Gervilla et al., 2019). Pirolito es una composición teórica de manto terrestre rico en PIRoxeno y OLivino (Ringwood, 1962).

Los xenolitos peridotíticos expatriados

Los magmas basálticos pueden presentar fragmentos peridotíticos variados (fotos 6.4 y 6.13 a 6.15), normalmente arrancados durante su tránsito a través del manto litosférico, dominando los tipos lherzolíticos sobre otros menos abundantes (harzburgitas, wehrlitas, etc.). Su transporte a la superficie implica una velocidad de ascenso suficientemente rápida como para no haberlos separado (sedimentarlos) y, por lo tanto, dan cierto carácter *primario* al magma, siempre que no vaya acompañado de otra carga cristalina (p. ej. fenocristales o megacristales). La mayor parte de estos xenolitos aparecen en magmas alcalinos (fotos 6.13 y 6.14), más raramente en calcoalcalinos o shoshoníticos (p. ej. Pearson et al., 2005).

A diferencia de las peridotitas orogénicas (o de las capas ultramáficas ígneas, de complejos estratificados), el transporte tan rápido de estas peridotitas permite observar procesos que pueden ser borrados en los otros tipos peridotíticos. En la siguiente figura se recogen algunos de estos aspectos, entre ellos los procesos de metasomatismo o refertilización (eventos 2) que pueden presentar (Fig. 6.7).

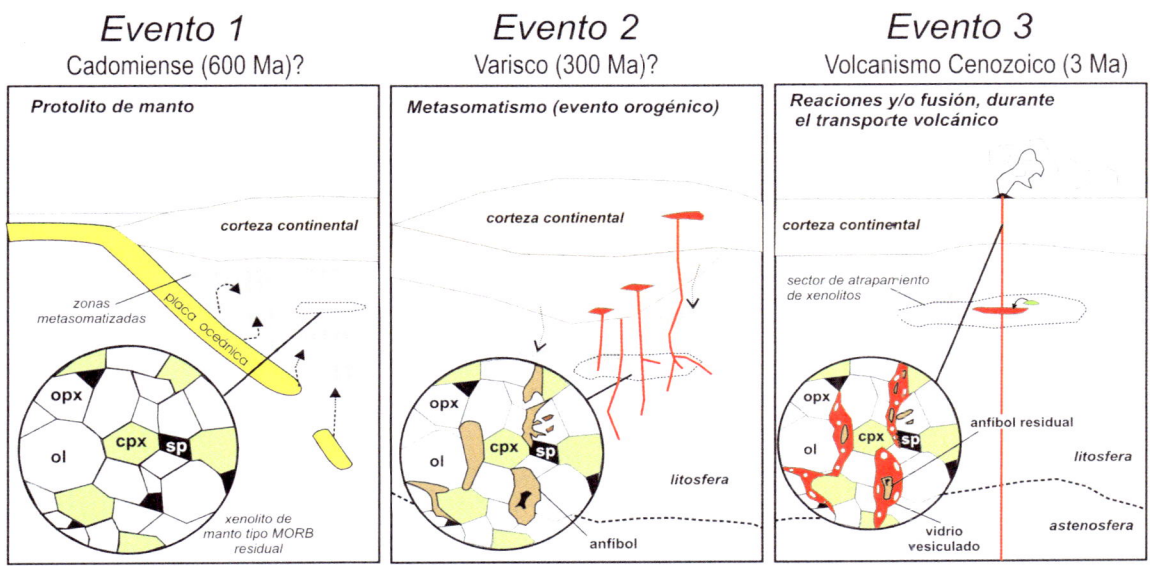

Figura 6.7. Esquema de un ejemplo de xenolitos peridotíticos con diversos eventos superpuestos (inspirado en Villaseca et al., 2022a). En este caso solo se muestra un evento metasomático 2 por fundidos orogénicos, pero puede haber varios eventos sucesivos, siendo el último, normalmente, el provocado por fundidos similares al magmatismo volcánico que lo transporta (metasomatismos alcalinos). El atrapamiento del xenolito en el magma volcánico y su ascenso suele provocar fusión *in situ* del mismo (evento 3).

Los xenolitos de peridotitas menos metasomatizadas suelen utilizarse como los tipos más representativos del protolito de manto muestreado por el magma volcánico (estado 1 de la Fig. 6.7). Cuando las muestras de la suite de xenolitos peridotíticos del volcán presentan minerales hidratados o ricos en volátiles (anfíbol, flogopita, apatito, calcita…), se dice que la peridotita está refertilizada y presenta un *metasomatismo modal* o evidente (evento 2, Fig. 6.7) (fotos 6.16 a 6.18). En otras ocasiones los minerales primarios anhidros de la peridotita (olivino, piroxenos, espinela) presentan *metasomatismo críptico*, solo deducible después de conocer su composición química enriquecida. El manto litosférico (el más superficial, el de 30 a 150 km de profundidad, aproximada), como no presenta convección desde hace decenas a cientos de millones de años, los eventos de metasomatismo sufridos, que pueden ser difíciles de identificar petrográficamente, no se homogeneizan o borran fácilmente (en contraste con el manto más profundo, convectivo, la astenosfera). Finalmente (evento 3, Fig. 6.7), el propio atrapamiento del pequeño fragmento peridotítico (normalmente de < 8 cm) en un magma que viene de mayor profundidad le provoca un fuerte impacto térmico o calentamiento que, combinado con la despresurización tan fuerte en un ascenso volcánico rápido, puede generar fusión parcial *in situ* del xenolito. Entonces se forma vidrio muy intersticial, desconectado, por ser de tasas muy pequeñas de fusión, rico en vesículas, vacuolas y globulillos de sulfuros (fotos 6.19 y 6.20). En estos fundidos de baja tasa de fusión pueden cristalizar *neoblastos* (microcristales de tendencia elongada o esquelética) de clinopiroxeno, olivino o espinela, secundarios (fotos 6.19 a 6.22). Ocasionalmente, hacia los bordes del xenolito, el magma basáltico puede infiltrarse en la peridotita generando numerosas texturas de reacción y vénulas de vidrios más interconectados, en estos casos este vidrio es de composición muy similar al del magma que contiene al xenolito.

En la península ibérica, tal vez sea el campo volcánico de Calatrava el sector de mayor complejidad de volcanes con xenolitos peridotíticos (Ancochea y Nixon, 1987; Villaseca et al., 2010), aunque se han estudiado xenolitos ultramáficos en basaltos alcalinos de otros campos volcánicos cenozoicos (ver tabla de la Figura 7.8).

6.1. Fotografía de campo de un complejo estratificado máfico. Capas de gabroides de coloraciones y modas diferentes, formando un bandeado modal gradado, a veces repetido cíclicamente. Skaergaard (Groenlandia).

6.2. Fotografía microscópica con nícoles cruzados. Gabronorita equigranular de grano medio. Parece que de los dos piroxenos domina el pobre en calcio (ortopiroxeno). Roca de mineralogía simple.

6.3. Fotografía microscópica con nícoles cruzados. Gabro con laminación ígnea de cristales cúmulo de clinopiroxeno y plagioclasa. Se insinúan lamelas de exsolución de ortopiroxeno en algún cristal de augita (cristal Cpx, izda.). Gabro con cpx > opx (gabro ortopiroxénico).

6.4. Fotografía de campo de xenolitos peridotíticos en roca volcánica basáltica. Los cristales verdes más oscuros del xenolito son de clinopiroxeno, junto a cristales verdoso-pálidos de olivino. La roca volcánica presenta numerosos fenocristales de olivino. Leucitita olivínica del Morrón de Villamayor (Calatrava, España).

6.5. Fotografía de campo. Macizo de peridotitas con costra amarillenta de serpentinización. Se observa una fuerte fábrica planar (bandeado composicional y foliación tectónica) en este macizo de Ronda (Málaga). Dominan las lherzolitas y harzburgitas. Son peridotitas emplazadas en el orógeno Bético-Rifeño.

6.6. Fotografía de campo. Peridotitas fuertemente alteradas con venas tardías, de aspecto lechoso, muy serpentinizadas y talcificadas. Ronda (Málaga).

6.7. Fotografía de campo de una serpentinita (roca ultramáfica fuertemente hidrotermalizada y retrogradada). Macizo de Ronda (Málaga, España).

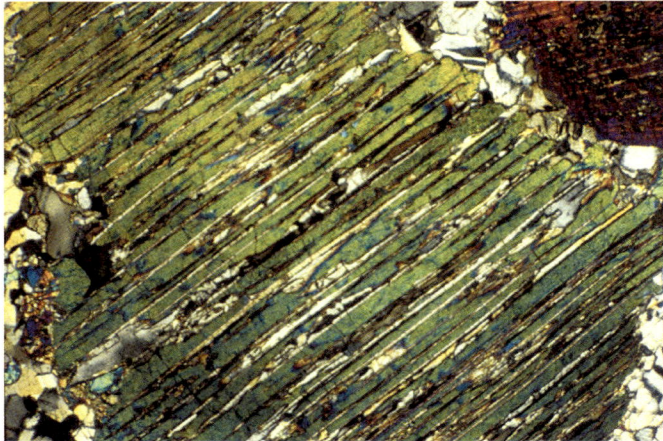

6.8. Fotografía microscópica con nícoles cruzados. Cristales esqueléticos de clinopiroxeno, muy reemplazados por plagioclasa (microcristales intersticiales con macla polisintética, en parte superior dcha.). Websterita olivínica de Ronda (Málaga).

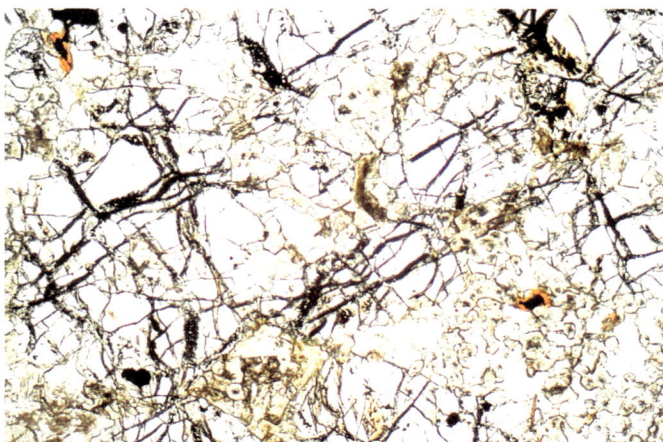

6.9. Fotografía microscópica con nícoles paralelos. Cristales cataclastizados de olivino que están siendo reemplazados por minerales del grupo de la serpentina. Dunita alterada de Ronda (Málaga).

6.10. Fotografía con nícoles cruzados de la foto 6.9. Cristales de olivino variablemente reemplazados por minerales de hábito fibroso, del grupo de la serpentina. Roca dunítica de Ronda (Málaga).

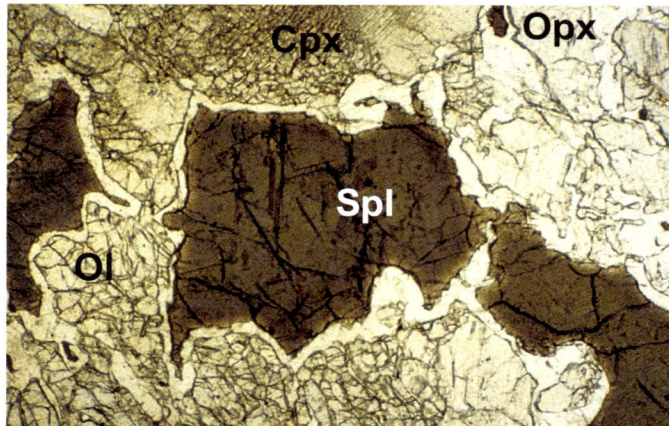

6.11. Fotografía microscópica con nícoles paralelos (x25). Grandes cristales de espinela verde alotriomorfa (corroida) rodeados por coronas de microcristales de plagioclasa. Los cristales de olivino resaltan por tener mala exfoliación y formar agregados de cristales más pequeños. Websterita olivínica de Ronda (Málaga).

6.12. Fotografía microscópica con nícoles cruzados de la websterita olivínica anterior (foto 6.11). Los piroxenos suelen mostrar lamelas de exsolución y morfologías esqueléticas o corrídas, como en la foto 6.8 de arriba.

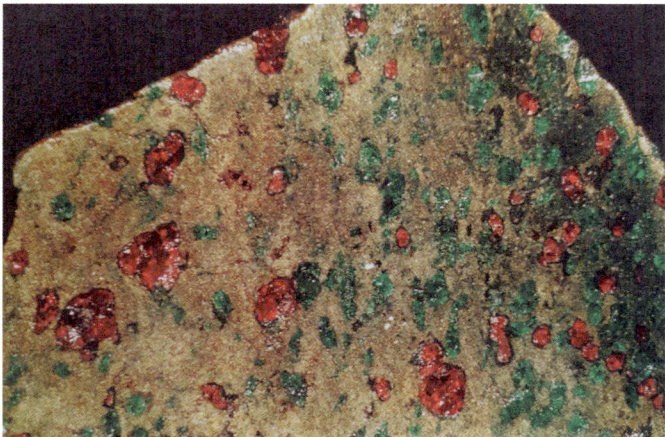

6.13. Muestra de mano de una peridotita granatífera (aprox. 4 cm ancho). Está compuesta de granate (rojo), clinopiroxeno (verde esmeralda) y olivino (amarillento) (tomada de Sigurdsson, 2000). La presencia de granate indica que es un fragmento arrancado de un manto profundo (> 75 km) (Fig. 6.6 del texto).

6.14. Muestra de mano de un xenolito de lherzolita con espinela (aprox. 12 cm). Está compuesto de olivino (amarillento), clinopiroxeno (verde), ortopiroxeno (gris oscuro) y espinela (cristalitos negros muy intersticiales, difíciles de distinguir *de visu*). Volcán El Aprisco, Calatrava (España).

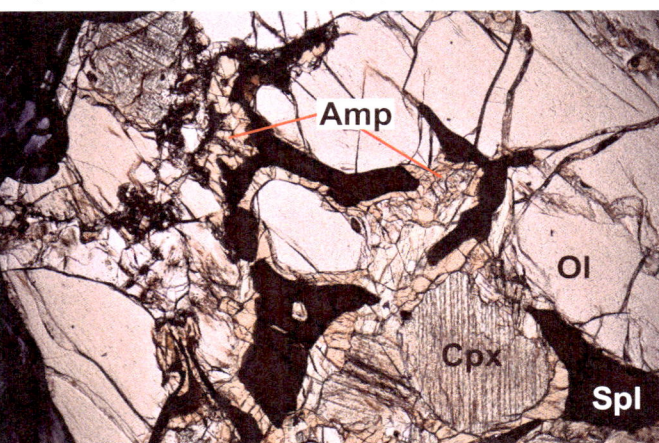

6.15. Xenolito peridotítico en roca volcánica basáltica alcalina. Leucitita olivínica del Morrón de Villamayor (Calatrava, España). La leucitita es porfídica, con fenocristales dispersos de olivino que destacan de la matriz afanítica. Esta roca foidítica es holocristalina.

6.16. Fotografía microscópica con nícoles paralelos de un xenolito peridotítico. Lherzolita 117145 del volcán Cerro Gordo (Calatrava, España). Se observan numerosos cristales de clinopiroxeno primario, con típicas lamelas de exsolución. Hay metasomatismo modal por la presencia de anfíbol intersticial (marrón pálido). La espinela tiene característica forma palmeada (*holly-leaf*).

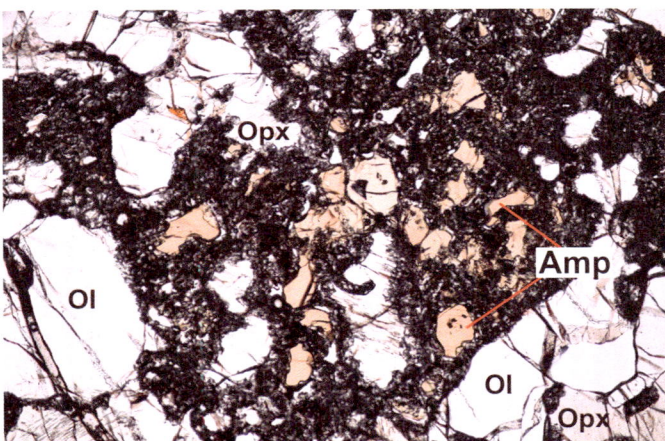

6.17. Fotografía microscópica con nícoles paralelos. Lherzolita 110858 del volcán Cerro Gordo (Calatrava, España). Zona de reacción alrededor de anfíboles metasomáticos muy corroídos (disueltos), de tonos marrones. Las zonas de reacción pueden ser fenómenos de fusión parcial del xenolito peridotítico por destrucción del mineral hidratado (ver fotos 6.19 y 6.20).

6.18. Fotografía microscópica con nícoles paralelos de la lherzolita 117145 anterior. Presenta cristales de clinopiroxeno con lamelas de exsolución, mientras que estas son menos perceptibles en el ortopiroxeno. El anfíbol metasomático intersticial, de tonos marrones claros, aparece en granos más pequeños y rodeando preferentemente los cristales de clinopiroxeno.

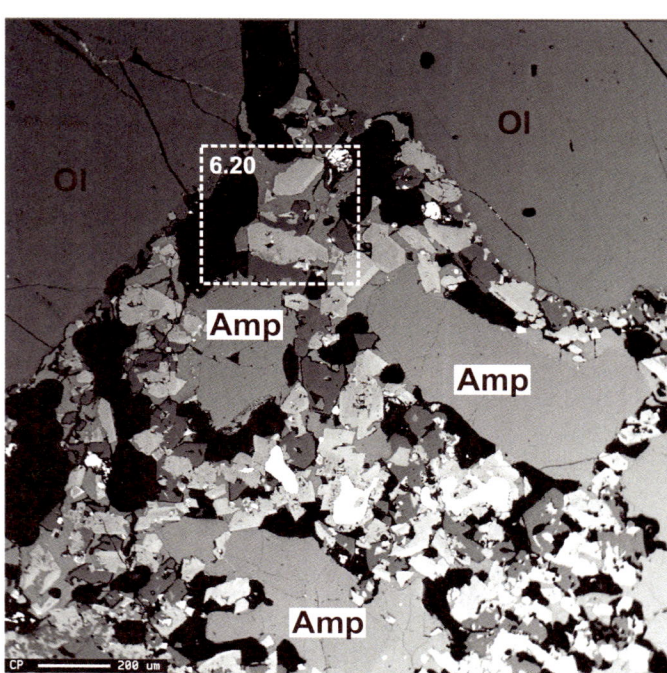

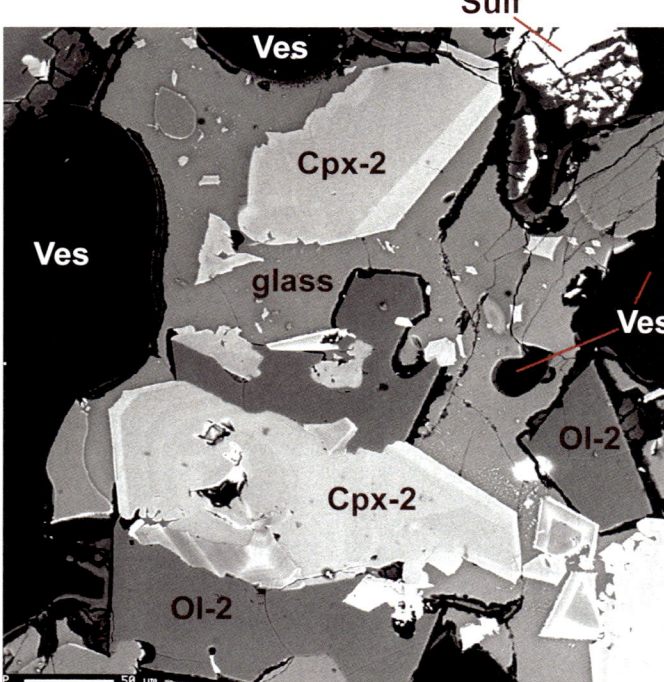

6.19. Fotografía electrónica (imagen BSE o de electrones retrodispersados) del xenolito lherzolítico 110858 del volcán Cerro Gordo (Calatrava, España). Escala de 200 micras (márgen inferior izdo.). Zona de reacción alrededor de cristales de anfíboles muy alotriomorfos y consumidos, similar a la zona de la figura 6.17 anterior. Aunque no se aprecia en la foto, la zona de reacción consume preferentemente al anfíbol, ortopiroxeno y clinopiroxeno. El olivino primario suele tener bordes más rectilíneos y se consume, localmente, en menores proporciones.

6.20. Fotografía electrónica (imagen BSE) ampliada de la figura 6.19, anterior (ver zona recuadrada). Escala de 50 micras. Zona de reacción donde se observan cristales altriomorfos, muy zonados, de clinopiroxeno secundario (Cpx-2) que indican crecimientos metaestables en condiciones de fundidos con un fuerte grado de subenfriamiento. Hay también neoblastos de olivino secundario (Ol-2) inmersos en el vidrio (glass) con vacuolas (vesiculado) (Ves), a veces con grandes sulfuros globulares (Sulf). Hay también rebordes de vacuolas con escaso relleno, alterados (zeolitizado).

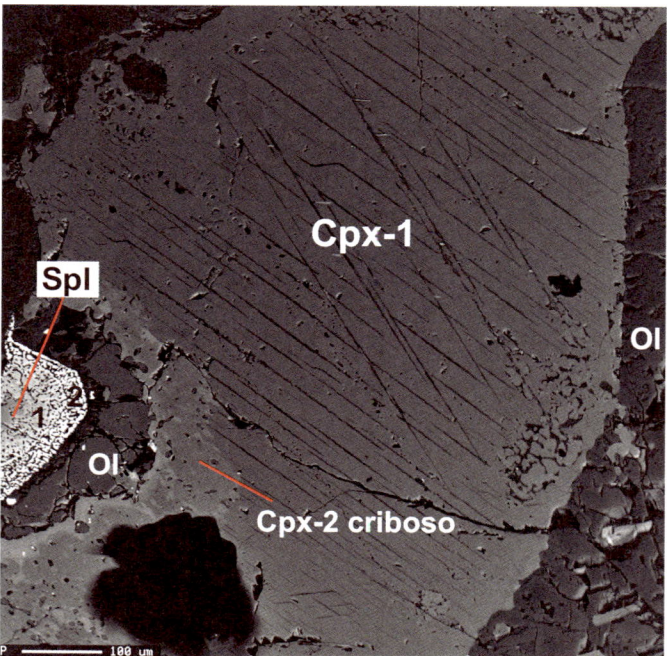

6.21. Fotografía electrónica (imagen BSE) del xenolito lherzolítico 111645 del volcán Cerro Pelado (Calatrava, España). Escala de 500 micras. Cristal de espinela con bordes cribosos y fracturas de descompresión, rodeado de zonas de reacción. En ellas se observan neoblastos secundarios de olivino (Ol-2), clinopiroxeno (Cpx-2), flogopita (Phl) y algo de vidrio vesiculado. Parece como si todas estas neoblastesis y reacciones estuvieran ligadas al transporte del xenolito hacia la superficie (evento 3 de la Fig. 6.7).

6.22. Fotografía electrónica (imagen BSE) del xenolito lherzolítico 117183 del volcán del Morrón de Villamayor (Calatrava, España). Escala de 100 micras. Cristal grande de clinopiroxeno primario (Cpx-1) con lamelas de exsolución y bordes cribosos (neoblastos de Cpx-2). Se observa, también, un cristal de espinela (izda.) con un borde criboso (1) que transita a otro de grano más fino (tal vez simplectítico con vidrio) (2).

El magmatismo terrestre forma tres tipos principales de agrupaciones o **series de rocas ígneas**. Los magmas más abundantes son los **toleíticos** (forman la corteza oceánica, el 65% del total de la superficie del planeta) y los **calcoalcalinos** (casi el 25%, característicos de zonas de subducción o de colisión continental, p. ej. el cinturón volcánico del Pacífico). Las rocas ígneas **alcalinas** son las menos abundantes (10%) y es un magmatismo intraplaca, tanto oceánica como continental (Fig. 7.1) (basado en Gill, 2010).

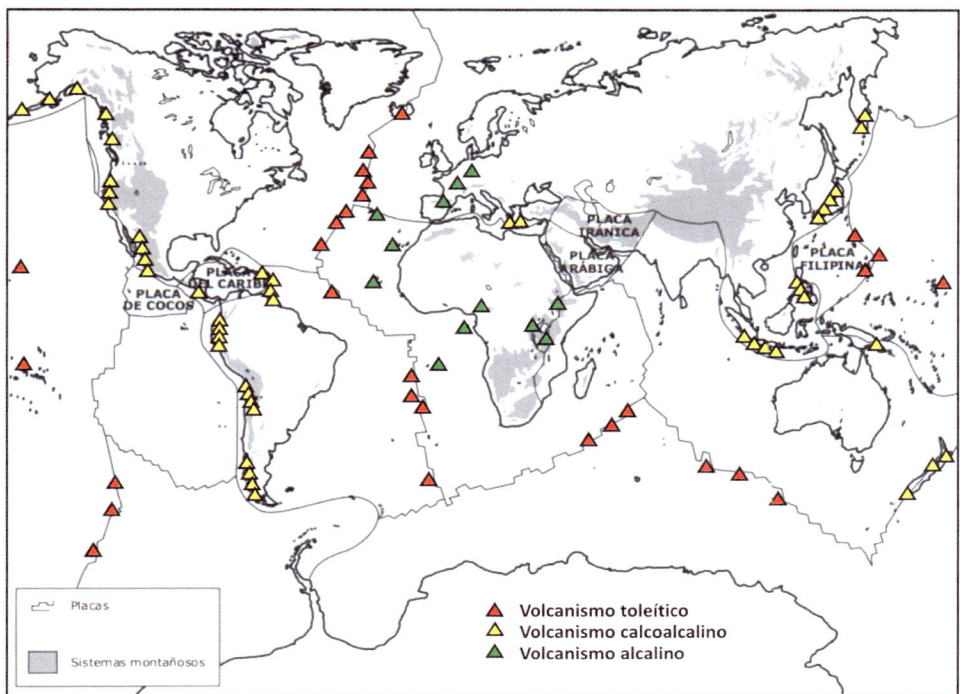

Figura 7.1. Mapamundi de las placas litosféricas terrestres donde se señalan algunas áreas volcánicas activas, con su tipo composicional magmático dominante. Así en las zonas de dorsales oceánicas (donde se genera la corteza oceánica, más del 65% de la superficie terrestre) los volcanes submarinos expulsan lavas de composición basalto toleítico, relativamente homogéneo, denominados como basaltos de dorsales medio-oceánicas (acrónimo MORB, en inglés *Mid Ocean Ridge Basalt*, ver Anexo 1). En las zonas de subducción, tanto en los archipiélagos del Pacífico occidental como en márgenes continentales (Pacífico oriental subduciendo bajo las Américas) los volcanes son menos máficos (andesitas, dacitas y riolitas, ver tema 9) y de composición química calcoalcalina. Finalmente, en el interior de las placas (sectores anorogénicos de intraplaca) tanto continentales como oceánicas hay magmatismo alcalino. Es muy evidente en el océano Atlántico (p. ej. Canarias o Cabo Verde) pero en los archipiélagos del Pacífico interior (p. ej. Hawaii) coexisten con volcanes toleíticos, incluso en mayor porcentaje que los alcalinos (p. ej. Best, 2003; Winter, 2010; Gill y Fitton, 2022). El magmatismo toleítico (que aparece en los tres grandes sectores geodinámicos: dorsales, subducción e intraplaca) es el más abundante no solo en la Tierra, también en otros cuerpos del Sistema Solar (Luna, Marte).

Así pues, hay tres grandes agrupaciones magmáticas de diferente quimismo. Y es en función de su alcalinidad o contenido de álcalis por lo que las rocas ígneas pueden subdividirse en dos grupos principales: series alcalinas y subalcalinas (a su vez subdivididas en toleíticas y calcoalcalinas). Las primeras se caracterizan por unos mayores contenidos en $Na_2O + K_2O$ para cualquier valor de SiO_2. Por tanto, en un diagrama binario sílice - álcalis (diagrama TAS) sus términos tienden a ocupar los sectores superiores de la representación (Fig. 7.2).

Las rocas subalcalinas pueden tener como minerales normativos CIPW (composiciones minerales teóricas creadas a partir del quimismo de la roca, p. ej. Best, 2003; Gill, 2010) cuarzo y ortopiroxeno (hiperstena), ausentes en rocas alcalinas, de composiciones más subsaturadas en sílice (por el contrario, con olivino y nefelina normativos).

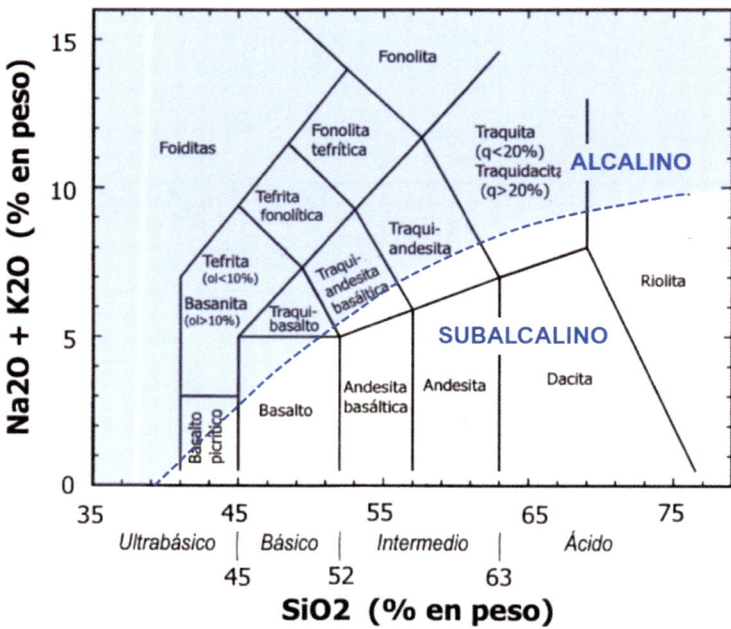

Figura 7.2. Diagrama TAS de *total de álcalis* versus *sílice*. Campos de clasificación de rocas volcánicas según Le Maitre (2002) (ver, también, Anexo 3). Se incluye la clasificación de ultrabásico a ácido, según sea el contenido en sílice (SiO_2) de la roca. Curva de separación de rocas alcalinas de subalcalinas según Irvine y Baragar (1971).

Las series magmáticas subalcalinas incluyen la serie **toleítica** y la serie **calcoalcalina**. Las diferencias entre ambas series ígneas son numerosas, pudiendo destacarse el mayor enriquecimiento en hierro que alcanzan los términos intermedios de la serie toleítica (muy visible en proyecciones como las de la figura 7.3) y la pobreza en contenidos de K_2O de las toleítas, que se proyectarían mayoritariamente en los campos inferiores del diagrama K_2O vs. SiO_2 (Fig. 9.1).

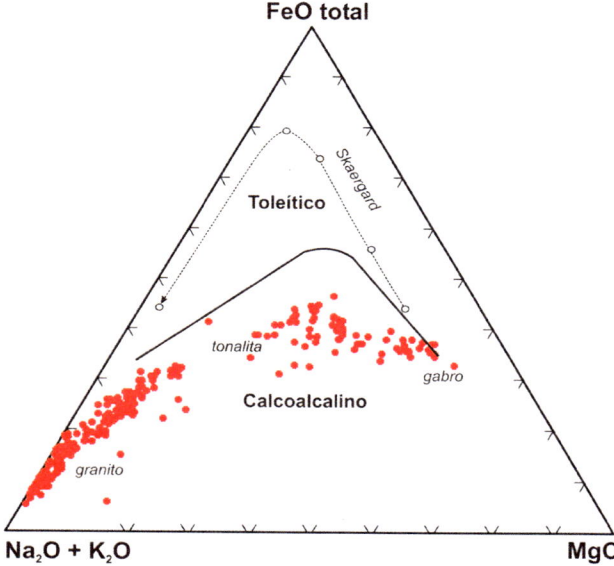

Figura 7.3. Diagrama AFM (% en peso) de distinción de campos composicionales de series de rocas ígneas toleíticas de las calcoalcalinas/alcalinas. Se han proyectado rocas plutónicas variscas de la Zona Centro-Ibérica. La pauta toleítica de Skaergard está tomada de Winter (2010).

En este volumen se estudiarán las características petrográficas de series volcánicas y plutónicas *alcalinas* en los capítulos 7 y 8, series volcánicas y plutónicas *calcoalcalinas* en los temas 9 y 10, y diques de gabros *toleíticos* (diabasas y ofitas) ligados a la rotura del supercontinente Pangea Varisco en el capítulo 11.

7. Rocas volcánicas alcalinas

Las rocas alcalinas pueden dividirse, según su grado de alcalinidad, en: moderadamente alcalinas, fuertemente alcalinas y ultraalcalinas, caracterizándose desde el punto de vista modal por:

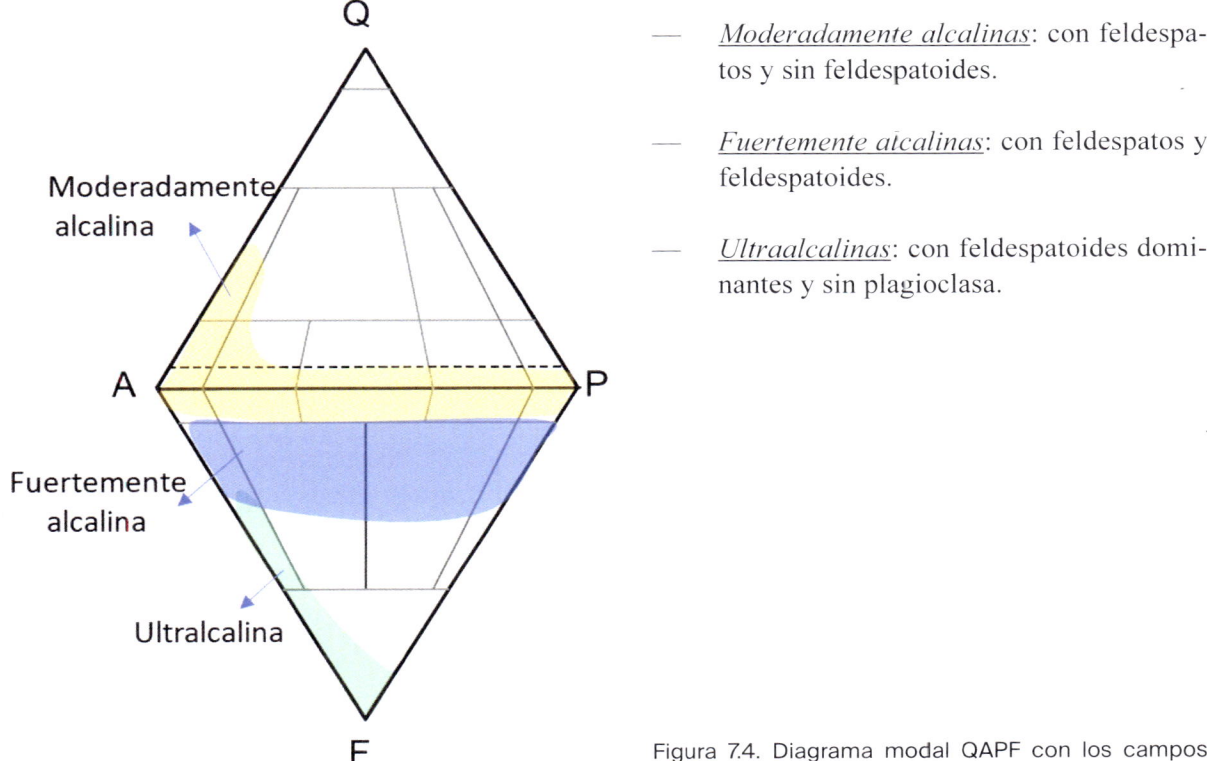

— *Moderadamente alcalinas*: con feldespatos y sin feldespatoides.

— *Fuertemente alcalinas*: con feldespatos y feldespatoides.

— *Ultraalcalinas*: con feldespatoides dominantes y sin plagioclasa.

Figura 7.4. Diagrama modal QAPF con los campos composicionales de las series alcalinas.

El contenido relativo de Na y K permite separar, en ocasiones, series alcalinas sódicas de series alcalinas potásicas, siendo más frecuentes las primeras.

Un elevado contenido en K se manifiesta esencialmente por la presencia de minerales máficos potásicos (flogopita, anfíboles-K), y feldespatos y feldespatoides potásicos. Cuando el contenido de potasio es muy elevado con respecto al de sodio ($K_2O/Na_2O > 3$ en valores moleculares), las rocas se denominan ultrapotásicas.

Las rocas alcalinas generan una extensa nomenclatura debido a su gran diversidad textural y composicional. Algunos términos frecuentes que se usan en series volcánicas alcalinas son: *picrita o basalto picrítico*: basalto formado por acumulación, en la cual existe olivino y augita en gran abundancia. *Oceanita y ankaramita:* son dos tipos de picritas en los que el máfico predominante es olivino o augita, respectivamente. Los términos traquibasálticos a traquiandesíticos reciben diversas denominaciones en las variedades sódicas: *hawaitas, mugearitas* y *benmoreitas* (ver Le Maitre, 2002), pero es necesario confirmar el nombre con datos químicos. Las riolitas alcalinas con cuarzo y las traquitas peralcalinas también se denominan *comenditas o pantelleritas* (glosario de Le Maitre, 2002).

Aspectos petrográficos generales

El volcanismo alcalino aparece en intraplaca tanto oceánica (formando grandes archipiélagos en el Atlántico, Índico y Pacífico) como continental (p. ej. el rift africano). Pueden formar campos volcánicos monogenéticos, ricos en conos de escorias (p. ej. Calatrava). Si el magmatismo es más abundante (poligenético), se forman grandes asociaciones volcánicas con volcanes compuestos, conos de escorias, campos de lavas (foto 7.1) y depósitos piroclásticos variados (foto 7.20). Solo en los tipos más ácidos (más ricos en agua pero viscosos), traquitas y fonolitas, pueden generarse domos (foto 7.13), domo-coladas y flujos piroclásticos PDC densos o ignimbritas (fotos 4.25, 4.26 y 7.9). Excepcionalmente se generan relieves negativos (maares y anillos de tobas)) en fenómenos hidromagmáticos, muy explosivos.

Las rocas volcánicas alcalinas son, en general, rocas porfídicas de grado de cristalinidad variable (fotos 7.2 a 7.6). El tamaño de los cristales de la matriz es mayor hacia los términos basálticos (en general holocristalinos de matriz microcristalina) y disminuye hacia los términos ácidos diferenciados (a veces de textura hipocristalina u holovítrea, de carácter fluidal-traquítico, fotos 7.11 y 7.12). No obstante, las variedades vítreas y las rocas con vidrio son mucho menos comunes que en las series volánicas calcoalcalinas.

Las rocas alcalinas no tienen ortopiroxeno y el contenido en TiO_2 es elevado, por lo que en términos máficos el clinopiroxeno es titanado y en los félsicos aparece titanita (esfena) (foto 7.19). Además, el clinopiroxeno alcalino es más rico en calcio que el de series toleíticas; es augita diopsídica en lugar de augita subcálcica, típico de toleitas (Fig. 7.5). La composición del clinopiroxeno en rocas volcánicas alcalinas es diópsido a augita titanada marrón, mientras que en series subalcalinas (toleíticas, como Skaergaard, o calcoalcalinas) hay dos piroxenos en fenocristales: la augita (no tan titanada) y el ortopiroxeno (de composición hiperstena) (p. ej. Wilson, 1989) (Fig. 7.5). Pueden aparecer anfíboles alcalinos (kaersutita, foto 1.17) y piroxenos alcalinos (egirina, foto 7.19), estos últimos en términos mesócratos a félsicos de las series volcánicas alcalinas.

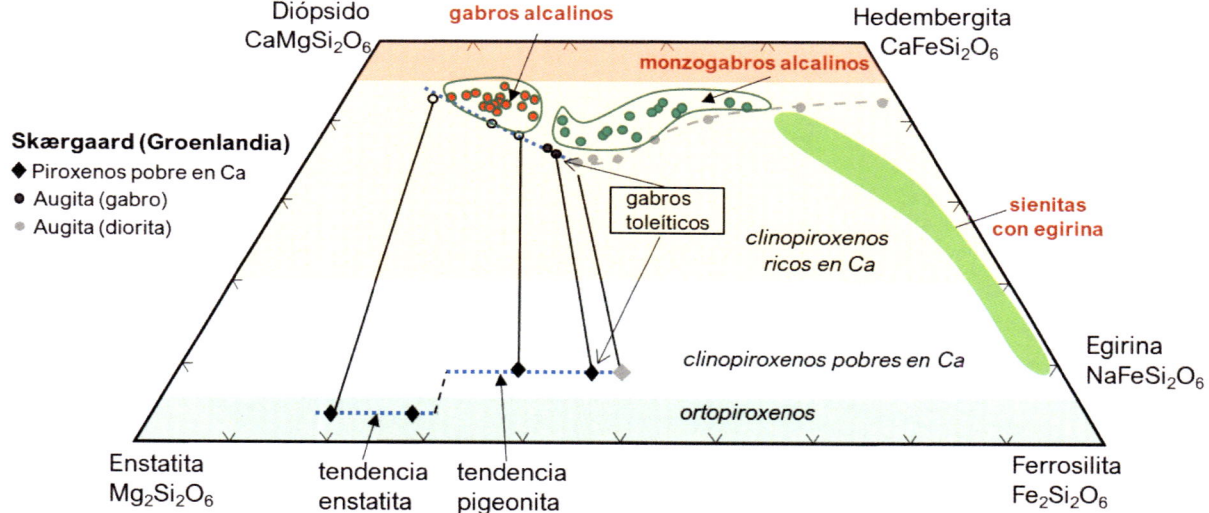

Figura 7.5. Diagrama Di-Hd-En-Fs de clasificación de piroxenos. En rocas subalcalinas es frecuente la aparición de dos piroxenos (series calcoalcalinas y toleíticas). Se muestra el trend toleítico de Skaergard (tomado de Gill, 2010). Por el contrario, las rocas alcalinas solo presentan un piroxeno (clinopiroxeno cálcico, diópsido o augita diopsídica, a tipos ricos en Fe^{3+}, egirinas) y nunca tienen ortopiroxeno o pigeonita (clinopiroxeno pobre en Ca).

Serie moderadamente alcalina

Basalto (olivínico alcalino) ——— *Traquibasalto (Latita)* ——— *Traquita* ——— *Riolita alcalina*

Serían rocas volcánicas que se proyectarían modalmente en la base común del doble triángulo QAPF, es decir, son rocas con feldespatos modales, sin feldespatoides ni cuarzo modal, y con una composición normativa de cuarzo$_N$ < 5% y nefelina$_N$ < 5% (campo amarillo, Fig. 7.1) (fotos 7.3 y 7.4, basalto alcalino).

Serie fuertemente alcalina

Basanita / Tefrita ——— *Fonolita*

Son rocas volcánicas con feldespatos y feldespatoides modales (fotos 7.5 a 7.13). El tipo de feldespatoide adjetiva el nombre (fotos 7.15 a 7.19). Composicionalmente tienen nefelina normativa > 5% y albita normativa > 5% (campo azul, Fig. 7.1). En la tabla 7.1 se incluye la composición mineral de los fenocristales de lavas alcalinas (moderada y fuertemente) de la zona del Teide en Tenerife (islas Canarias) (adaptado de Araña y Ortiz, 1991).

Tabla 7.1. Características minerales de rocas volcánicas alcalinas del Teide-Cumbre Vieja (Tenerife, Canarias).

	Basaltos alcalinos	Latitas (básica) Hawaitas	Latitas (intermedia) Mugearita-benmoreita	Fonolitas	Traquitas y fonolitas peralcalinas
Olivino (Fo)	(86-80)	(84-74)	----	----	----
Piroxeno (Wo/En/Fs)	Augita (salita-Ti) (35-50/40-60/5-20)	(35/50/12)	Augita (Ti) (39-45/40-55/10-20)	Augita egirínica	Egirina
Anfíbol	----	Pargasita férrica Hornblenda	Ferro-kaersutita	Kaersutita Edenita	Kaersutita
Feldespatos (An/Ab/Or)	Labradorita-Bytownita (70-90/30-10/0-1)	Labradorita (60/40/2-3)	Oligoclasa-Andesina (15-50/65-45/3-20) Anortoclasa	Anortoclasa Sanidina (5-35/40-80/15-20) (2-6/60-70/25-45)	
Foides	----	----	----	Nefelina Sodalita-Haüyna	
Otros	Ti-magnetita	Apatito		Biotita Titanita	

Serie ultraalcalina

Nefelinita olivínica ——— *Nefelinita* ——— *Fonolita*

Modalmente serían rocas que se proyectarían desde el vértice F (las más básicas) hacia el lado AF del rombo, campo de las fonolitas (los términos más diferenciados). Son rocas con feldespatoides modales y sin plagioclasa modal (Fig. 7.4). La cantidad de nefelina normativa es elevada, mientras que la de albita normativa es menor del 5% (incluso se forma larnita normativa).

La nefelina, el único mineral félsico en los tipos más básicos ultraalcalinos, raramente aparece como fenocristal, ya que suele cristalizar tardíamente, formando parte de la matriz de la roca, en texturas marcadamente intersticiales (fotos 7.21 y 7.22). Una variedad de nefelinita es la conocida como *limburgita,* con matriz parcialmente vítrea y donde no se aprecian los foides.

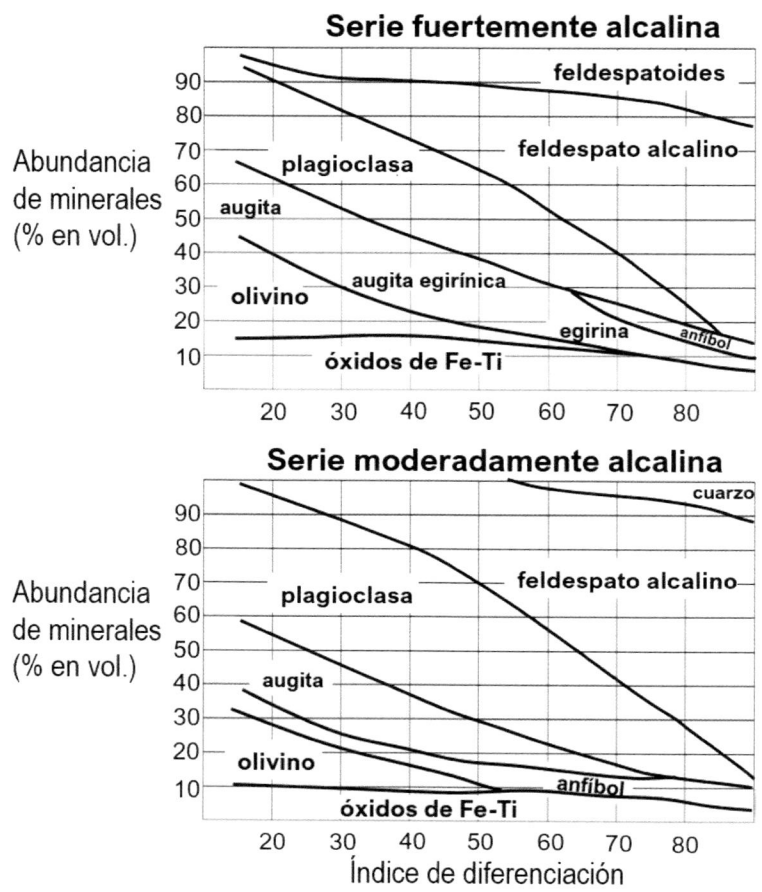

Figura 7.6. Diagramas modales esquemáticos, utilizados para resaltar las coloraciones más mesócratas de rocas basálticas o gabroideas (de ID o índice de diferenciación más bajo ≤ 40) respecto a los tipos fonolíticos o traquíticos, tanto en series fuertemente alcalinas (muy subsaturadas en sílice), como en moderadamente alcalinas. También se observa que los minerales máficos hidratados suelen ser más tardíos en cristalizar (esquema inferior). Ver también, figuras de las páginas 76 y 91 del tema 5 (clasificaciones).

El índice de color (IC) varía con el tipo de roca, hay menos máficos con la diferenciación magmática (Fig. 7.6) y estos son de XMg [MgO/(MgO+FeO$_t$) en moles] más bajo (más férricos) (Fig. 7.5, donde se observa que en basaltos/gabros el clinopiroxeno es augita diopsídica, mientras en fonolitas/sienitas tiende a ser egirínico) y con tendencia a coexistir con máficos ricos en agua (anfíbol ~ 2% o mica ~ 4% H$_2$O).

Series volcánicas alcalinas con melilita

Las rocas volcánicas con más de un 10% modal de melilita y algún feldespatoide menos abundante que la melilita se denominan *melilititas* (su equivalente plutónico son las *melilitolitas*). Son rocas ultramáficas holocristalinas (fotos 3.10, 7.23 y 7.24). Si puede calcularse su moda, la clasificación se realiza utilizando el diagrama adjunto. Si la roca tiene menos de un 10% de melilita, entonces se proyecta en el QAPF y se nombra como *foidita con melilita* (< 5%) o *foidita melilitítica* (5-10%).

Melilitita olivínica ——— *Melilitita* ——— *Fonolita*

La *melilitita olivínica* tiene fenocristales de olivino, clinopiroxeno y melilita, presentando normalmente estos mismos minerales y, además, nefelina y ocasional biotita en la matriz. La perovskita (óxido de Ti con álcalis y metales raros) es un accesorio típico de todas las rocas ígneas ultraalcalinas. La *melilitita s.s.* (Fig. 7.7) es una roca que carece de olivino como mineral principal (Le Maitre, 1989).

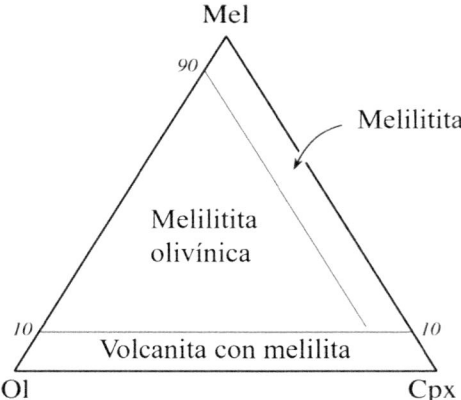

Figura 7.7. Clasificación modal de rocas volcánicas con melilita como mineral fundamental (> 10 vol. %) y si hay feldespatoides, con melilita > feldespatoide (Le Maitre, 2002). Se basa en las relaciones modales de melilita con olivino y clinopiroxeno.

Series volcánicas alcalinas ultrapotásicas

Su elevada relación K_2O/Na_2O se refleja en la cristalización de minerales potásicos como flogopita, leucita, sanidina y anfíbol potásico. Las rocas alcalinas ultrapotásicas plantean una problemática específica que hace que deban considerarse aparte del resto de las rocas alcalinas.

Al igual que en las otras series alcalinas se pueden establecer diferentes asociaciones según su alcalinidad. En orden de alcalinidad creciente serían: *lamproítas, kamafugitas* y *kimberlitas*. Dentro de las dos primeras hay gran variedad de términos litológicos que reciben nombres locales. Así las **lamproítas** del sureste de España se han denominado según su mineralogía o quimismo: *jumillitas, cancalitas, fortunitas y veritas* (ver rocas ultrapotásicas o lamproíticas en la Fig. 9.2 del capítulo sobre volcanismo calcoalcalino), aunque ahora estos nombres son obsoletos (ver equivalencias a los términos actualmente recomendados en la tabla 2.7 de Le Maitre, 2002).

Campos volcánicos alcalinos de España

Las islas Canarias es el conjunto volcánico alcalino más voluminoso y variado litológicamente de España. Es también un archipiélago oceánico activo que, debido a la población tan numerosa que habita en él, genera una gran complejidad de riesgos geólogicos.

Además, hay una gran variedad de campos volcánicos peninsulares, relativamente jóvenes, como para suponer que estén realmente extinguidos. La mayor parte de estos campos volcánicos cenozoicos de la península Ibérica son de composición alcalina (ver Fig. 7.8). Solo el campo volcánico del SE de España presenta de manera abundante volcanismo calco-alcalino de muy variado quimismo y de edades más viejas (miocenas, de aprox. 13.9 - 6.5 Ma; p. ej. Mattei et al., 2014). En la práctica propuesta trabajaremos con rocas de Canarias y de la región volcánica central (Campo de Calatrava) (Fig. 7.9 izda.), campo volcánico próximo a Madrid, al que el alumno realiza una excursión a los edificios volcánicos y sus depósitos.

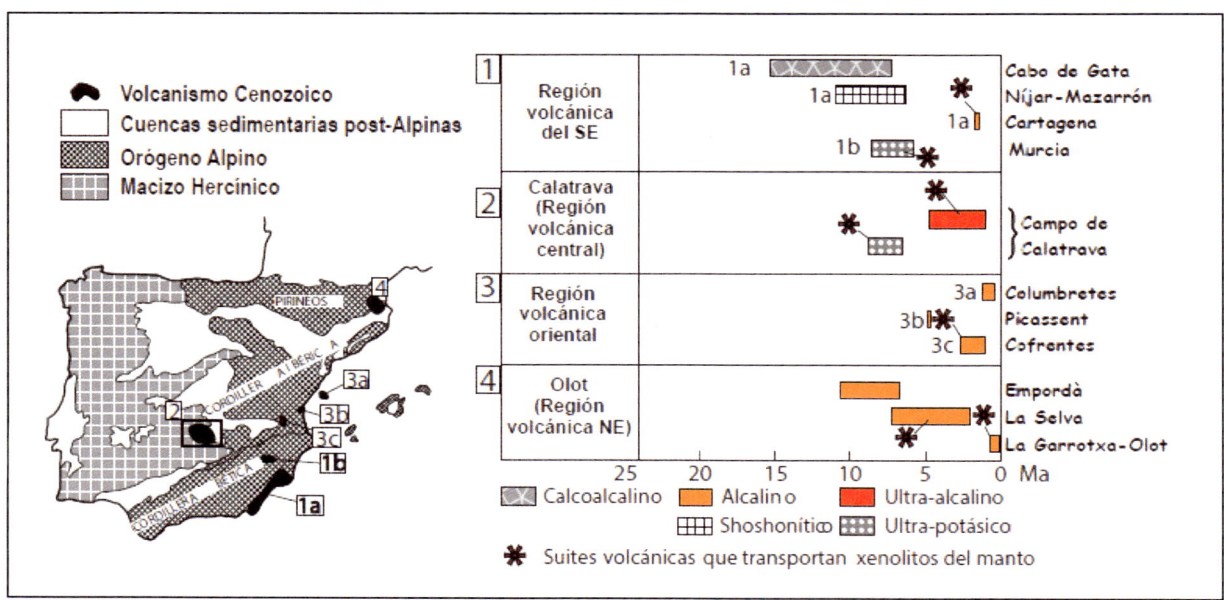

Figura 7.8. Situación, edad y composición de los campos volcánicos de la Península Ibérica (mod ficado de Ancochea, 2004).

Campo volcánico de Calatrava: la región volcánica central española

La región volcánica de Calatrava constituye un buen ejemplo de volcanismo alcalino en la que, a pesar de su limitada superficie, la variabilidad de tipos litológicos es grande (Ancochea, 1982). La actividad se inicia en el Mioceno superior, originándose un único volcán de rocas ultrapotásicas (leucititas olivínicas). La mayor parte de los volcanes son, sin embargo, del Plioceno, apareciendo tanto rocas ultraalcalinas como fuertemente alcalinas o moderadamente alcalinas, siempre de composición ultrabásica o básica (melilititas olivínicas, nefelinitas olivínicas, basanitas y basaltos). Los procesos de diferenciación magmática han sido de poca entidad, no existiendo tipos litológicos evolucionados (Fig. 7.9 dcha.).

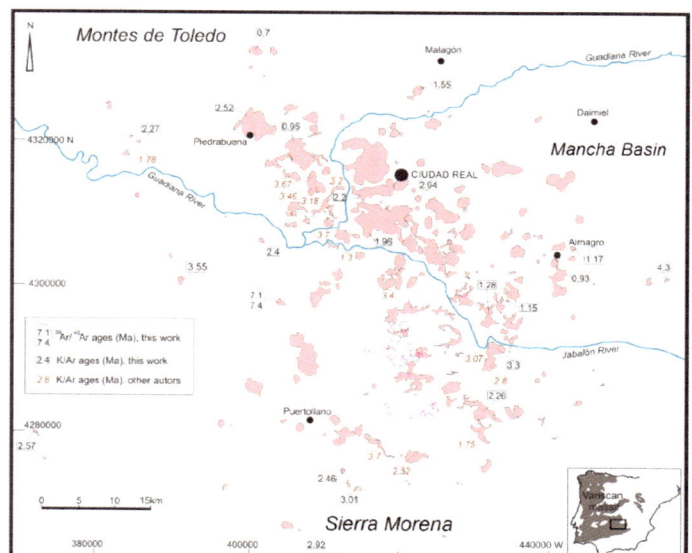

Esta región volcánica guarda grandes afinidades con otras regiones volcánicas Cenozoicas del rift centro-occidental de Europa (Cadena de los Puys en Francia o región de Eifel, en Alemania) (Cebriá y López Ruiz, 1995; López Ruiz et al., 2002).

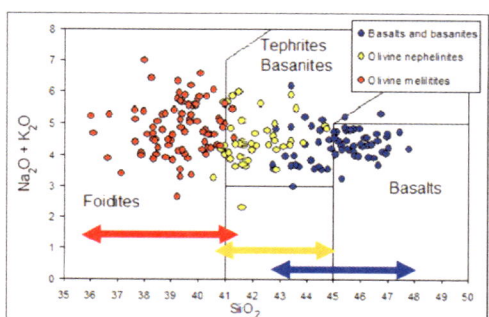

Figura 7.9. Volcanes de la Región Central española con las edades de los centros volcánicos y datos químicos en el diagrama TAS de la dcha. (Ancochea, 1982; Ancochea y Huertas, 2021).

7.1. Fotografía panorámica del campo de lavas basaníticas de la erupción del Cumbre Vieja en 2021. Lavas **a'a** de varios metros de espesor (3-6 m) con típicas superficies de fragmentos muy escoriáceos (malpaís). Se aprecia que aún humean. Al fondo destaca el cono de escorias de Todoque, isla de La Palma (Canarias).

7.2. Muestra de mano de una roca basáltica alcalina. Textura porfídica con fenocristales (y macrocristales) de olivino de color algo tostado (iddingsitizado) y de prismas negros de clinopiroxeno. Resaltan rellenos de calcita (blancos) en antiguas vacuolas (textura amigdalar). Muestra de unos 15 cm de ancho.

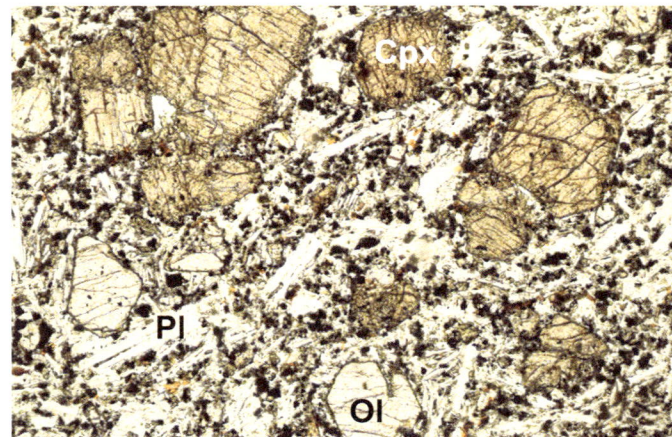

7.3. Fotografía microscópica con nícoles paralelos (x25). Basalto con fenocristales seriados de clinopiroxeno (augita de color marrón claro) y olivino (incoloro), en una matriz formada por microlitos de plagioclasa, clinopiroxeno y minerales opacos.

7.4. Fotografía microscópica con nícoles cruzados del basalto anterior. Se aprecia una cierta textura fluidal de la matriz, marcada por los microlitos alargados de plagioclasa, que a veces envuelven los fenocristales (véase fenocristal de olivino marcado en foto anterior) (zona centro-inferior de la foto).

7.5. Fotografía microscópica con nícoles paralelos (x25). Tefrita haüynica porfídico seriada, de matriz microcristalina. Fenocristales de anfíbol (kaersutita), clinopiroxeno (augita) y haüyna. Destacan de una matriz con plagioclasa algo acicular y orientada. Los cristales anhedrales de haüyna son por corrosión (disolución parcial).

7.6. Fotografía microscópica con nícoles cruzados de la tefrita haüynica anterior. Se aprecia bien el carácter isótropo de los cristales cúbicos de haüyna y una cierta estructura traquitoide marcada por los microlitos de plagioclasa.

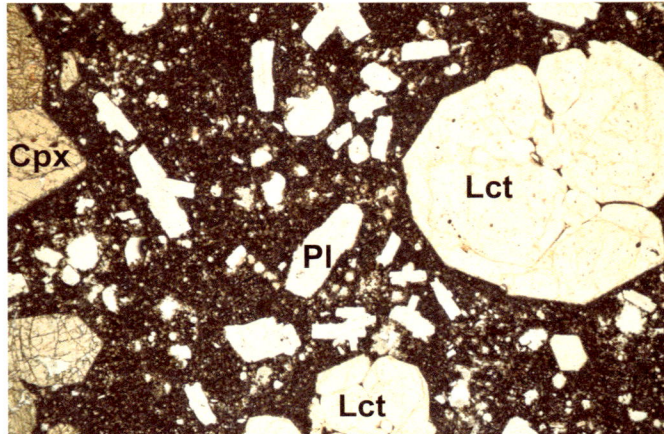

7.7. Fotografía microscópica con nícoles paralelos (x25). Roca porfídica de matriz micro-criptocristalina, que parece una tefrita leucítica pues no se observan fenocristales de olivino. Los fenocristales visibles son de leucita (mayor tamaño), clinopiroxeno augítico y plagioclasa prismática.

7.8. Fotografía microscópica con nícoles cruzados de la roca anterior. Se aprecia la baja birrefringencia de la leucita pseudocúbica con su maclado complejo. Cristales de tamaños seriados de plagioclasa, a veces con texturas glomeroporfídicas (en sinneusis). La matriz es criptocristalina, con posible vidrio intersticial.

7.9. Fotografía panorámica de una sucesión de rocas piroclásticas (incluyendo una formación de unos 12 m de ignimbrita fonolítica) con superposición final de una colada basáltica. Zona central de la isla de Gran Canaria. Volcanismo post-caldera Tejeda, rico en magmas félsicos (de edad aprox. 10 Ma).

7.10. Fotografía de campo de fonolitas porfídicas (maza de 41 cm). Fenocristales de feldespato alcalino (de tamaño seriado) que marcan un flujo ígneo. Domos de fonolitas haüynicas de la isla de Sal (Cabo Verde), de tonalidad gris azulada (comparar con fonolitas de foto 7.13, de Canarias).

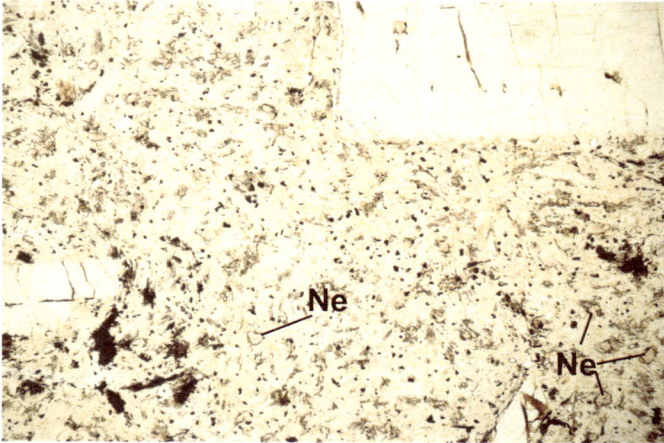

7.11. Fotografía microscópica con nícoles paralelos (x25). Fonolita nefelínica, porfídico seriada de matriz microcristalina. Los grandes fenocristales blancos son de anortoclasa. En la matriz es perceptible la nefelina en microlitos ligeramente envueltos por acículas de egirina verdosa. Obsérvese el carácter muy leucocrático de la roca. Fonolita nefelínica de Cañadas del Teide (Tenerife, Canarias).

7.12. Fotografía microscópica con nícoles cruzados de la roca anterior. Los fenocristales de anortoclasa presentan maclas simples junto con desdibujado maclado polisintético (ver también fotos 7.14 y 7.16). En la matriz es perceptible cierto flujo ígneo, traquítico, definido por los microlitos de anortoclasa acicular. Roca holocristalina.

7.13. Fotografía panorámica de un domo endógeno de fonolita haüynica. Obsérvese el arqueamiento que provoca en las rocas basálticas encajantes. Pitón de Risco Blanco, de edad 3.8 Ma (Gran Canaria).

7.14. Fotografía microscópica con nícoles cruzados. Fenocristales de anortoclasa con desdibujado maclado polisintético, tal vez ligeramente zonados. La matriz de microlitos aciculares de feldespato alcalino (probable anortoclasa) muestra textura traquítica. Traquita.

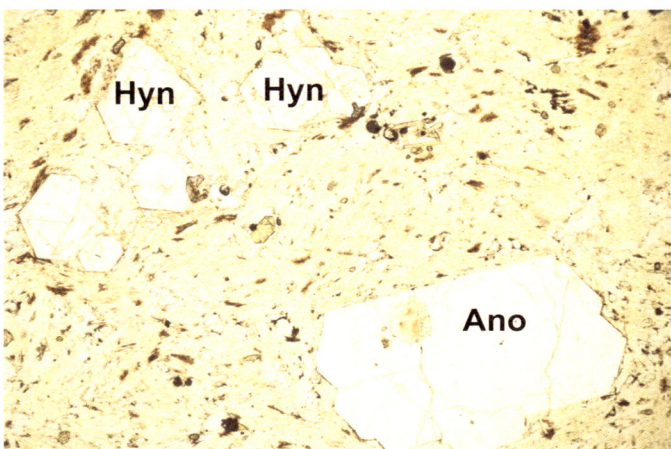

7.15. Fotografía microscópica con nícoles paralelos. Fonolita haüynica porfídica de matriz microcristalina. Los fenocristales son idiomorfos, tanto de anortoclasa como de haüyna. Roca muy leucocrática, donde el escaso y pequeño clinopiroxeno prismático es de composición augita egirínica. Fonolita haüynica de Tenerife (Canarias).

7.16. Fotografía microscópica con nícoles cruzados, de la fonolita haüynica anterior. Los fenocristales de anortoclasa presentan maclado polisintético y ligero zonado oscilatorio. La haüyna aparece isótropa al ser un mineral cúbico. Obsérvese la textura traquítica de la fonolita, magmas relativamente viscosos, que se emplazan en domos (p. ej. foto 7.13) o en coladas de lava espesas y de corto recorrido.

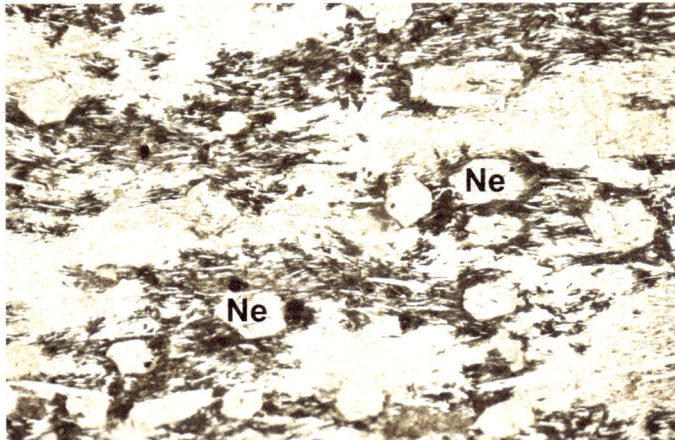

7.17. Fotografía microscópica con nícoles paralelos. Fonolita nefelínica con cristales idiomorfos del feldespatoide, junto a prismas alargados de anortoclasa. Destaca la egirina acicular (verde oscura), que parece nuclear o asociarse espacialmente a la nefelina, típico de rocas tingüaíticas. Fonolita de Gran Canaria.

7.18. Fotografía microscópica con nícoles cruzados de la roca anterior. Las secciones casi basales (hexagonales) de la nefelina hacen que parezca un mineral isótropo. La roca tiene textura traquítica muy marcada, de ahí que la mayor parte de la nefelina aparezca en secciones iguales, basales (por estar orientada).

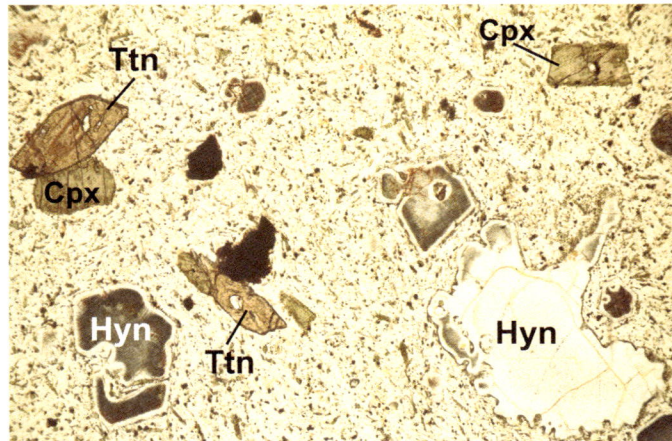

7.19. Fotografía microscópica con nícoles paralelos. Fonolita haüynica con cristales alotriomorfos del feldespatoide por disolución magmática (formas ameboides). La gran cantidad de inclusiones de sulfuro oscurecen algunos cristales de haüyna. Hay también cristales grandes de titanita y augita egirínica (Cpx). Fonolita de Gran Canaria.

7.20. Fotografía de campo de depósitos piroclásticos de caída del volcán de nefelinitas olivínicas de La Yezosa (Calatrava, España). Obsérvense niveles de bombas entre capas fundamentalmente de lapilli. Son depósitos poco soldados. La parte inferior es de granulometría mayor y peor clasificados. Escala: bolsa de 30 cm.

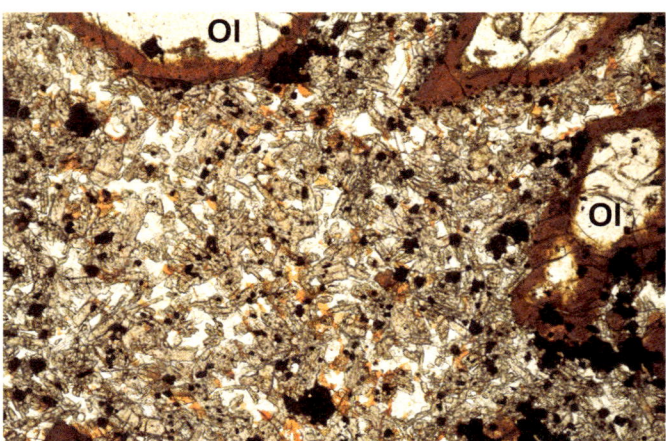

7.21. Fotografía microscópica con nícoles paralelos. Nefelinita olivínica porfídica con matriz microcristalina. Resaltan fenocristales de olivino variablemente alterados a iddingsita (aureolas rojizas). La nefelina es claramente intersticial al clinopiroxeno augítico (junto a olivino y opacos) de la matriz.

7.22. Fotografía microscópica con nícoles cruzados, de la nefelinita olivínica anterior. La nefelina es intersticial a los minerales máficos de la matriz y aquí destaca por su bajo color de birrefringencia (tonos grises de primer orden, algo azulados). Nefelinita olivínica del campo volcánico de Calatrava (Ciudad Real, España).

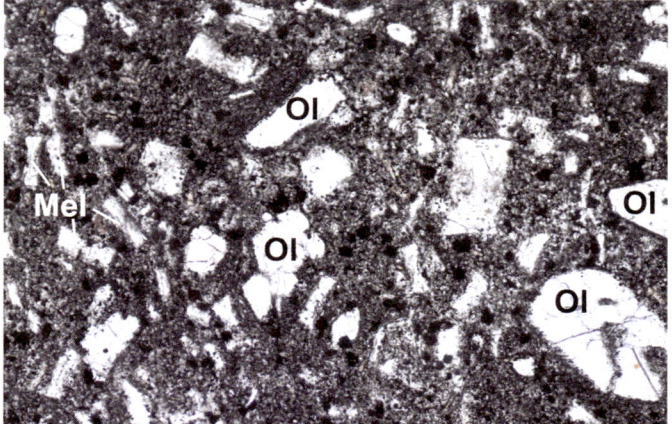

7.23. Fotografía microscópica con nícoles paralelos (x25). Melilitita olivínica porfídico seriada con matriz microcristalina. Resaltan los fenocristales subidiomorfos de olivino, de mayor tamaño. La melilita es más prismática, algo elongada, y de menor relieve que el olivino. La matriz tiene microcristales de augita y opacos.

7.24. Fotografía microscópica con nícoles cruzados, de la melilitita olivínica anterior. La melilita se caracteriza por su bajo color de birrefringencia, de colores grises azulados, algo turbios. Melilitita olivínica del campo volcánico de Calatrava (Ciudad Real, España).

8. Asociaciones plutónicas alcalinas

Composición y clasificación

Como ocurría cuando el emplazamiento de estos magmas era superficial (rocas volcánicas alcalinas del capítulo anterior), la composición es muy variable, distinguiéndose tres categorías principales de rocas, en función de su contenido creciente de álcalis:

a) Rocas moderadamente alcalinas: en el diagrama QAPF de clasificación de Le Maitre (2002) suelen ser rocas con composiciones que varían entre los campos 10 a 6 y 2 (gabros, dioritas, monzonitas, sienitas y granitos con feldespato alcalino).

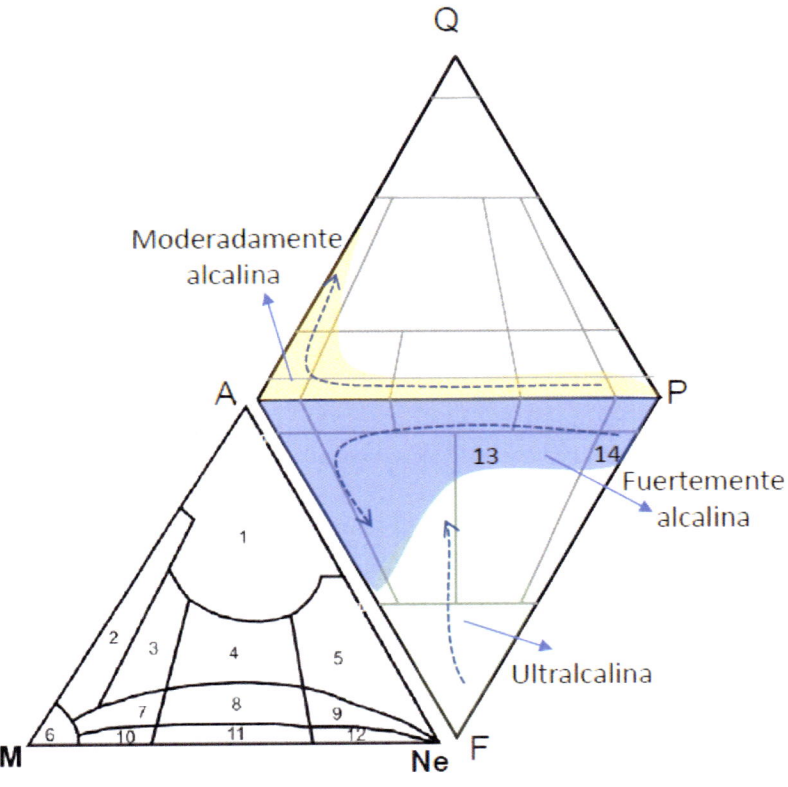

Figura 8.1. Clasificaciones modales QAPF de Streckeisen (1973) y M-A-Ne de Sarantsina y Shinkarev (1967). Las pautas a, b y c vienen explicadas en el texto. Los campos del diagrama M-A-Ne son:

1. Sienita nefelínica;
2. Gabro alcalino;
3. Malignita melanocrática;
4. Malignita;
5. Luvita;
6. Jacupirangita;
7. Melteigita feldespática;
8. Ijolita feldespática;
9. Urtita feldespática;
10. Melteigita;
11. Ijolita;
12. Urtita.
M = Máficos, A = Feldespato alcalino y Ne = Nefelina.

b) Rocas fuertemente alcalinas: quedan en el campo de rocas subsaturadas en cuarzo del QAPF, ocupando los campos 10' a 6' y 11 (gabros y dioritas con feldespatoides y monzonitas y sienitas con feldespatoides) o con foides como minerales principales (campos 14 a 11). Los campos de rocas gabroideas foidíticas reciben denominaciones de *theralita* (campo 14 APF) y *essexita* (campo 13) (Fig. 8.1 y fotos 8.1 a 8.6).

c) Rocas ultraalcalinas: son muy ricas en feldespatoides y se sitúan en los campos 12, 13 y 15 (principalmente monzosienitas foidíticas y foidolitas) (Fig. 8.1).

En los complejos plutónicos ultraalcalinos es frecuente que aparezca una serie de rocas diversas que no pueden discriminarse en el diagrama APF por su alto contenido en minerales máficos y surge toda una nomenclatura de *nefelinolitas* (diagrama M-A-Ne de Sarantsina y Shinkarev, 1967; Fig. 8.1). Además, asociado a este variado grupo de rocas, se encuentran magmas ricos en carbonatos y carbonatitas, como ocurre en complejos alcalinos fuertemente subsaturados o ultraalcalinos, tanto en zonas continentales como oceánicas (p. ej. Canarias, Cabo Verde). Un diagrama similar al M-A-Ne de la Figura 8.1 es el de Le Bas (1977), adaptado por Gill (2010) para cumplir con la nomenclatura actual de la IUGS (Le Maitre, 2002) (Fig. 8.2):

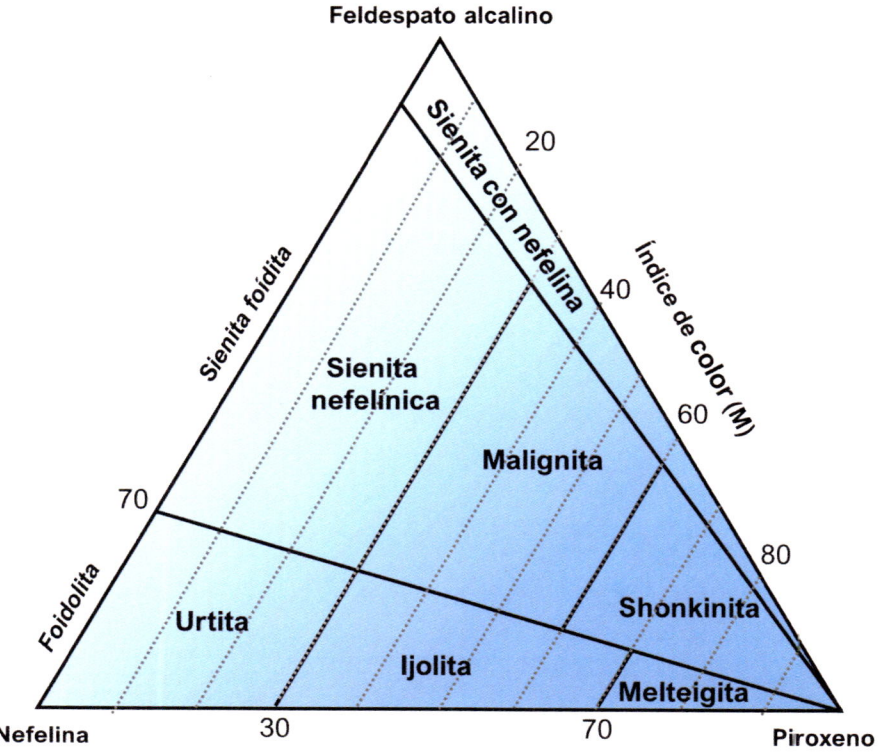

Figura 8.2. Diagrama de Le Bas (1977), adaptado por Gill (2010) con nomenclatura de la IUGS. Se utiliza para foidolitas y sienitas foidíticas máficas, de series ultraalcalinas.

Los minerales más frecuentes en rocas plutónicas (al igual que en volcánicas) alcalinas son:

— Feldespatos: en rocas plutónicas alcalinas muy félsicas (sienitas, granitos tipo-A) hay una cierta complejidad sobre el tipo de feldespato alcalino que puede aparecer: los tipos *subsolvus* presentan dos feldespatos distintos, mientras que los tipos *hipersolvus* solo tienen un feldespato alcalino (Fig. 1.2 A). Así, en un granito *subsolvus* (como los tipos subalcalinos que veremos en la práctica 10) hay una plagioclasa (entre oligoclasa y albita, Ab_{70-100}) y un feldespato potásico ligeramente pertítico (por exsolución del componente albítico, en condiciones *subsolidus*). En una sienita o granito *hipersolvus* (magmas más pobres en agua) solo aparecen cristales de mesopertita (fotos 4.8 y 8.11), pues la anortoclasa o sanidina rica en Na se ha exsuelto en los dos componentes extremos (Or + Ab) del cristal ígneo original, en proporciones casi iguales entre sí. Esto solo ocurre en plutones alcalinos (y muy raramente en rocas volcánicas), debido al largo periodo de tiempo (Ma) hasta su exhumación superficial y consiguiente desencadenamiento de la exsolución (*subsolidus*) del feldespato alcalino.

— Máficos: olivino (que puede llegar a ser fayalítico en tipos ácidos), clinopiroxeno (augita titanada, augita egirínica, egirina, ver Fig. 7.2) (fotos 2.10, 8.3, 8.9, 8.23), diversos tipos de anfíboles sódicos (p. ej. riebeckita, arfvedsonita, richterita-katoforita, kaersutita, ver Figura 8.3) (fotos 2.10 a 2.13 y 8.19 a 8.24), biotita (foto 8.9).

— <u>Feldespatoides</u>: nefelina (raramente sodalita) (fotos 8.3, 8.5, 8.15 a 8.20), o minerales secundarios: cancrinita (fotos 1.14 y 8.18), analcima (foto 8.22) y zeolitas (fotos 1.22 y 2.22).

— <u>Accesorios</u>: titanita (fotos 8.9, 8.10 y 8.17), rutilo, circón, perovskita, óxidos de hierro (foto 8.9), apatito (fotos 8.5 y 8.9), monacita, etc.

En cuanto a texturas, se pueden encontrar todos los tipos comunes en rocas plutónicas, pero como muchos de estos magmas son muy anhidros o pobres en volátiles abundan los tipos ácidos con feldespato alcalino hipersolvus (sienitas y granitos con desarrollo de grandes cristales de mesopertitas, con mezclas complejas de albita-ortosa; fotos 8.11 y 8.16), y también es frecuente la cristalización relativamente tardía de los máficos, en especial los hidratados: anfíboles y micas, en texturas intersticiales conocidas como **agpaíticas** (fotos 8.21 a 8.23), típica de rocas peralcalinas (Bard, 1985).

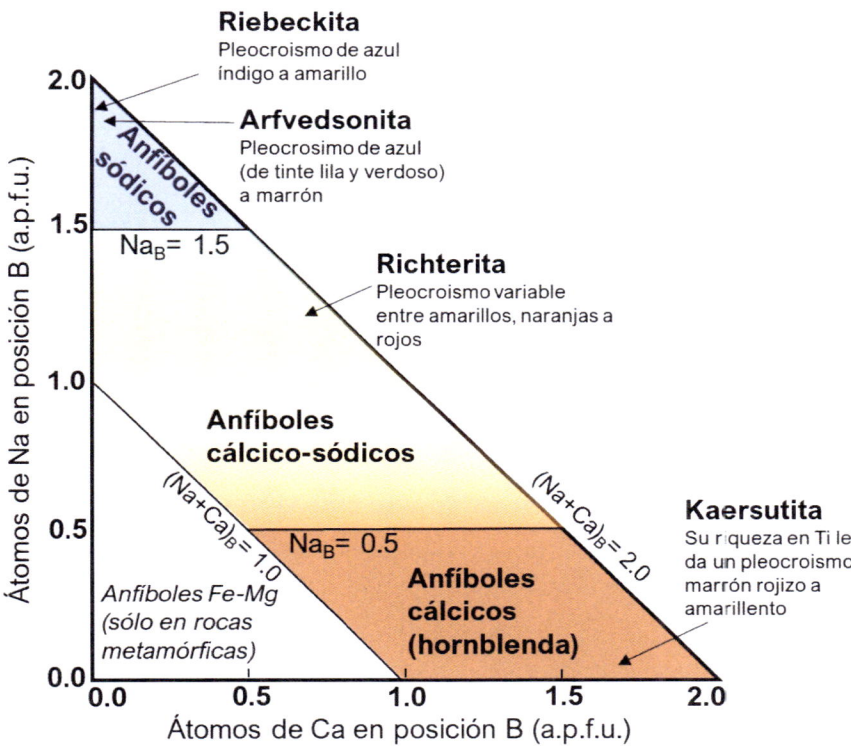

Figura 8.3. Principales tipos de anfíboles en rocas alcalinas (modificado de Gill, 2010). Se representan los campos de riebeckitas $Na_2(Fe^{2+}_3\ Fe^{3+}_2)(Si_8O_{22})$ $(OH)_2$, arfvedsonitas Na $Na_2(Fe^{2+}_4\ Fe^{3+})(Si_8O_{22})(OH)_2$, richteritas-katoforitas (Na,K) $Ca_2(Mg,Fe)_4(Ti,Fe)(Si_6Al_2O_{22})(OH)_2$ y kaersutitas (Na,K)$Ca_2(Mg,Fe)_4(Ti,\ Fe)(Si_6Al_2O_{22})$ $(OH)_2$.

Ambientes geodinámicos donde aparecen complejos plutónicos alcalinos

Generalmente se encuentran ligados a ambientes post-orogénicos o anorogénicos, siempre de tectónica distensiva, que puede localizarse tanto en corteza oceánica como en corteza continental, aunque son más abundantes en las zonas continentales. Suelen ser complejos mixtos plutono-volcánicos.

En ambientes oceánicos son más comunes los plutones de rocas subsaturadas en sílice (en islas oceánicas fundamentalmente del Atlántico, por ejemplo Canarias o Cabo Verde) (Jeffery y Gertisser, 2018). Sin embargo, en ambientes continentales, y sobre todo si son de carácter post-orogénico, son más frecuentes los complejos moderadamente alcalinos, que se encuentran en la mayoría de los casos asociados a magmatismo granítico de tipo peralumínico (p. ej. plutones del rift de Oslo, Noruega).

El complejo plutónico alcalino de Vega de Río Palmas (Fuerteventura, Canarias)

En la figura 8.4 se encuentra el esquema cartográfico de este complejo plutónico circular, emplazado en series volcánicas y plutónicas más antiguas de la isla canaria de Fuerteventura. Este complejo se caracteriza por aparecer como intrusiones de tipo semicircular, que se suceden unas a otras definiendo una migración de la actividad magmática, ya que las intrusiones parecen más jóvenes hacia el este (complejo circular más subsaturado en sílice). También se aprecia una ligera evolución de rocas más básicas a más ácidas con el tiempo. Las litologías que forman este complejo son gabros y distintos tipos de sienitas, en sentido amplio (fotos 4.27 y 8.8). Además, en momentos intermedios, intruyeron algunos diques de carácter basáltico (Fúster y Sagredo, en Fúster et al., 1980).

El magmatismo que ha dado lugar a la formación de este complejo anular o circular es de tipo anorogénico, de intraplaca oceánica. El complejo plutónico seleccionado es de los más escasos del archipiélago de Canarias por estar compuesto por rocas alcalinas saturadas en sílice, sienitas del sector semicircular occidental, que llegan a desarrollar, localmente, cavidades miarolíticas con cuarzo accesorio. Aflora en la isla más vieja y erosionada del archipiélago, la más próxima al continente africano. El plutón tiene una edad de unos 20 Ma (Le Bas et al., 1986) y fue la cámara magmática de un edificio volcánico desaparecido.

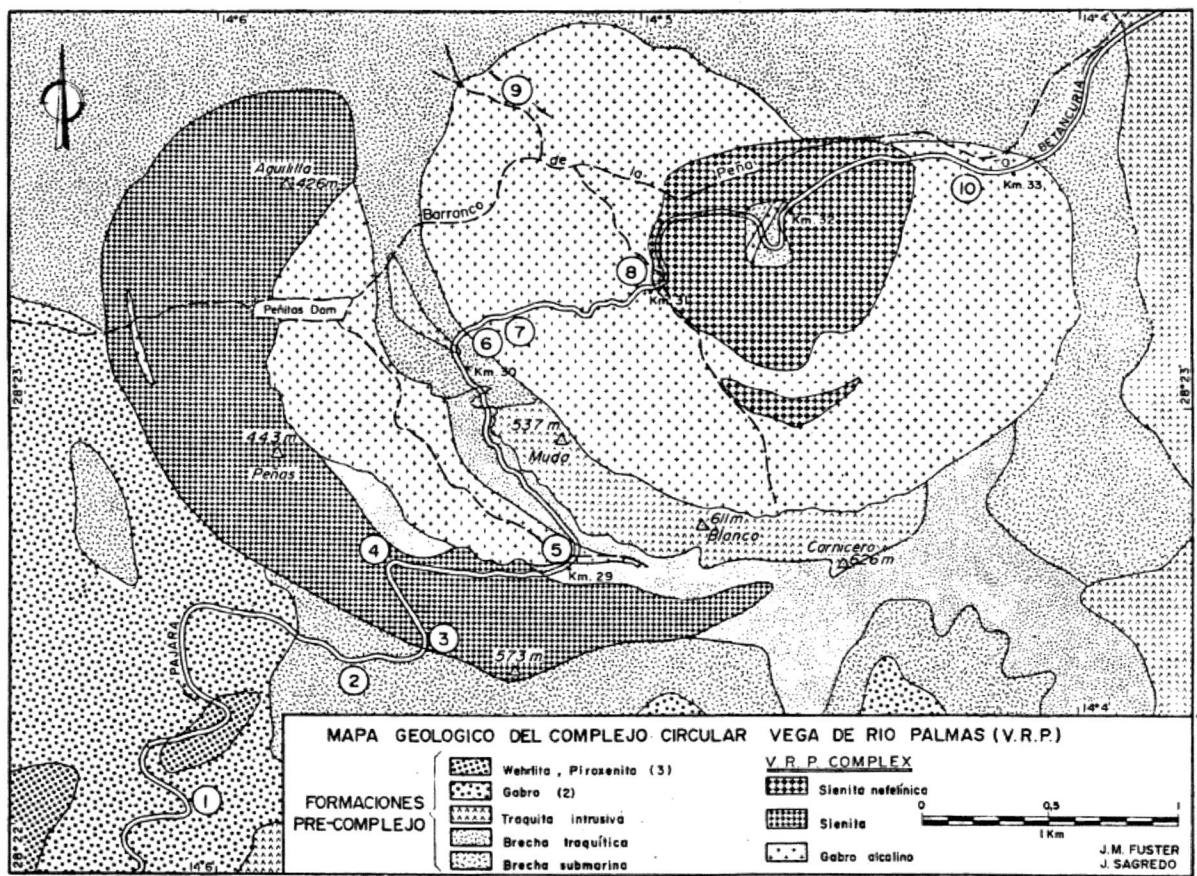

Figura 8.4. Mapa geológico del complejo circular, gabro-sienítico, de Vega del Río Palma (Fuerteventura, Canarias) (Fúster y Sagredo, 1980, en Fúster et al., 1980).

8.1. Fotografía de campo. Bolos de gabros alcalinos de diversa textura y coloración. El bloque de la derecha está alterado, con venulillas ricas en carbonatos. Son gabros de grano grueso muy melanocráticos. Complejo basal de la isla de Sal, Cabo Verde.

8.2. Fotografía de campo de bloques de gabro alcalino bandeado. Las bandas máficas son de clinopiroxeno (con olivino subordinado) y las félsicas, de plagioclasa. Complejo basal de Sal, Cabo Verde.

8.3. Fotografía de microscopio con nícoles paralelos. Monzogabro rico en augita titanada zonada (en sectores) con bordes de augita egirínica. Hay tres minerales félsicos: plagioclasa, fedespato alcalino (teñido de amarillo) y nefelina, además de opacos. Monzogabro nefelínico (essexita).

8.4. Fotografía de microscopio con nícoles cruzados. Gabro rico en augita, plagioclasa y nefelina, además de opacos. Tal vez haya olivino iddingsitizado (parte izda. de la foto). Theralita (gabro foidítico).

8.5. Fotografía de microscopio con nícoles paralelos. Monzogabro rico en augita titanada y opacos. Hay plagioclasa, fedespato alcalino sin teñir y nefelina. Obsérvense los grandes cristales aciculares de apatito (incoloro, pero de mayor relieve que los minerales félsicos).

8.6. Fotografía de microscopio con nícoles cruzados (x25), de la roca anterior. Monzogabro rico en augita titanada. La nefelina se reconoce por dar colores de birrefringencia gris azulada de tonalidades poco brillantes (mate).

8.7. Muestra de mano de sienita nefelínica. Roca holocristalina equigranular de grano grueso. Destacan los cristales prismáticos, gris claro de feldespato alcalino y la nefelina intersticial en tonos más oscuros. Sienita de Boavista (Cabo Verde).

8.8. Fotografía de campo de sienita porfídica atravesada por diques básicos, microgabroideos. Campo de visión de 1 m. Se observa textura de flujo (traquitoide) en la sienita. Sienita nefelínica de Fuerteventura (Canarias, España).

8.9. Fotografía microscópica con nícoles paralelos. Sienita con tres minerales máficos: clinopiroxeno egirina, anfíbol y biotita. La similitud en pleocroísmo entre el piroxeno y el anfíbol, complica su correcta identificación. El feldespato alcalino aparece teñido de amarillo. La roca presenta como accesorios titanita, apatito y opacos.

8.10. Fotografía microscópica con nícoles cruzados (x25) de la roca anterior. El feldespato alcalino (ortosa) presenta algunas pertitas en vena. La plagioclasa, más subordinada en proporciones modales, se distingue bien por su maclado polisintético.

8.11. Fotografía microscópica con nícoles cruzados de una roca sienítica. El feldespato alcalino es **mesopertita**, una mezcla entre ortosa y plagioclasa albítica, que corresponde a una sienita **hipersolvus**. El paralelismo de ejes largos de los cristales prismáticos definen una microestructura traquitoide o de flujo ígneo. Sienita de feldespato alcalino.

8.12. Fotografía microscópica con nícoles paralelos de una roca sienítica (x25). Destaca la textura coronítica de formación de anfíbol (de pleocroísmo verdoso-pardo) alrededor de clinopiroxeno augítico, incoloro (textura de **uralitización**). Indica cambios de concentración de volátiles en el magma según avanza la cristalización.

8.13. Muestra de mano de sienita nefelínica. Roca holocristalina eqigranular de grano medio. Destacan los cristales gris oscuro de nefelina entre los cristales más prismáticos y blancos de feldespato alcalino. Sienita de Monchique (Portugal).

8.14. Muestra de mano de sienita nefelínica bandeada. De nuevo destacan los cristales gris oscuro, intersticiales, de nefelina, entre los cristales claros de feldespato alcalino. Sienita de Belmonte (Boavista, Cabo Verde).

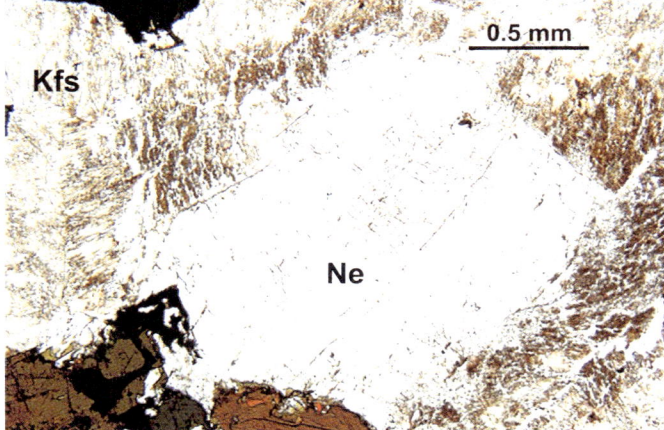

8.15. Fotografía microscópica con nícoles paralelos de sienita nefelínica. La nefelina contrasta por no teñirse de amarillo y su hábito más equigranular. El fesdespato potásico es ortosa con fuerte pertitización. Se observan cristales de anfíbol y opacos.

8.16. Fotografía microscópica con nícoles cruzados, de la roca sienítica anterior. La nefelina presenta un color de birrefringencia gris azulado mate y carece de las abundantes exsoluciones pertíticas del fedespato alcalino (mesopertita).

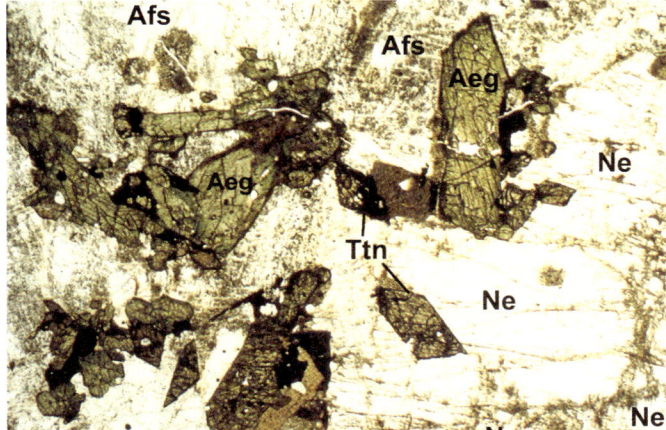

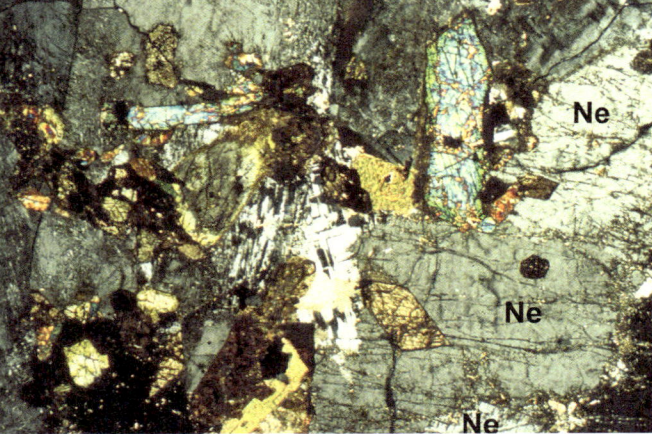

8.17. Fotografía microscópica con nícoles paralelos (x25) de una roca sienítica. La nefelina está menos anubarrada que el feldespato alcalino (ver también foto 8.15). Abunda el clinopiroxeno egirina y cristales rómbicos de titanita con bordes variablemente opaquizados (¿a ilmenita?). Sienita nefelínica.

8.18. Fotografía microscópica con nícoles cruzados de la roca sienítica anterior. La nefelina presenta un color de birrefringencia gris azulado mate y aquí aparece alterada en los bordes (y microfracturas) a cancrinita secundaria.

8.19. Fotografía de microscopio con nícoles paralelos (x25) de un monzogabro essexítico. Destacan los dos máficos principales: anfíbol kaersutítico y clinopiroxeno augita egirínica, junto a numerosos opacos. Hay tres minerales félsicos: plagioclasa en prismas, feldespato alcalino en sus bordes (más anubarrado) y nefelina algo intersticial. Essexitas de Sal (Cabo Verde).

8.20. Fotografía de microscopio con nícoles cruzados de otra sección del monzogabro essexítico anterior. Se aprecia bien la birrefringencia gris azulada de la nefelina intersticial, que contrasta con los prismas alargados de los feldespatos de la roca. Hay cancrinita secundaria alterando la nefelina y zonas anubarradas de alteración, afectando a los feldespatos.

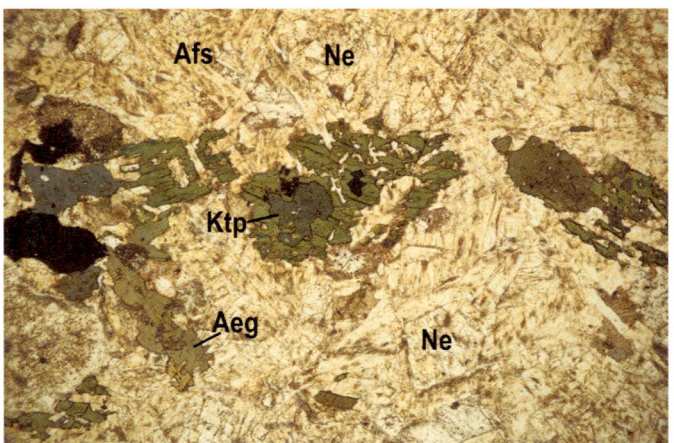

8.21. Fotografía de microscopio con nícoles paralelos (x25) de una sienita nefelínica. Se observa un anfíbol sódico de color azul oscuro (katoforita) rodeado por clinopiroxeno egirina de pleocroísmo verde. Roca plutónica de Boavista (CaboVerde).

8.22. Fotografía microscópica con nícoles cruzados de la foto anterior. Al cruzar nícoles se observa la presencia de analcima (Anl) isótropa por ser una fase cúbica. También se observa nefelina, localmente transformándose a cancrinita. La egirina puede ser muy intersticial (ver flechas), típico de estas sienitas agpaíticas.

8.23. Fotografía de microscopio con nícoles paralelos de una sienita nefelínica. Aspecto sumamente alotriomorfo e intersticial de los prismas de clinopiroxeno verdoso, de composición egirina. Su crecimiento tardío viene también reflejado en el carácter poiquilítico del piroxeno, con numerosas inclusiones de feldespato alcalino. Roca plutónica de Boavista (Cabo Verde).

8.24. Fotografía de microscopio con nícoles paralelos de una sienita nefelínica. El máfico pleocroico de la imagen es un anfíbol sódico de composición arfvedsonita, con macla simple. Presenta multitud de microinclusiones de feldespato alcalino. Aunque no es muy visible, presenta zonado entre el término potásico katoforita (núcleo) y el sódico arfvedsonita (Fig. 8.3). Roca plutónica de Boavista (Cabo Verde).

9. Rocas volcánicas calcoalcalinas

En función de su contenido en peso de K_2O, las rocas volcánicas calcoalcalinas se dividen en cuatro series, denominadas:

- **Serie calcoalcalina pobre en potasio.**
- **Serie calcoalcalina (s.s.).**
- **Serie calcoalcalina potásica.**
- **Serie shoshonítica.**

La disposición de estas cuatro series en un diagrama químico SiO_2 - K_2O está representada en la Figura 9.1. La serie shoshonítica se considera transicional a series alcalinas, pues suelen proyectarse en campos alcalinos del TAS (Fig. 6.8).

El volcanismo calcoalcalino es muy explosivo, pues es el magmatismo más rico en volátiles y dominan los términos félsicos (andesita, dacita y riolita), que al ser muy silíceos son magmas con un alto grado de polimerización (viscosidad) (véase el mal llamado *cinturón de fuego* del Pacífico, Fig. 7.1). Por eso, más que campos de lavas se generan grandes volcanes *compuestos* (poligenéticos), domos, domocoladas, calderas de subsidencia (ligadas a erupciones ultraplinianas) y profusión de depósitos piroclásticos, sobre todo piroclastos de caída y depósitos de corrientes piroclásticas densas *(PDC deposits)* (p. ej. ignimbritas, tobas de bloques, oleadas piroclásticas, etc.) (fotos 9.1, 9.12 y 9.20).

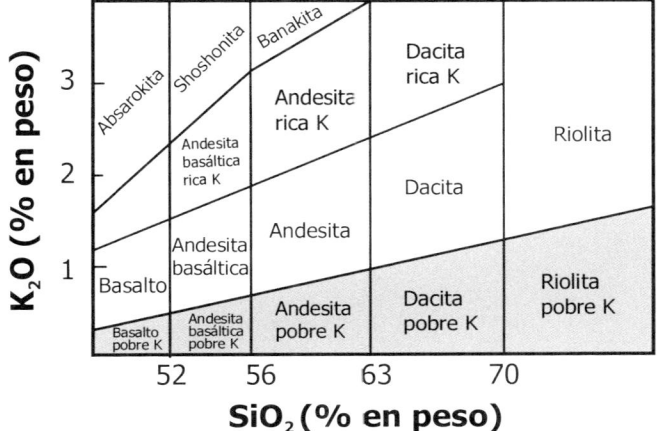

Figura 9.1. Diagrama SiO_2 - K_2O con la disposición de las series calcoalcalina, calcoalcalina potásica y shoshonítica (Peccerillo y Taylor, 1978). Las rocas toleíticas se proyectarían, en su mayoría, en la parte inferior del diagrama, junto a la serie calcoalcalina pobre en potasio.

Aspectos petrográficos generales

Textura: un rasgo distintivo de la mayoría de rocas volcánicas calcoalcalinas (s.l.), es su marcada textura porfídica con matrices que tienden a ser *vítreas* o *criptocristalinas* sobre todo en los términos más evolucionados de la serie (fotos 9.17 y 9.21 a 9.24). La abundancia de vidrio en estas rocas volcánicas es consecuencia de la alta viscosidad de estos magmas, en donde la difusión química de los cationes se dificulta grandemente (p. ej. fotos 9.5, 9.11 y 9.17). Así, gran parte de las obsidianas o vidrios volcánicos naturales suelen ser de composición riolítica o riodacítica (fotos 9.21 y 9.22). Otros aspectos destacables son el elevado porcentaje de fenocristales (> 20% en volumen) y los desequilibrios minerales (coronas de reacción, zonados cristalinos, etc.) como consecuencia del complejo sistema magmático en estos sectores, con frecuentes mezclas de magmas y procesos de asimilación y contaminación.

Mineralogía: sus características mineralógicas distintivas son la presencia de dos piroxenos (augita subcálcica e hiperstena) (fotos 9.9 y 9.10), plagioclasas con zonados complejos muy desarrollados y fenocristales de anfíbol (hornblenda) y biotita en numerosos tipos litológicos (fotos 9.5 a 9.7), rasgo poco común en series toleíticas y alcalinas (Hess, 1989) (Tabla 9.1). Estos minerales hidratados son inestables en condiciones muy superficiales (cámaras volcánicas someras), por lo que es frecuente que aparezcan parcial o totalmente transformados (pseudomorfizados) a otras fases anhidras (piroxenos) y a óxidos de Fe-Ti, procesos que se atribuyen a una cierta ebullición retrógrada (exsolución de volátiles) y a la dificultad de alcanzar el equilibrio químico en magmas tan viscosos (fotos 4.10 y 9.7).

En algunas series volcánicas calcoalcalinas de carácter félsico (p. ej. Macusani en SE Perú y volcanes ricos en K del SE España), los magmas son peralumínicos, lo que se manifiesta en la aparición de ciertos minerales índices, ricos en Al_2O_3: moscovita, biotita alumínica, andalucita-silimanita, granate, cordierita, etc. (fotos 9.13 a 9.16).

Serie calcoalcalina

Las rocas de esta serie se caracterizan por la presencia de cuarzo e hiperstena normativos (ver p. 103). Los términos máficos a intermedios suelen contener dos piroxenos modales: un ortopiroxeno de tipo *hiperstena* y un clinopiroxeno de composición diopsídica (fotos 9.8 a 9.10). En los más evolucionados aparece cuarzo y sanidina modal (fotos 9.18, 9.19, 9.23 y 9.24) (Tabla 9.1).

Los términos evolutivos de la serie volcánica calcoalcalina son, de mayor a menor basicidad:

Basalto calcoalcalino ------- Andesita ------ Dacita ------ Riolita

Las texturas más características son porfídicas con matriz generalmente criptocristalina o vítrea (andesitas, dacitas, riolitas); en los términos basálticos el grado de cristalinidad es alto, dominando las matrices microcristalinas. En andesitas y dacitas son frecuentes las texturas glomeroporfídicas, porfídico-seriadas y fluidales (fotos 9.10 y 9.13). Las texturas fluidales (bandeados, pliegues de flujo) son también muy comunes en riolitas de matriz vítrea, donde también aparecen texturas de desvitrificación.

Serie calcoalcalina potásica

Los términos evolutivos de la serie calcoalcalina potásica volcánica son, de mayor a menor basicidad:

Andesita potásica ------ Dacita potásica ------ Riolita potásica

La biotita y el anfíbol son más abundantes y precoces que en la serie calcoalcalina s.s. En algunos términos de la región volcánica española del SE (sobre todo en las dacitas) son frecuentes los minerales índice de rocas peralumínicas, como el granate, cordierita, andalucita y silimanita. Estos minerales ricos en aluminio se han interpretado tanto como xenocristales (relictos refractarios) como cristales ortomagmáticos (fotos 9.13 a 9.16).

Serie shoshonítica

Es una serie intermedia entre las asociaciones alcalinas y subalcalinas, aunque menos frecuente que ellas. De hecho, puede haber términos básicos subsaturados en sílice y con feldespatoides en fenocristales (Wilson, 1989). Se caracteriza por unas relaciones K_2O/Na_2O superiores o próximas a la unidad.

Estas rocas aparecen espacialmente asociadas a otras litologías calcoalcalinas s.s. y calcoalcalinas potásicas. Los fenocristales dominantes son de plagioclasa y de orto y clinopiroxeno, incluidos en una matriz donde abundan los feldespatos alcalinos. La mica (flogopita en basaltos y biotita en rocas mas felsicas) y el anfíbol kaersutita suelen ser mas abundante que en otras series calcoalcalinas.

Tabla 9.1. Composición mineral de los fenocristales en rocas volcánicas calcoalcalinas (modificado de Hess, 1989)

	CALCOALCALINA POBRE-K	CALCOALCALINA	CALCOALCALINA RICA-K	SHOSHONÍTICA
BASALTO (tienden a ser holocristalinos)	Olivino. Augita. Plagioclasa ± Titanomagnetita	Olivino Augita Plagioclasa ± Titanomagnetita	Olivino Augita ± Plagioclasa	Olivino Augita Óxidos Fe - Ti ± Plagioclasa ± Hornblenda ± Biotita
ANDESITA (hipocristalinas)	Plagioclasa Augita Ortopiroxeno ± Olivino ± Titanomagnetita	Plagioclasa Augita Ortopiroxeno ± Hornblenda ± Biotita ± Titanomagnetita	Plagioclasa Augita Ortopiroxeno ± Hornblenca ± Biotita ± Titanomagnetita	Plagioclasa Augita Óxidos Fe - Ti Biotita Hornblenda
DACITA + RIOLITA (tendencias vitrofíricas)	Plagioclasa Augita Ortopiroxeno Cuarzo Óxidos Fe - Ti ± Sanidina	Plagioclasa Hornblenda Biotita Ortopiroxeno Cuarzo ± Augita ± Sanidina	Plagioclasa Hornblenda Biotita Sanidina Cuarzo	

Como puede verse en la Tabla 9.1, los basaltos y andesitas son rocas muy distintas, fáciles de distinguir, aunque modalmente se proyecte en el mismo campo del QAPF. Las andesitas raramente tienen olivino y son más félsicas (IC ≤ 40%), mientras que los basaltos son rocas máficas (mesocráticas a melanocráticas) con olivino y suelen carecer de vidrio, componente fundamental en andesitas (rocas hipocristalinas en las que el vidrio puede ser > 40% vol.).

Ambientes geodinámicos donde aparecen las rocas volcánicas calcoalcalinas

El magmatismo calcoalcalino aparece vinculado a márgenes convergentes de placas, especialmente en márgenes continentales activos (p. ej. borde occidental del continente suramericano) y a archipiélagos (p. ej. Japón, Filipinas, Indonesia) del cinturón volcánico circumpacífico. Ocasionalmente hay subducción intraoceánica con magmatismo toleítico y calcoalcalino pobre en potasio (p. ej. pequeños archipiélagos de las Marianas, Bonin, Tonga-Kermadec). En la mayor parte de casos, los contenidos medios en potasio (K) de estas series magmáticas varían en función de la distancia a la fosa oceánica (o lo que es lo mismo, a la profundidad -h- de la placa subducente: relación K-h). Las asociaciones pobres en potasio predominan en las proximidades de la fosa oceánica, mientras que las más ricas en potasio aparecen en los sectores más internos del continente. La misma zonalidad se encuentra en función del tiempo. En los archipiélagos jóvenes intraoceánicos (p. ej. Tonga-Kermadec al NE de Nueva Zelanda) abundan los basaltos toleíticos y andesitas basálticas pobres en K, mientras que las series calcoalcalinas s.s. más félsicas caracterizan los archipiélagos maduros (islas de la Sonda, Papúa-Nueva Guinea) y las áreas del margen pacífico del continente americano. Las series shoshoníticas aparecen en el interior continental del área volcánica centro-andina o de las Cascadas norteamericanas y más frecuentemente en áreas post-colisionales diversas, euro-asiáticas (Wilson, 1989; Gill, 2010).

La región volcánica del sureste de España

En el sureste de la península, en las provincias de Almería y Murcia, existe un importante volcanismo de edad Neógena (Fig. 9.2). La región volcánica está constituida por rocas calcoalcalinas s.s., calcoalcalinas potásicas, shoshoníticas, ultrapotásicas (lamproíticas) y basaltos alcalinos (López Ruiz et al., 2002).

En el sector más meridional de la región (Cabo de Gata, Almería) se encuentran las lavas más antiguas, de naturaleza calcoalcalina s.s. que empezaron a emitirse en el Mioceno medio (13.8 Ma, según Mattei et al., 2014). Algo más al norte afloran rocas calcoalcalinas potásicas y shoshoníticas, coetáneas o algo más recientes que las anteriores; en el sector más septentrional se encuentran rocas ultrapotásicas (lamproítas), cuya edad es generalmente más reciente que la de todas las anteriores (8.2 a 6.4 Ma). En el periodo comprendido entre 2.3 y 2.9 Ma tuvo lugar la actividad volcánica más reciente, que originó pequeños volúmenes de basaltos alcalinos en el noroeste de Cartagena, en el área de Tallante (Duggen et al., 2005).

Una parte importante del volcanismo calcoalcalino s.s. del SE de España se emitió en zonas submarinas. La presencia de depósitos hialoclastíticos (foto 9.4), depósitos epiclásticos intercalados con numerosos fósiles marinos, bioclastos y matrices arcillosas, así como tobas y brechas autoclásticas ricas en fragmentos líticos juveniles (foto 9.11), así lo atestiguan.

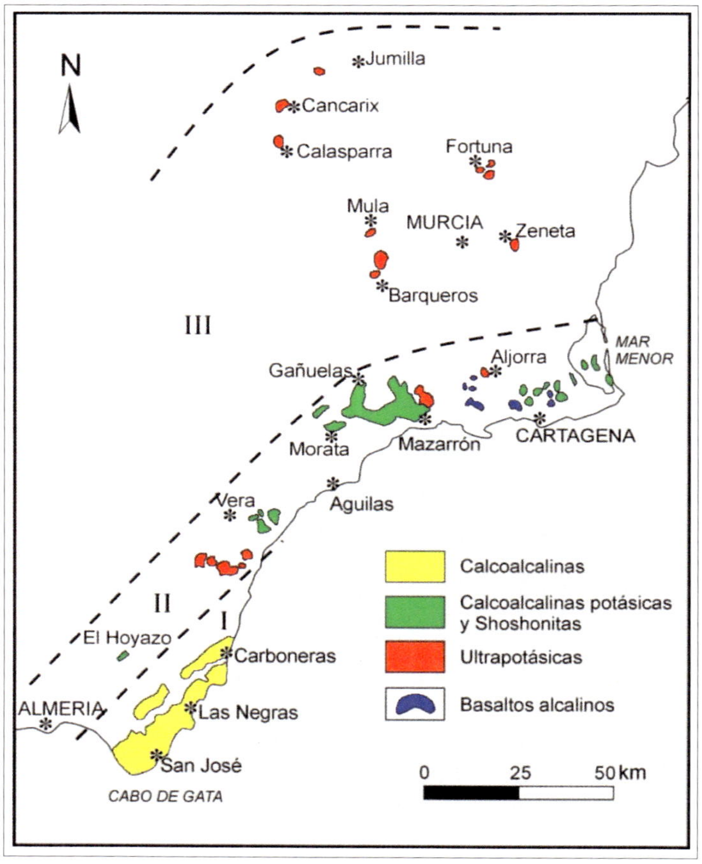

Figura 9.2. Distribución del volcanismo neógeno en el sureste de España. Basado en López Ruiz y Rodríguez Badiola (1980), en https://geologicalmanblog.wordpress.com/2016/08/09/el-hoyazo-almeria/

9.1. Fotografía de campo (aprox. 6 m vertical). Contacto entre depósitos piroclásticos riolíticos: ignimbrita (parte inferior blanca) y oleadas piroclásticas finamente laminadas (parte intermedia grisácea). A techo se depositan piroclastos de caída. Playa de Genoveses, SE de España (Oyarzun et al., 2018).

9.2. Muestra de mano de una andesita anfibólica con marcado flujo ígneo (aprox. 12 cm). Además de los fenocristales de anfíbol hay cristales algo menores de plagioclasa, difíciles de ver en la foto. La pasta o matriz es vítrea. Andesita (Cabo de Gata, Almería, España).

9.3. Foto de muestra de mano de una dacita (aprox. 11 cm). Los fenocristales félsicos de esta roca hipocristalina porfídica son plagioclasa y cuarzo. Tiene dos máficos: anfíbol y biotita. Dacita (Cabo de Gata, Almería, España).

9.4. Fotografía de campo de hialoclastita andesítica (escala de 6 cm). Los fragmentos son de andesitas hipocristalinas poco porfídicas, con bordes enfriados (más oscuros) en una pasta vítrea muy alterada, rica en carbonatos (calcarenita). Volcanismo submarino del Cabo de Gata (Almería, España).

9.5. Fotografía de microscopio con nícoles paralelos (x25). Andesita anfibólica hipocristalina porfídica. Destacan los cristales pleocroicos de anfíbol tipo hornblenda, que en la sección basal del centro presenta zonado químico. Los cristales félsicos son todos de plagioclasa. Cabo de Gata (Almería, España).

9.6. Fotografía de microscopio con nícoles cruzados, de la roca anterior. En los anfíboles (colores de birrefringencia más altos) se aprecia maclado simple en varios cristales. La plagioclasa está poco zonada, pero presenta numerosas inclusiones vítreas que le dan un aspecto esponjoso o criboso.

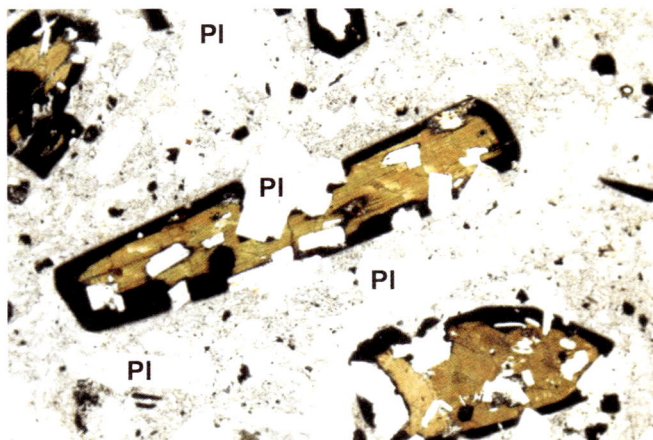

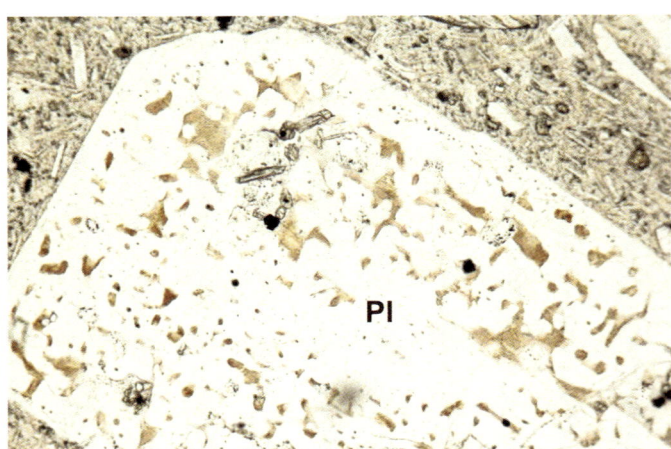

9.7. Fotografía de microscopio con nícoles paralelos (x25). Andesita con fenocristales subidiomorfos de anfíbol marrón que desarrollan coronas de minerales anhidros y oxidados (opacos) por cambios de solubilidad de volátiles en el magma volcánico, según se acerca a la superficie. También hay muchos fenocristales de plagioclasa resaltando de la matriz vítrea.

9.8. Fotografía de microscopio con nícoles paralelos (x100). Fenocristal de plagioclasa de aspecto **criboso** por la gran cantidad de inclusiones de vidrio y otros microcristales. El fundido (vidrio) incluido es más marrón que el de la matriz, indicando que son de composiciones químicas diferentes. Andesita de dos piroxenos.

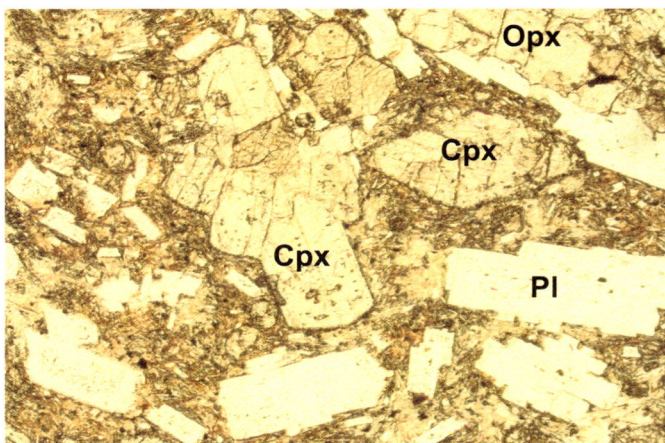

9.9. Fotografía de microscopio con nícoles paralelos (x25). A diferencia de las series alcalinas, las subalcalinas pueden presentar dos piroxenos. El ortopiroxeno en andesitas puede tener algo de coloración rosada (no se aprecia en esta foto) por su composición hipersténica. Andesita de dos piroxenos (Almería, Cabo de Gata).

9.10. Fotografía de microscopio con nícoles cruzados de la andesita de dos piroxenos anterior. Se observa el bajo color de birrefringencia del ortopiroxeno (grises) respecto al clinopiroxeno (tonos azules o rojos brillantes, de segundo orden). Roca hipocristalina con matriz fundamentalmente vítrea y algo de flujo ígneo.

9.11. Fotografía de campo (aprox. 6 m vertical). Brecha autoclástica de material andesítico, en parte hialoclastítico. Casi todos los fragmentos son líticos juveniles de composición andesítica (grises de oscuros a intermedios) en una matriz fina muy hidrotermalizada. Cala Higuera (Almería, Cabo de Gata).

9.12. Fotografía de campo (bolígrafo = 15 cm). Brecha de pumitas riodacíticas en fragmentos mal clasificados, muy empaquetados. La matriz consta de fragmentos pumíticos más pequeños y de lapilli más hipocristalino, de tonos oscuros. Cerro de la Palma, San José (Almería, Cabo de Gata).

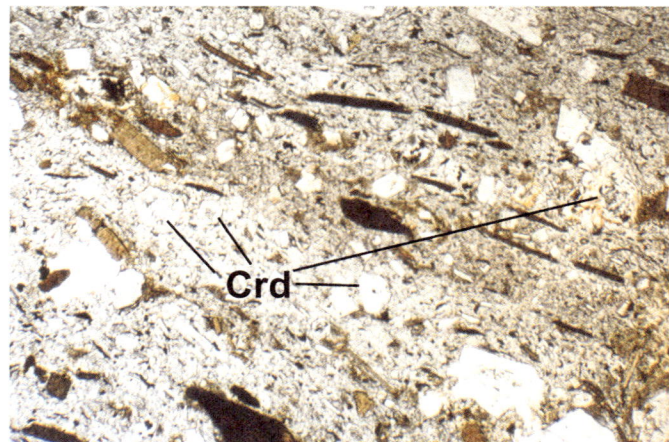

9.13. Fotografía de microscopio con nícoles paralelos (x25). Dacita (aunque no se ve cuarzo en la imagen) con marcado flujo ígneo. El flujo se percibe mejor por la orientación de biotita y algún prisma de plagioclasa. Hay cristales euhedrales de cordierita, redondeados. Dacita de El Hoyazo (Cabo de Gata, Almería, España).

9.14. Fotografía de microscopio con nícoles cruzados de la roca anterior. Al cruzar nícoles se aprecian los cristales de cordierita con macla cíclica. Pasta vítrea y microcristalina. Similar a la foto 9.16 (aquí debajo).

9.15. Fotografía de microscopio con nícoles paralelos (x25). Dacita peralumínica con granate muy alotriomorfo y corroido, generando una pequeña corona de reacción, anubarrada. Hay cordierita y biotita destacando en una matriz vítrea, perlítica. Dacita del Hoyazo del campo volcánico del Cabo de Gata (Almería, España).

9.16. Fotografía de microscopio con nícoles cruzados (x63). Detalle de una cordierita con macla cíclica en la dacita del Hoyazo. Hay un porfidismo seriado de cristales de plagioclasa, biotita y cordierita en una pasta vítrea. Cabo de Gata (Almería, España).

9.17. Fotografía de microscopio con nícoles paralelos (x25). Dacita rica en biotita y vidrio con fractuación esférica (textura perlítica, ver foto 3.5). No se observa cuarzo en la imagen. Hay cristales algo anubarrados de plagioclasa.

9.18. Fotografía de microscopio con nícoles cruzados de una roca riodacítica (x25). En el centro, gran fenocristal de sanidina, ligeramente teñido (por cobaltinitrito), que le da un tono gris algo más oscuro. Otros fenocristales son de biotita, plagioclasa y cuarzo (con forma ameboide por corrosión). Matriz mixta de criptocristales y vidrio. Riodacita de México.

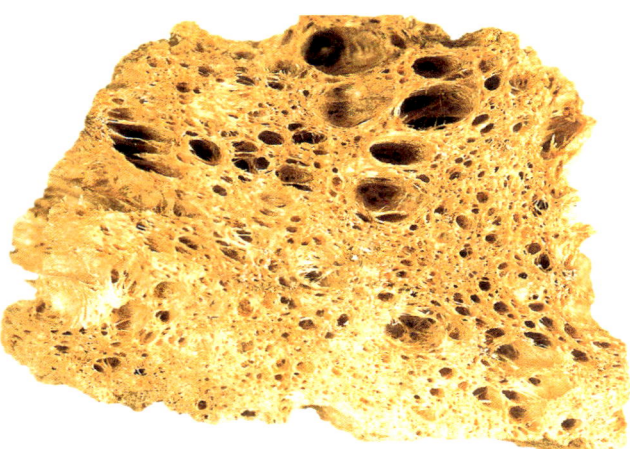

9.19. Muestra de mano de una riolita rica en fenocristales (aprox. 8cm). Destacan los abundantes fenocristales (a veces glomeroporfídicos) de cuarzo transparente. Obsérvese la escasez de minerales máficos. La pasta rosada es vítrea y está oxidada (alterada).

9.20. Muestra de mano de una pumita riolítica (aprox. 10 cm). La cantidad de vacuolas o vesículas puede llegar al 80% de la roca, siendo extraordinariamente ligera (flota en agua, de ahí su nombre "espuma" de mar, normalmente en erupciones submarinas poco profundas, explosivas).

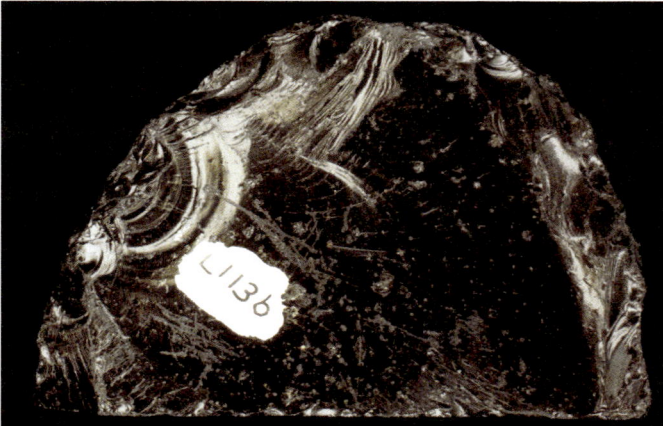

9.21. Foto de muestra de mano de una obsidiana negra, de composición riolítica (aprox. 8 cm). Es una roca casi totalmente holovítrea, muy homogénea, donde pueden aparecer algunos microfenocristales dispersos, normalmente de plagioclasa o cuarzo.

9.22. Foto de muestra de mano de una obsidiana bandeada, de composición riolítica. Las diferencias de color rojo/negro suelen ser debidas a distintas proporciones de microlitos (microcristales) durante el movimiento o flujo ígneo al emplazarse la lava o el domo (p. ej. Castro et al., 2005).

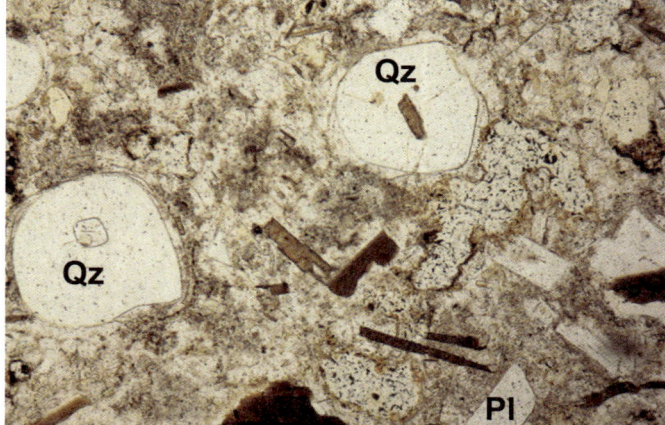

9.23. Fotografía de microscopio con nícoles paralelos (x25). Riolita biotítica hipocristalina en la que destacan los fenocristales circulares grandes de cuarzo junto a fenocristales menores, de plagioclasa y biotita Hay algunas vesículas muy irregulares, próximas al cuarzo.

9.24. Fotografía de microscopio con nícoles cruzados de la roca anterior. La plagioclasa aparece en prismas subidiomorfos alargados, con algo de zonado químico. La matriz vítrea parece estar recristalizada o con criptocristales, de difícil identificación al microscopio óptico.

10. Complejos plutónicos graníticos

Estos complejos comprenden rocas que se denominan de forma genérica *granitoides*. Un granitoide sería una roca ígnea plutónica que contiene más del 5% de cuarzo modal (Pearce et al., 1984). Sin embargo, lo recomendable es restringir el término granitoide o roca granítica a las que se proyectarían en el QAPF con contenidos de cuarzo del 20% al 60%, comprendiendo los campos composicionales de granitos de feldespato alcalino, granitos s.s. (sienogranito y monzogranito), granodiorita y tonalita (Le Maitre, 2002). En la literatura dedicada a rocas graníticas es muy frecuente encontrar el término *adamellita* como sinónimo de monzogranito. La IUGS recomienda abandonar el término adamellita para no denominar a un mismo tipo rocoso con dos nombres diferentes.

Las rocas de composición granítica aparecen en casi todos los ambientes geodinámicos, pero son extraordinariamente raras en zonas oceánicas. Enumerados de forma escueta, los ambientes en que podemos encontrar granitoides son:

1. En dorsales y fondos oceánicos asociados a rocas básicas de afinidad *toleítica*, no superando los granitoides el 5% del volumen total de la corteza oceánica (plagiogranitos) (campo 1 de la Fig. 10.1).

2. En áreas de intraplaca (sobre todo en corteza continental aunque también en islas oceánicas) aparecen en asociaciones ígneas variadas, destacando los de afinidad *alcalina* (granitos tipo-A, campo 5 de la Fig. 10.1). Se incluirían los plutones del rift de Oslo en Noruega y los clásicos complejos anulares de granitos tipo-A de Níger-Nigeria, normalmente asociados a granitos peralumínicos (Best, 2003). Los granitos tipo-A pueden ser tanto peralcalinos como metalumínicos, tal vez más abundantes. Raramente son incluso peralumínicos (Morales Cámera et al., 2020).

3. Por último, las asociaciones graníticas de mayor volumen y complejidad (batolitos) son las que aparecen en ambientes orogénicos, ya sean en zonas de subducción o de borde de placa activo (márgenes continentales, donde se dan los batolitos costeros circum-pacíficos), o en zonas intra-continentales colisionales (los casos más representativos serían los leucogranitos himalayenses y algunos sectores variscos europeos). En estos sectores orogénicos aparece una secuencia de rocas plutónicas en la que dominan los granitos (s.s.), granodioritas, tonalitas y cuarzodioritas, a veces con cantidades menores de gabros y dioritas. En estas áreas son dominantes o casi exclusivas las series graníticas de quimismo *calco-alcalino* por su proyección en diagramas TAS o AFM y por proyectarse en los campos composicionales 2, 3, 4 y 6 del diagrama QAP adjunto; Fig. 10.1).

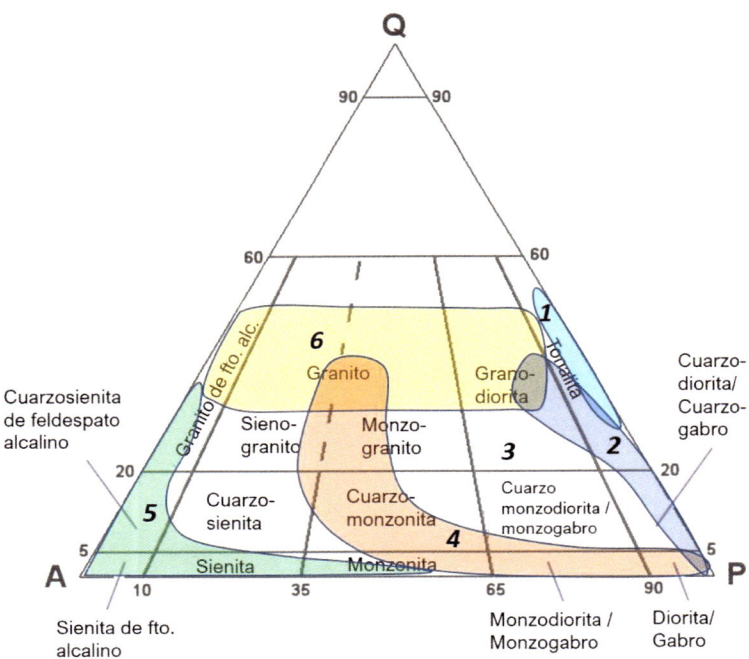

Figura 10.1. Clasificación de las distintas asociaciones plutónicas según Bowden et al. (1984). 1.- Asociación toleítica (plagiogranito de fondo oceánico). 2.- Asociación calcoalcalina pobre en potasio o trondhjemítica. 3.- Asociación calcoalcalina granodiorítica. 4.- Asociación calcoalcalina rica en potasio o monzonítica. 5.- Asociación alcalina. 6.- Granitoides de fusión mínima o de anatexia.

Aspectos mineralógicos de las rocas graníticas

Los granitoides de áreas orogénicas (subducción y colisión) son el conjunto principal de rocas graníticas. Dentro de ellos se podrían distinguir dos grandes grupos de complejos plutónicos (ver paragénesis minerales diagnósticas del grado de aluminicidad de una roca en la Fig. 10.2):

1) <u>Granitoides de carácter metalumínico</u> (moles de $Na_2O+K_2O+CaO>Al_2O_3>Na_2O+K_2O$) (granitoides tipo-I).

— Asociaciones de plutones máficos (**gabros** y tipos tonalíticos a trondhjemíticos) característicos de archipiélagos en zonas de subducción oceánica y de rocas plutónicas proterozoicas (campos 1 y 2 de la Fig. 10.1).

— Asociaciones intermedias de gabros - **tonalitas** - granodioritas, típicas de márgenes continentales activos (subducción oceánica bajo márgenes continentales), donde forman los grandes batolitos costeros (p. ej. áreas circumpacíficas americanas: Sierra Nevada, Perú, Patagonia, etc.) (campos 2 y 3 de la Fig. 10.1).
Estas dos asociaciones forman los grandes complejos batolíticos de carácter calcoalcalino de bordes destructivos de placas (los grandes batolitos circumpacíficos), de composiciones muy semejantes al volcanismo calcoalcalino del sector (andesitas-dacitas) (p. ej. Winter, 2010).

— Asociaciones intermedias-ácidas de granodioritas - granitos, minoritarias en colisión continental, asociados a los más abundantes granitos peralumínicos (campos 3 y 6 de la Fig. 10.1). Estos tipos-I pueden representar entre el 18 y 45% del volumen granítico (p. ej. Varisco Ibérico, Villaseca et al., 2009; o Lachlan Fold Belt, Chappell y White, 1992, respectivamente).

2) <u>Granitoides de carácter peralumínico</u> (moles de $Na_2O+K_2O+CaO<Al_2O_3$) (granitoides tipo-S).

— Se trata de granitoides fundamentalmente originados por anatexia cortical, en ambientes de colisión continental, siendo minoritarios en zonas de subducción oceánica. Son asociaciones de carácter ácido y tendencia leucogranítica, aunque pueden encontrarse términos granodioríticos. Es una asociación de rocas de composición marcadamente félsica por la pobreza de rocas intermedias (tonalitas) o básicas (dioritas, gabros), que ocupa fundamentalmente el campo 6 de la Figura 10.1.

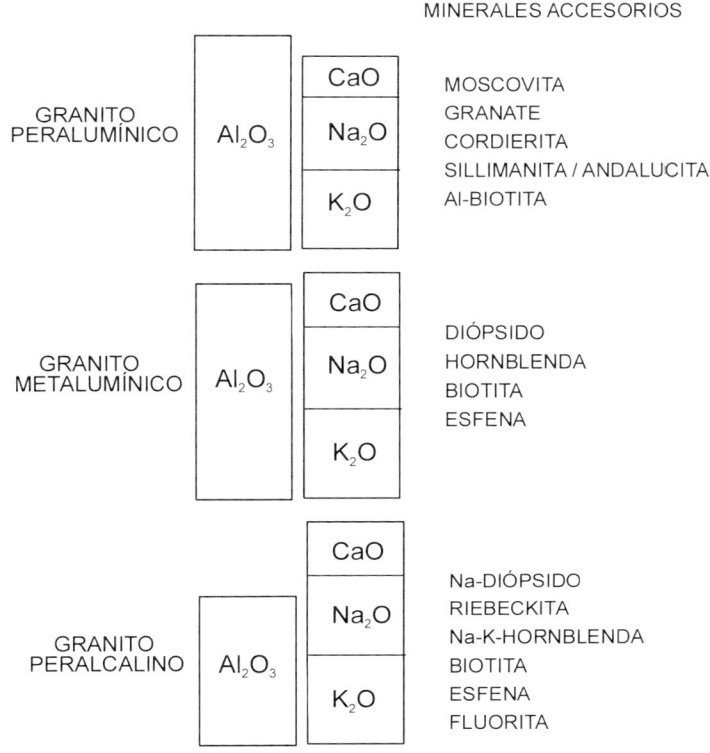

Figura 10.2. Esquema gráfico de las relaciones entre Al_2O_3, CaO, Na_2O y K_2O (en moles) en granitos peralcalinos, metalumínicos y peralumínicos, así como de sus principales minerales índices (basado en Hess, 1989). Véase que la titanita (esfena) y la epidota (a veces *allanita*, fotos 10.23 y 10.24) son accesorios casi exclusivos de granitoides no peralumínicos.

En los granitoides metalumínicos aparecen hornblenda y biotita como principales minerales máficos, pudiendo encontrarse además clinopiroxeno en los términos más básicos de estas asociaciones (Figs. 10.2 y 10.3) (fotos 10.7 a 10.14). En los granitos peralumínicos solo aparecen micas: biotita y/o moscovita (a veces junto a otros máficos alumínicos: granate, cordierita, etc.) y en general, al ser un grupo de carácter más ácido, puede ser escasa la presencia de minerales máficos. Un criterio muy útil para cartografiar granitos es el color del feldespato potásico: rosado en tipos-I y blanco o lechoso en tipos-S, tal vez asociado a diferencias en el grado de oxidación (Chappell y White, 1992) (fotos 4.35, 4.36 y 10.5 son tipos-S, mientras que 4.34 y 10.6 son tipos-I). Así, el mineral opaco característico de las series metalumínicas (granitos tipo-I) de batolitos costeros (p. ej. W. América, Japón) es la magnetita, mientras que en las peralumínicas (granitos tipo-S) es la ilmenita. No obstante, los granitos tipo-I del Varisco europeo suelen ser de ilmenita y la magnetita es rara.

En los granitoides peralumínicos es frecuente encontrar minerales ricos en aluminio, como son granate, cordierita y silicatos alumínicos (silimanita y andalucita), ausentes (o raros) en las series metalumínicas (Figs. 10.2 y 10.3) (fotos 10.15 a 10.22). También la moscovita puede ser un mineral primario en los granitoides peralumínicos (foto 10.19).

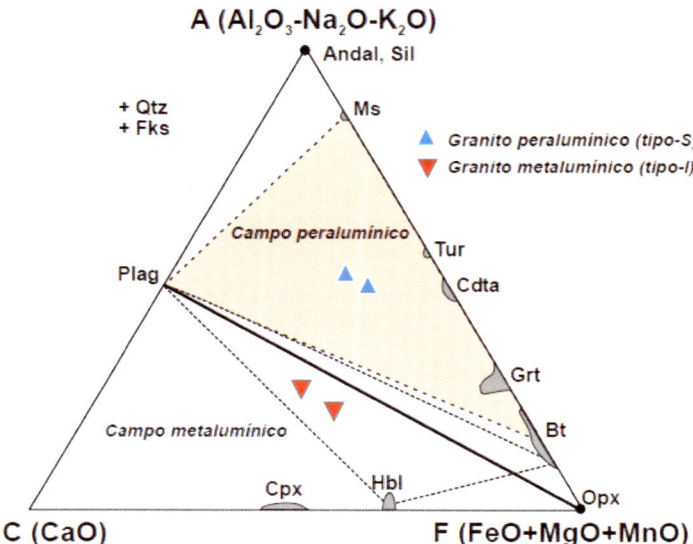

Figura 10.3. Diagrama ACF (en moles) y proyección de minerales magmáticos, inspirado en Pichavant et al. (1988). Abreviaturas minerales según Kretz (1983), incluidas en Whitney y Evans (2010). Los granitos presentan paragénesis minerales de un tipo u otro, según sea su composición. Hay minerales incompatibles por su grado de aluminicidad como ocurría con la incompatibilidad de paragénesis minerales saturadas y subsaturadas en sílice.

En líneas generales, las rocas de composición intermedia (tonalitas, por ejemplo) son más oscuras que las más diferenciadas (fotos 10.1 y 10.2). Recuérdese que el índice de color es más del doble en tonalitas que en granitos (pág. 80).

	Gabro	Diorita	Tonalita	Grano-diorita	Granito
olivino	■				
clinopiroxeno	■	■	■		
pigeonita	❘				
ortopiroxeno	■		■		
anfíbol	❘❘❘ ❘	❘	■	■	
biotita	❘		■	■	■
magnetita	❘❘❘	❘			
plagioclasa	■	■	■	■	■
fto. alc.			■	■	■
cuarzo			■	■	■

Figura 10.4. Distribución de los minerales petrográficos principales en asociaciones de rocas plutónicas 0calcoalcalinas metalumínicas (inspirado en Wilson, 1989). Obsérvese una evolución a presentar minerales máficos hidratados (anfíbol y mica) en detrimento de los anhidros (olivino, piroxenos), con el grado de evolución magmática (hacia rocas más félsicas).

Para la cartografía de plutones y batolitos graníticos el tamaño de grano suele ser uno de los elementos más distintivos. También la aparición o no de variedades porfídicas, así como el máfico presente en la roca (anfíbol + biotita; biotita; biotita + moscovita; biotita + cordierita; etc.) son rasgos que se utilizan en la distinción y cartografía de los distintos cuerpos plutónicos. La presencia de enclaves microgranulares máficos puede ocurrir en cualquier tipología de granitos (fotos 10.3 y 10.4), pero los enclaves restíticos, ricos en biotita, y los glóbulos de cuarzo suelen ser casi exclusivos de granitos peralumínicos de tipo-S (fotos 4.36 y 10.5).

Granitoides variscos de la Zona Centro-Ibérica

La Zona Centro-Ibérica (España y Portugal) es probablemente el sector con más granitoides del Varisco europeo. Está formado por un conjunto de batolitos arrosariados según direcciones NW-SE. Son plutones muy félsicos, de composición dominantemente peralumínica (> 95% de los tipos litológicos). Se pueden distinguir varias asociaciones de tipos-S y aproximadamente un 15% de tipos-I (p. ej. Roda-Robles et al., 2018) (Fig. 10.5).

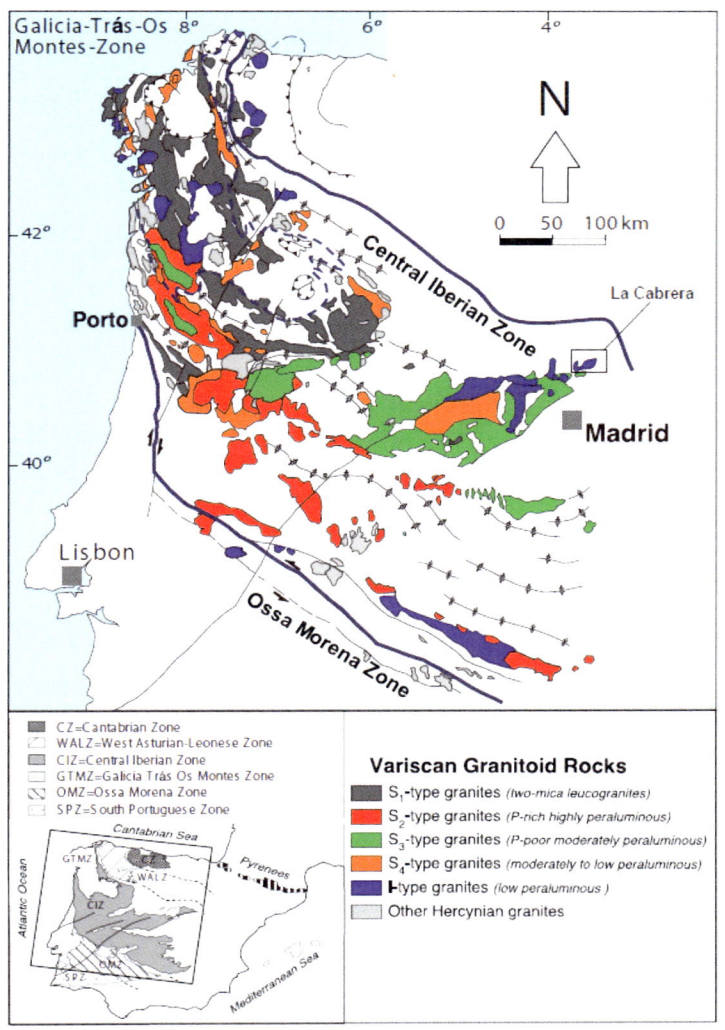

Los granitos tipo-I de Iberia, así como de otras muchas partes del Varisco europeo, muestran diferencias significativas con los batolitos granitoídicos de tipo-I costeros, es decir, los de las zonas de subducción oceánica bajo los márgenes continentales americanos. Los tipos-I ibéricos presentan tres grandes diferencias: (i) son batolitos muy félsicos (la roca dominante es el granito en vez de la tonalita), sin apenas rocas básicas acompañantes; (ii) tienen ilmenita en vez de magnetita como mineral opaco principal, y (iii) son mayoritariamente de composición peralumínica (Villaseca et al., 2009).

Figura 10.5. Distribución de series graníticas de la Zona Centro-Ibérica Varisca donde se distinguen hasta cinco series de batolitos tipo-S y una sola serie de tipos-I. Esta clasificación se describe más ampliamente en Roda-Robles et al. (2018), de donde se toma este mapa.

Estudio del complejo plutónico de La Cabrera (Madrid)

El complejo plutónico de La Cabrera está situado al NE de Madrid (situación en Fig. 10.5) y es la intrusión más oriental de granitoides del Sistema Central español. Lo componen monzogranitos biotíticos, algunas variedades de tendencia granodiorítica con anfíbol (y clinopiroxeno residual, como microinclusiones en plagioclasa) en las márgenes septentrionales del plutón, y diversos cuerpos laminares de granitos félsicos (leucogranitos) en su centro, que generan un plutón tipo-I con críptico zonado directo (Fig. 10.6).

Este plutón hace intrusión en el Carbonífero Superior (aproximadamente hace unos 302 Ma, según datos de Pb-Pb en circón, Tabla 1 de Villaseca et al., 2009 y referencias en su interior) y provoca metamorfismo de contacto en los ortoneises (glandulares y bandeados) y metasedimentos pre-ordovícicos del sector. A partir de las paragénesis de corneanas encajantes se estima entre 5-7 km la profundidad de emplazamiento del plutón granítico (Bellido, 1979).

Posteriormente, un enjambre filoniano de pórfidos graníticos diversos, de direcciones variables entre N120E y N160E, atraviesan todas las unidades graníticas del plutón y las rocas encajantes (Fig. 10.6).

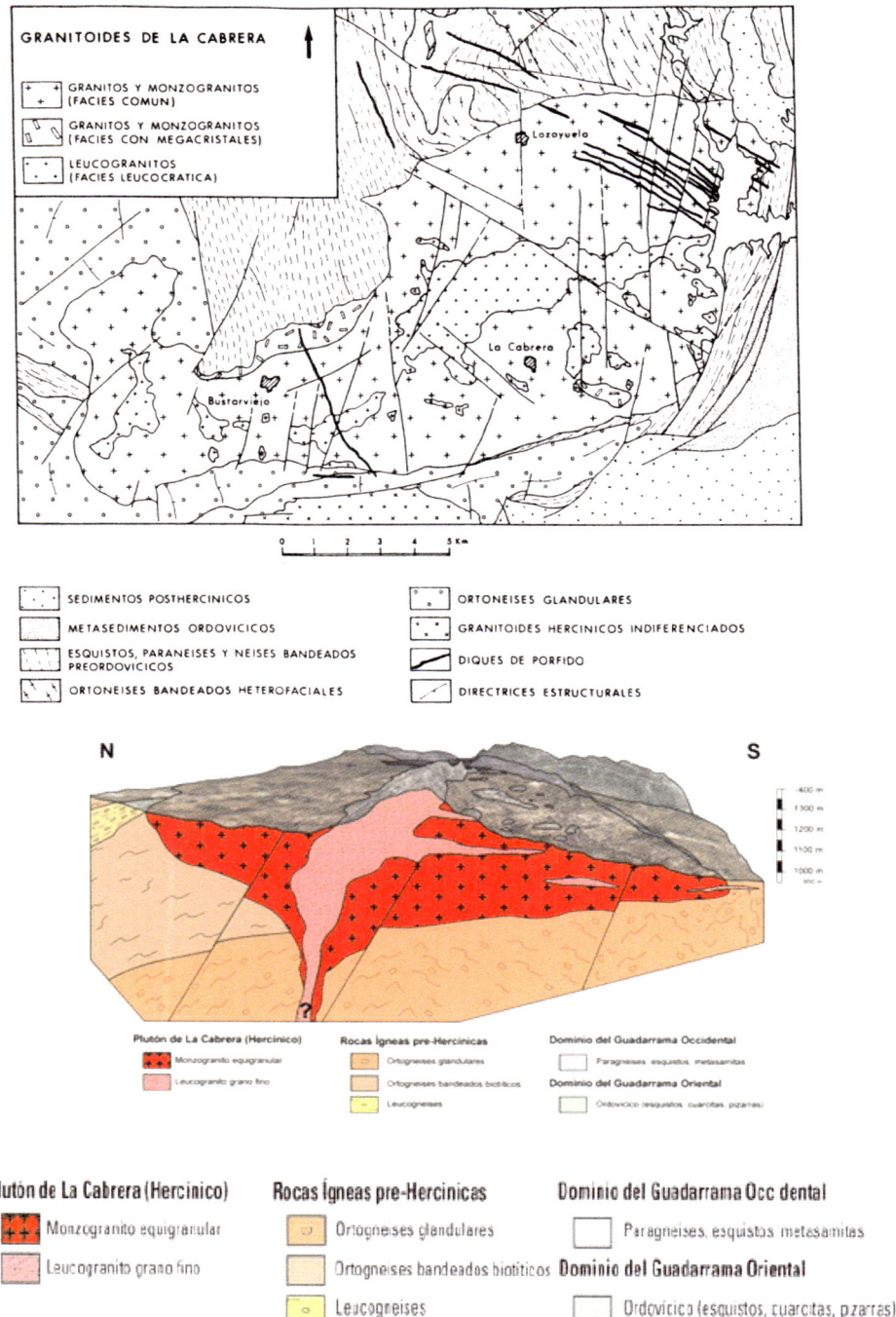

Fgura 10.6. Mapa geológico del complejo plutónico de La Cabrera (Bellido, 1979) y corte geológico interpretativo N-S (parte oriental del plutón, sección Lozoyuela-La Cabrera) de Villaseca et al. (2013).

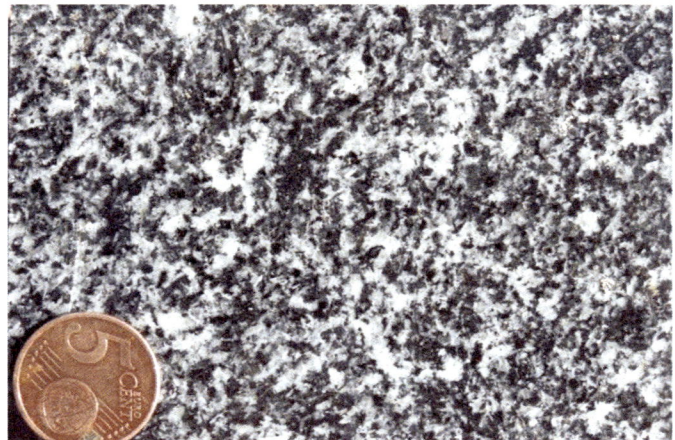

10.1. Fotografía de campo. Diorita equigranular de grano medio, formada por plagioclasa y anfíbol. La roca contiene cuarzo muy accesorio y la plagioclasa no es muy cálcica (An < 50).

10.2. Fotografía de campo. Granito de carácter leucocrático con biotita. Es una roca relativamente equigranular de grano medio. El fedespato potásico aparece ligeramente rosado.

10.3. Fotografía de campo. Granito porfídico con megacristales de feldespato potásico. En el centro de la fotografía hay un enclave microgranular máfico. Granito de la Sierra del Francés (Madrid, España). Por sus tonos grisáceos y mineralogía parece un granito tipo-S.

10.4. Fotografía de campo (aprox. 2 m). Zona de acumulación o "pasillo de enclaves" microgranulares máficos en el granito de Alpedrete (Madrid). Muestran distinto tamaño, morfología (desde elípticas a subredondedas) y composición. Típico de diversos grados de mezcla entre los dos polos magmáticos: granítico y diorítico.

10.5. Fotografía de campo. Enclave micáceo biotítico, de pequeño tamaño, en el granito de Alpedrete (Madrid). Es un granito peralumínico (tipo-S) biotítico y con cordierita accesoria.

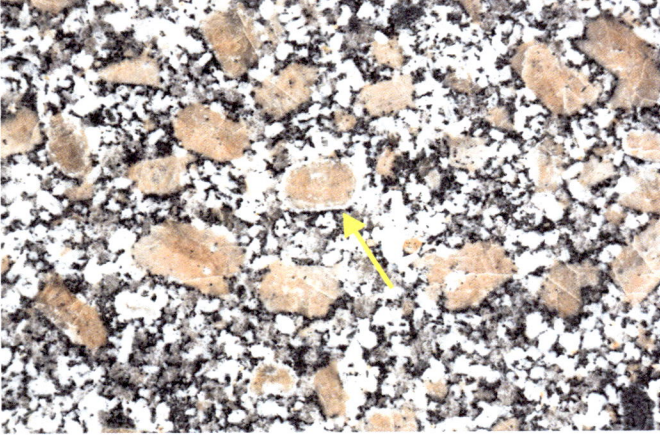

10.6. Fotografía de campo. Granito porfídico con megacristales rosados de feldespato potásico, algunos de ellos con coronas tipo rapakivi (p. ej. centro de la foto con flecha). Es un granito de tipo-I, metalumínico, con anfíbol y biotita. Granito de Villar del Rey (Badajoz, España).

10.7. Fotografía microscópica con nicoles paralelos. Cuarzodiorita de textura holocristalina, inequigranular seriada hipidiomorfa, con cristales de clinopiroxeno (incoloro), biotita (marrón) y anfíbol (verdoso). Los minerales félsicos (plagioclasa y cuarzo, ver foto siguiente) no contrastan entre sí.

10.8. Fotografía microscópica con nicoles cruzados, de la roca anterior. En la imagen se aprecian mejor los cristales de plagioclasa con su maclado característico y también el cuarzo de carácter intersticial.

10.9. Fotografía microscópica con nicoles paralelos. Tonalita de textura holocristalina, inequigranular hipiidiomorfa con anfibol y biotita. El anfíbol es de tonalidades verdosas (hornblenda, variablemente actinolitizada) y contrasta bien con los colores y pleocroísmo pardo-rojizo de la biotita.

10.10. Fotografía microscópica con nicoles cruzados, de la tonalita anterior. Hay cristales de plagioclasa con maclado polisintético y poco zonados, junto a cuarzo intersticial con extinción ondulante y poligonizados. Estas microtexturas indican deformación tectónica del granitoide.

10.11. Fotografía microscópica con nicoles paralelos (x25). Tonalita de textura holocristalina inequigranular seriada, subidiomorfa, con anfíbol y biotita. La biotita que hay en la izquierda presenta alteración a clorita. El anfíbol aparece alterado a actinolita. Tonalita biotítico-anfibólica de Villarejo de Montalbán (Toledo, España).

10.12. Fotografía microscópica con nicoles cruzados de la foto anterior. Los cristales de cuarzo son intersticiales y presentan textura seriada. Los cristales de plagioclasa además de maclados están zonados. El cristal de anfíbol de la parte inferior izquierda, está maclado.

10.13. Fotografía microscópica con nicoles paralelos (x25). Monzogranito de textura holocristalina inequigranular subidiomorfa, con anfíbol y titanita. La presencia de estos dos minerales indica el carácter metalumínico de la roca. El feldespato potásico está teñido de amarillo. Granito tipo-I.

10.14. Fotografía microscópica con nicoles cruzados, de la roca anterior. El feldespato potásico presenta carácter intersticial y engloba a cristales de minerales previos (es un cristal alotriomorfo y poiquilítico). El rombo de titanita muestra colores de birrefringencia de 3.er orden que quedan enmascarados por el color del mineral.

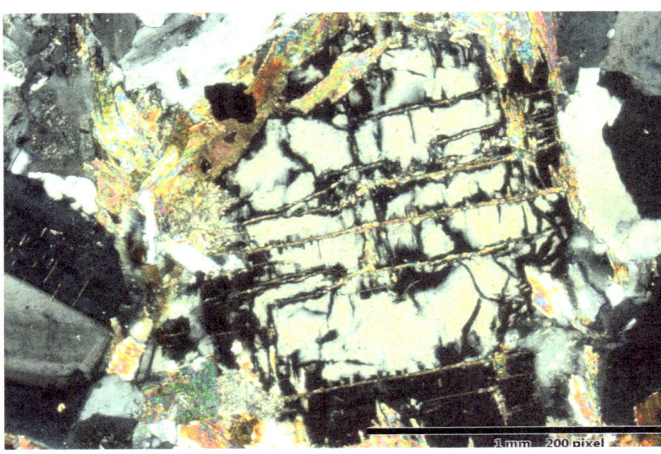

10.15. Fotografía microscópica con nicoles paralelos. Cristal de cordierita subidiomorfo, fracturado y con un borde de alteración a un agregado de clorita, serpentina y micas blancas (agregado pinnítico). Monzogranito de Mora (Toledo).

10.16. Fotografía microscópica con nicoles cruzados de la roca anterior. En esta fotografía se aprecia la alteración al agregado de pinnita tanto en el borde del cristal de cordierita como a favor de las fracturas.

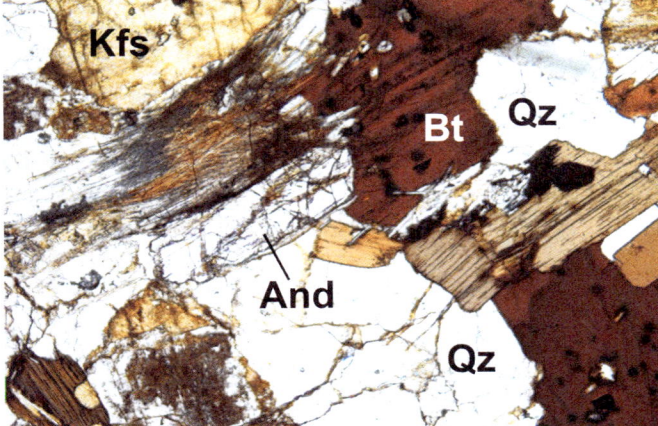

10.17. Fotografía microscópica con nicoles paralelos (x40). Andalucita en un cristal idiomorfo incoloro que destaca por su alto relieve y silimanita, en cristales aciculares, que aparecen asociados al cristal de biotita. El feldespato potásico está teñido de amarillo.

10.18. Fotografía microscópica con nicoles cruzados de la roca anterior. Los cristales aciculares de silimanita (variedad fibrolita) presentan alta birrefringencia, mientras que el cristal de andalucita tiene birrefringencia en tonos grises luminosos (casi amarillentos). Cuarzo con extinción ondulante (deformado).

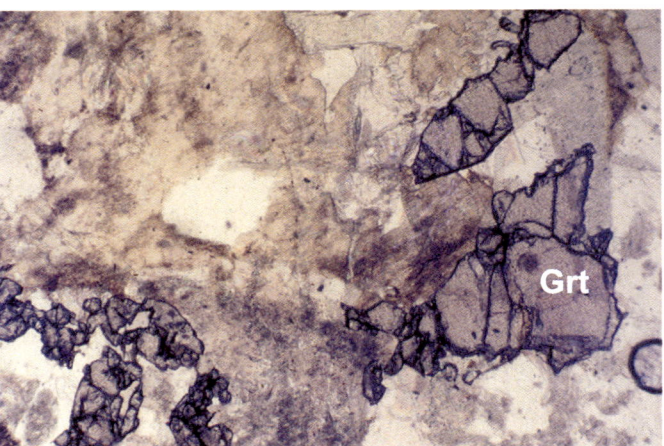

10.19. Fotografía microscópica con nicoles cruzados. Cristales de moscovita con inclusiones de cristales aciculares de silimanita. La roca está deformada ya que uno de los cristales de moscovita presenta pliegues en *kink band* y el cuarzo está muy granularizado. Leucogranito de dos micas.

10.20. Fotografía microscópica con nicoles paralelos. Cristales alotriomorfos de granate que destacan por su alto relieve. Es de composición almandino-espesartina. Si se cruzaran nícoles, el granate saldría isótropo por ser un mineral cúbico. Leucogranito de La Pedriza (Madrid, España).

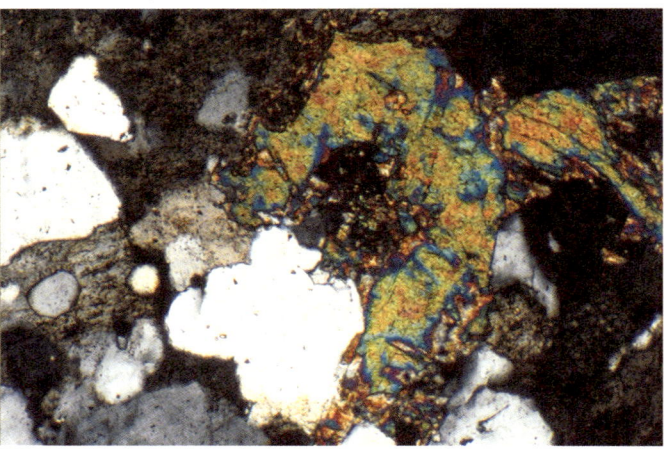

10.21. Fotografía microscópica con nicoles paralelos (x25). Cristal de turmalina de pleocroísmo en colores verde-azulado y que no presenta exfoliación. El feldespato potásico está teñido de amarillo. Leucogranito .

10.22. Fotografía microscópica con nicoles cruzados de la foto anterior. Cristal muy alotriomorfo de turmalina, en el que se puede apreciar su fuerte color de birrefringencia de 2.º orden. Leucogranito turmalinífero.

10.23. Fotografía microscópica con nicoles paralelos (x25). Cristal subidiomorfo de allanita, que presenta zonado, con borde metamíctico amorfo. Como es un mineral muy cálcico (del grupo de la epidota), solo aparece como accesorio en granitos tipo-I. Granito de la Atalaya Real (Madrid, España).

10.24. Fotografía microscópica con nicoles cruzados de la roca anterior. Los colores de birrefrinçencia de la allanita apenas cambian con respecto a la fotografía anterior. Se aprecia bien el zonado, con el borde metamíctico (zona amorfa que genera por radiación, al ser un mineral portador de Th y U, además de REE).

11. Rocas filonianas

Una gran parte de los magmas solidifican en estrechos conductos subverticales (diques) que les confieren texturas más o menos afaníticas equi o inequigranulares. A estas rocas procedentes del enfriamiento brusco del magma, en contraste con las plutonitas (salvo facies de bordes), también se las conoce con los términos de rocas hipoabisales o subvolcánicas. Los diques pueden ser de potencias muy variadas: suelen ser métricos los de composición básica (fotos 11.2, 11.4 y 11.21), y de métricos a decamétricos los de composición más ácida (foto 11.3), aunque también hay variedades centimétricas de cualquier composición (fotos 11.1 y 11.2). Suelen estar zonados de centro a borde, pues el enfriamiento brusco del magma en el margen del conducto tubular/laminar genera texturas afaníticas (bordes enfriados). Además, si arrastran fases sólidas (cristales o fragmentos líticos), las concentran en los sectores centrales o de núcleo (foto 11.4).

Según la IUGS las rocas filonianas, que son de granulometría más fina, se deben clasificar usando el prefijo *micro-* antepuesto al nombre plutónico que las clasifique por su moda (p. ej. microdiorita o microgranito). Solo en el caso de algunos microgabros se utilizan (y permiten) los términos sinónimos de diabasa o dolerita. Los **diques máficos** suelen ser microgabros o microdioritas, según composición, con texturas normalmente intergranulares o diabásicas. Los diques básicos de textura porfídica y solo con fenocristales máficos (con feldespatos confinados en la matriz) se denominan lamprófidos. Los diques básicos que intruyen en plutones félsicos no plenamente solidificados se llaman *diques sin-plutónicos*. Estos pueden presentar a veces bordes enfriados y fenómenos significativos de mezcla física de magmas (foto 11.20). En áreas volcánicas, los diques básicos reciben nombres volcánicos (diques basálticos) (foto 11.21), salvo que tengan granulometrías claramente faneríticas (de granos medios a gruesos).

Los **diques félsicos** micrograníticos o microsieníticos suelen ser de textura aplítica (foto 11.1) o felsítica. Las variedades filonianas porfídicas, de carácter félsico o ácido, se llaman diques de pórfido, a veces de grandes dimensiones, como se detallará a continuación.

Las variedades pegmatíticas más abundantes son las de composición ácida granítica (pegmatitas graníticas) (foto 11.2). Son muy raras las pegmatitas de composición básica o intermedia. La mayoría de pegmatitas son de emplazamiento subvolcánico, en niveles epizonales, próximos a la saturación en elementos fluidificantes o *fluyentes* (P, B, F, Li, Be, H), de magmas originalmente subsaturados en ellos (normalmente los concentra vía fraccionamiento cristalino extremo, en el núcleo del dique) (London, 2008).

Aplita

Roca de composición leucogranítica, es decir, constituida por cuarzo, mayor cantidad de feldespato potásico que de plagioclasa (oligoclasa-albita) y con proporciones minoritarias, pero variables, de moscovita, biotita y otros minerales accesorios.

Su tamaño de grano es fino y su textura panalotriomorfa y equigranular, de aspecto sacaroideo (fotos 3.12, 11.5 y 11.6). En sentido estricto se emplea para definir microgranitos compuestos principalmente por feldespatos y cuarzo, aunque su uso más generalizado es para designar cualquier roca leucocrática de grano fino y textura panalotriomorfa. En muchas ocasiones aparece formando interbandeados en los diques pegmatíticos (bandas aplopegmatíticas), a los que se asocia en numerosas ocasiones (foto 11.8).

Pegmatita granítica

Las pegmatitas más comunes son fundamentalmente de composición granítica muy fraccionada, casi eutéctica, de magmas fuertemente polimerizados y viscosos, que influye en su génesis más que las preconcentraciones de volátiles (p. ej. el agua) como se pensaba anteriormente (ver discusión en London, 2008). Se diferencia de otras unidades plutónicas graníticas por su tamaño de grano grueso-muy grueso, por su textura gráfica (también llamada pegmatítica) y por el frecuente zonado y heterogeneidad textural de su yacimiento (London, 2008) (fotos 11.7, 11.8 y 11.11). Otras estructuras clásicas en pegmatitas graníticas son las direccionales, de crecimiento perpendicular al borde del dique (*texturas en peine* o en *comb texture*, foto 11.10) o de minerales *en bloques*, cristales muy grandes (foto 11.9) a veces esqueléticos. Las pegmatitas graníticas contienen minerales ricos en elementos químicos fluyentes (Li-P-F-B-Be: lepidolita (mica de Li), turmalina, fluorita, berilo, topacio, micas, fosfatos), que además pueden portar elementos de las tierras raras (REE), junto con otros minerales ricos en Nb-Ta (columbita-tantalita) o de Th-U, además de apatito, calcita, sulfuros, etc. Pueden provocar metasomatismo o reemplazamientos minerales tanto en sectores de la pegmatita como en las rocas encajantes (p. ej. albitizaciones y turmalinizaciones).

Las pegmatitas aparecen, por lo general, como cuerpos tabulares (diques intragraníticos o exograníticos, en este caso pudiendo generar campos pegmatíticos), aunque también son frecuentes en masas lenticulares o bolsadas de formas más o menos irregulares. En la Zona Centro-Ibérica Varisca aparecen campos de pegmatitas graníticas ricas en litio (Li) y fósforo (P) (foto 11.7), muy ligadas a ciertos tipos de granitos peralumínicos (Roda-Robles et al., 2018 y referencias en su interior).

Las pegmatitas son, pues, rocas de una gran complejidad mineral y microestructural. Pueden presentar multitud de silicatos, fosfatos, óxidos y otros minerales poco comunes, a veces en variedades de gema en zonas centrales del dique (bolsadas huecas, cavidades miarolíticas y micro/macro-geodas) (Simmons et al., 2022) (fotos 11.8 y 11.12).

Pórfido

Roca hipoabisal de composición variada y textura porfídica, es decir, constituida por una población de fenocristales idiomorfos-subidiomorfos superior al 30% (Cox et al., 1979), claramente discernibles de la matriz (fotos 11.13 y 11.14). Los fenocristales pueden ser de minerales leucocráticos (cuarzo, feldespato potásico, plagioclasa) o de máficos (anfíbol, biotita). La matriz o pasta, es de composición semejante a la de los fenocristales, tiene un tamaño de grano fino y en ella son frecuentes las texturas granofídicas, micrográficas y esferulíticas (en bordes del dique originalmente vítreos).

En la actualidad la palabra pórfido debe usarse como prefijo del nombre o composición de la roca filoniana. Por ejemplo, a una roca filoniana porfídica formada por fenocristales de cuarzo, feldespato potásico (raramente plagioclasa), se la denominaría pórfido granítico, mientras que una roca porfídica formada por fenocristales de plagioclasa, biotita y anfíbol se la clasificaría como pórfido diorítico. En regiones volcánicas o muy epizonales suelen emplearse nombres volcánicos, en vez de plutónicos, para referirse a estos diques (pórfidos riolíticos, dacíticos, etc.).

Lamprófido

Roca filoniana (o hipoabisal) mesócrata o melanócrata, de textura porfídica (> 25% de fenocristales) que contiene como componentes esenciales minerales máficos ricos en potasio, es decir, biotita, flogopita y/o anfíbol (fotos 11.15, 11.16 y 11.19). Otros fenocristales acompañantes pueden ser clinopiroxeno y, más ocasionalmente, olivino. Los minerales leucocráticos, feldespatos y/o feldespatoides, cuando aparecen, están siempre restringidos a la matriz (foto 11.16).

En el caso de que la roca esté alterada aparecen minerales *subsolidus* (clorita, serpentina, talco, actinolita, etc.) que provienen de los componentes máficos principales, así como de calcita, zeolitas y otros minerales hidrotermales que pueden aparecer como rellenos o en amígdalas, si el dique es muy epizonal. Estas rocas filonianas pueden presentar estructuras globulares, también llamadas *ocelares* (¿inmiscibilidad magmática?) (fotos 11.17 y 11.18), así como estructuras de flujo ígneo, más marcadas cerca del borde del dique.

Los lamprófidos son rocas normalmente ultrapotásicas y por ello, en algunos sectores, intruyen conjuntamente con otras rocas subvolcánicas de esta suite: kimberlitas, orangeitas y lamproítas (ver capítulo 7). Los principales tipos de rocas lamprofídicas son de composición calcoalcalina (campo QAP) o alcalina (APF) y vienen definidas por Streckeisen (1979), recopilado también por Le Maitre (2002), en un diagrama similar al de las clasificaciones de rocas magmáticas generales (Fig. 11.1 y Tabla 11.1).

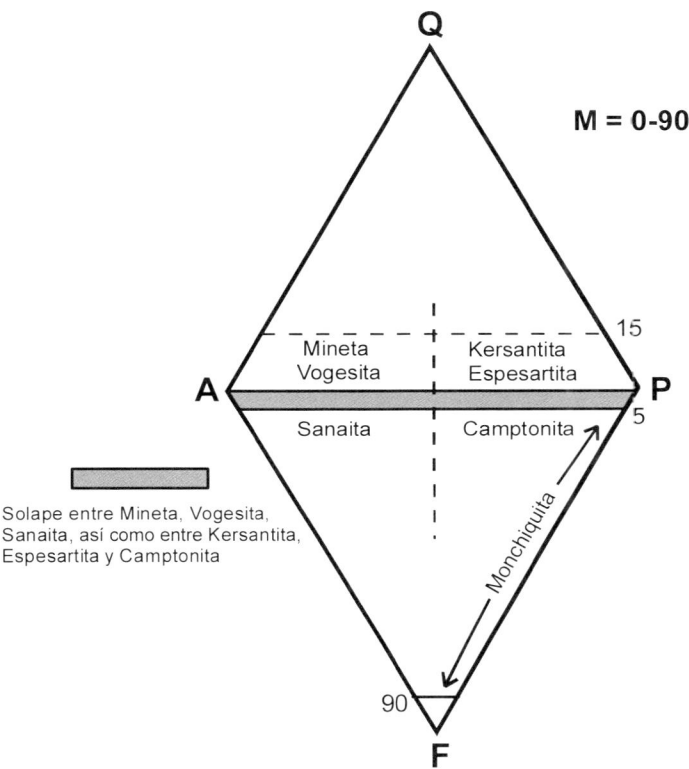

Figura 11.1. Clasificación de lamprófidos en el diagrama QAPF (basada en Le Maitre, 2002).

Tabla 11.1. Clasificación mineralógica de lamprófidos (Le Maitre, 2002)

Constituyentes félsicos (exclusivamente en matriz)		Minerales máficos (predominantes)		
Feldespatos	Feldespatoides	Bt+Di+Aug+Ol	Hbl+Di+Aug+Ol	Anf+Ti-Aug+Ol+Bt
Or > Plg		Mineta	Vogesita	
Plg >Or		Kersantita	Espesartita	
Or > Plg	Fptos > Foides			Sanaíta
Plg > Or	Fptos > Foide			Camptonita
	Vidrio/Foide			Monchiquita

Diques de gabros (diabasas y ofitas)

Muchos de los diques máficos importantes en la península ibérica son de micrograbros con textura diabásica o dolerítica. Cuando deja de ser equigranular (recuérdese que debiera utilizarse el término intergranular, página 52) la textura se llamaría ofítica. La IUGS recomienda utilizar nombres de roca por su composición (mineral o química), no por su textura. No obstante, el uso de diques máficos diabásicos u ofíticos es común en la bibliografía en castellano.

En la península ibérica (España y Portugal) destaca la intrusión del gran dique de Messejana-Plasencia en el límite Triásico-Jurásico (hace unos 203 Ma, Dunn et al., 1998), con un recorrido de más de 530 km de afloramiento (Fig. 11.2), aunque geofísicamente se le sigue unos 100 km más (Orejana et al., 2024 y referencias en su interior). Es uno de los mayores diques conocidos, una gran estructura magmática ibérica. Su composición es muy homogénea: gabro toleítico (Cebriá et al., 2003), aunque localmente se forman pequeños agregados intersticiales y diquecillos menores de granito granofídico o *granófidos*, por su típica textura de cuarzo y feldespato alcalino intercrecidos o micropegmatíticos (página 59) (fotos 11.22, 11.23, 11.26 y 11.27). Su origen se ha explicado por procesos de inmiscibilidad magmática (Orejana et al., 2024). Las rocas gabroideas de este gran dique suelen tener los dos piroxenos (Fig. 11.3) y plagioclasa (núcleos bytownita-labradorita An_{75-55} a bordes de oligoclasa An_{20}) como fundamentales, muy escaso olivino (alterado) y algún máfico hidratado accesorio (anfíbol, biotita) (Andonaegui et al., 2005).

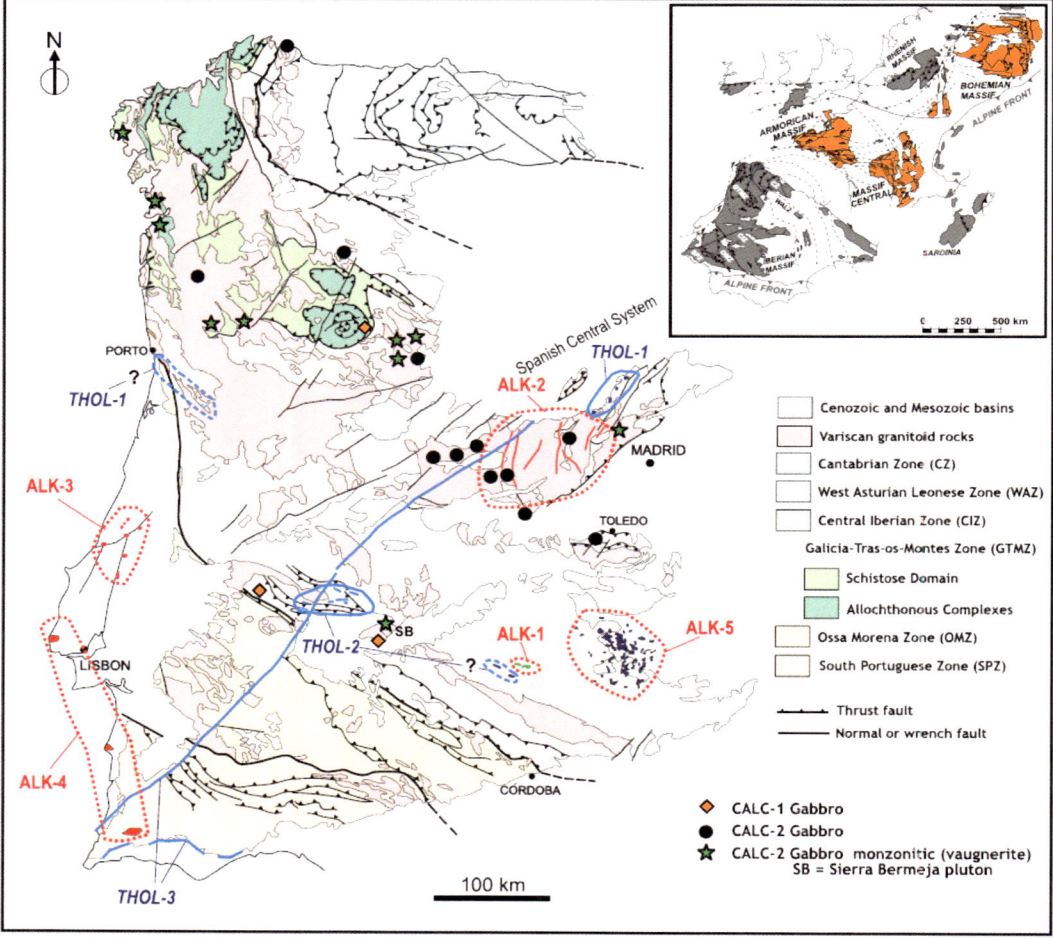

Figura 11.2. Mapa geológico de las diversas series máficas, desde edades pre-Variscas hasta el Cenozoico, que aparecen en el sector occidental de la península ibérica (tomado de Villaseca et al., 2022b). El dique de Messejana-Plasencia correspondería con el episodio THOL-3 de la figura. Por su edad Mesozoico inferior y quimismo toleítico se le supone ligado a la rotura del supercontinente Pangea Varisco y a la apertura del océano Atlántico central.

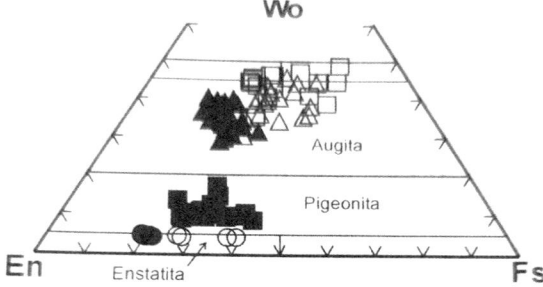

Figura 11.3. Composición mineral de los dos o tres piroxenos que presentan los gabros diabásicos de Plasencia, con olivino muy ocasional (fotos 11.22 y 11.23). Los tonos incoloros o negros de los datos (y sus formas) corresponden a muestras gabroideas distintas (Andonaegui et al., 2005).

La intrusión profusa de diques diabásicos y ofíticos también ocurre en sectores septentrionales de España, desde la cuenca Vasco-Cantábrica hasta los Pirineos, también de edades próximas al límite Triásico-Jurásico y de carácter toleítico (Arranz et al., 2011) (Fig. 11.4). Igualmente, este magmatismo se le supone ligado a la apertura de espacios oceánicos y son rocas petrográficamente muy similares a los gabros del gran dique de Messejana-Plasencia: muy escaso el olivino y fuertemente alterado, así como la presencia de dos piroxenos: clinopiroxeno y pigeonita (con ortopiroxeno ocasional). Hay también anfíbol y biotita en proporciones subordinadas a los máficos de tipo piroxeno, pero no se han descrito variedades tan félsicas como los granófidos del gran dique de Plasencia.

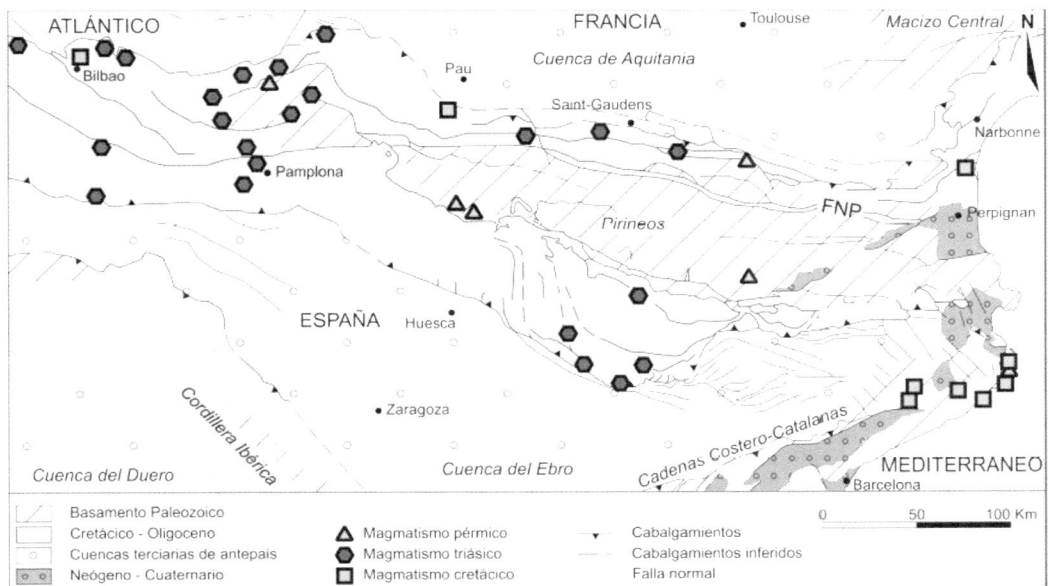

Figura 11.4. Magmatismo pre-alpino en el sector NE de España (cuenca Vasco-Cantábrica, Pirineos y sector Costero-Catalán), tomado de Arranz et al. (2011). El magmatismo Triásico tardío es fundamentalmente de diques gabroideos toleíticos (denominados comúnmente en estos sectores como *ofitas*).

En resumen, las rocas filonianas se suelen caracterizar atendiendo a los siguientes aspectos:

— Reconocimiento de los caracteres texturales que presentan según el grado de cristalinidad y el tamaño relativo entre minerales, teniendo en cuenta que las facies de centro suelen ser muy distintas petrográficamente a las del borde del dique (estas son más afaníticas, menos porfídicas y con ocasionales texturas de desvitrificación).

— Reconocer las distintas fases minerales que forman la roca distinguiendo, en los casos que sea posible, los fenocristales de los xenocristales (minerales con bordes corroídos y aureolas de reacción...). Clasificar las rocas modalmente.

Estudio de las rocas filonianas de la Sierra de Guadarrama

En el dominio central de la Sierra de Guadarrama (Fig. 11.2) hay abundantes rocas filonianas que afloran en haces o enjambres constituidos por más de media docena de diques subparalelos. Estos enjambres cortan y atraviesan las rocas metamórficas y graníticas existentes en el área y están ligados a las etapas finales de la orogenia Varisca.

Se distinguen tres grandes grupos de rocas filonianas. El primero estaría constituido por pórfidos granitoideos (fotos 11.3, 11.13 y 11.14) y diques de microdioritas a microgabros. El conjunto define una secuencia calcoalcalina granodiorítica (serie 3 en Fig. 10.1). Aparece dispuesto en tres o cuatro haces principales de dirección E-W y en un haz de directriz N-S que corta y desplaza a los anteriores enjambres (grupos 5 y 6, Fig. 11.5). La edad de este magmatismo (300-292 Ma) es tardío o ligeramente posterior a la de los granitos variscos del sector (Orejana et al., 2020).

El segundo grupo de rocas filonianas está formado por diques que evolucionan desde monzogabros a monzogranitos, definiendo una serie de afinidad monzonítica *(vaugnerítica)*, es decir, más rica en K_2O (Huertas y Villaseca, 1994). Aflora exclusivamente en el sector central de la Sierra de Guadarrama (grupo 4, Fig. 11.5) y su emplazamiento es más moderno que el conjunto filoniano anteriormente descrito (aprox. 286 Ma).

El último grupo de rocas filonianas es el constituido por diques de lamprófidos alcalinos que intruyen en dirección N-S (fotos 11.15 a 11.19). Son los más modernos del conjunto estudiado (274 a 264 Ma según Orejana et al., 2020) y aparecen en diques aislados y poco potentes, en los sectores más occidentales de la Sierra, de ahí que no estén representados en la Figura 11.5, pero sí como la serie ALK-2 en la Figura 11.2 anterior.

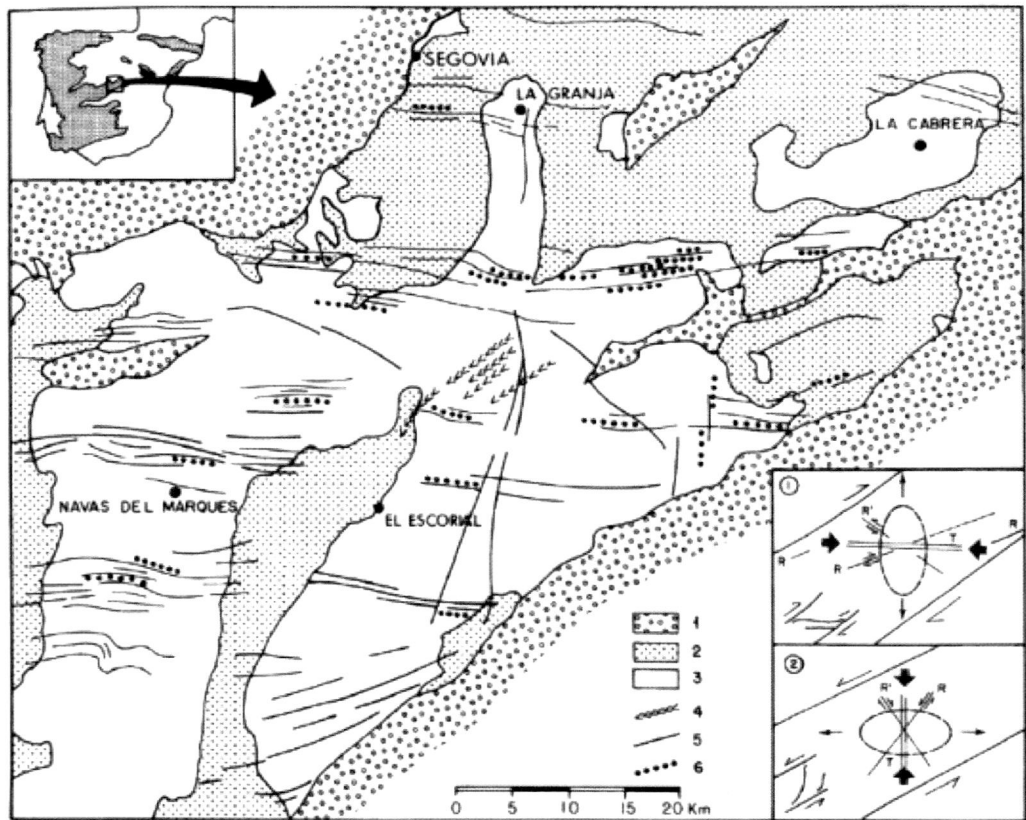

Figura 11.5. Mapa geológico de los enjambres filonianos del sector oriental del Sistema Central español. 1) Rocas sedimentarias. 2) Rocas metamórficas. 3) Plutones graníticos. 4) Diques de pórfidos monzoníticos (shoshoníticos). 5) Diques de pórfidos graníticos calccalcalinos y peralumínicos. 6) Diques básicos acompañantes (Huertas y Villaseca, 1994).

11.1. Fotografía de campo (llaves de automóvil de 7 cm, como escala). Diques aplíticos centimétricos, cortando un granito inequigranular porfídico (megacristales de feldespato potásico centimétricos) y matriz de grano medio con enclaves microgranulares máficos. La aplita es un leucogranito filoniano, hololeucocrático y equigranular, de grano fino.

11.2. Fotografía de campo de intrusión sucesiva de diques en un granito híbrido que presenta multitud de enclaves y bolsadas de rocas máficas. El primer dique en intruir es de pegmatitas graníticas con turmalinas gruesas, creciendo perpendicularmente al contacto. El segundo dique, más estrecho, es de composición microgabro. Tomado de: Thomas Eliasson/Geological Survey of Sweden, CC BY 2.0.

11.3. Afloramiento de un potente dique subvertical de pórfido granítico (> 50 m de ancho) que resalta por su dureza, en la Sierra de la Paramera (Ávila, España). Corta a dos diques previos de pórfido, mas estrechos (p1 y p2) formando un enjambre subparalelo, ligeramente entrecruzado. Obsérvese fracturación secundaria en planos distensivos (formando sigmoides), dentro del potente dique principal.

11.4. Fotografía de campo de un dique básico zonado. Los bordes son afaníticos (bordes enfriados) y se observa un zonado del dique, en parte marcado por la alteración. Se observa en su parte central la acumulación de cristales (¿fenocristales?) y fragmentos rocosos, debido al efecto Bagnold. Durante su emplazamiento se generó un fuerte gradiente de velocidad hacia el interior del dique, a donde fueron arrastrados los sólidos en suspensión, pues el flujo de magma se frena progresivamente hacia las paredes subverticales del conducto.

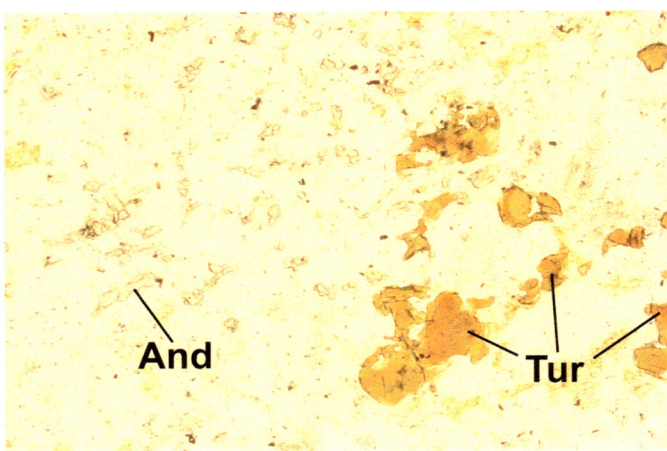

11.5. Muestra de mano de **roca aplítica** (aprox. 10 cm). Leuogranito equigranular de grano fino, panalotriomorfo. Pueden ser de dos micas (biotita y moscovita), con turmalina.

11.6. Fotografía microscópica con nícoles paralelos. Destacan los cristales coloreados de turmalina y los prismas alotriomorfos, de mayor relieve (pero incoloros), e andalucita. En la matriz estarían los tres componentes graníticos (cuarzo y los dos feldespatos). **Aplita**.

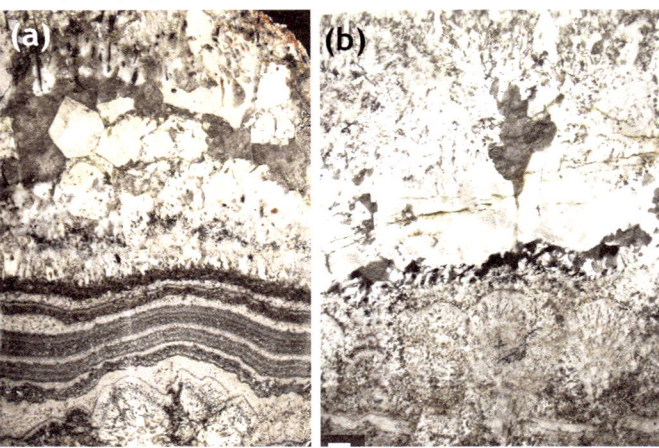

11.7. Fotografía de campo de una **pegmatita** litinífera. Destaca el agregado de micas lepidolíticas (ricas en Li), rosadas, entre cristales lechosos de plagioclasa muy albítica. Campo de pegmatitas de litio de Gonçalo (Guarda, Portugal).

11.8. Aspecto **zonado de pegmatitas graníticas**, con bordes tanto aplíticos (borde inferior de -a-) como gráficos (ambos bordes de -b-). La zona de núcleo suele presentar los cristales mayores y puede desarrollar cavidades (miarolas y cavidades huecas o geodas) donde se concentran los minerales raros, a veces en variedades gema (fotos tomadas de London, 2008).

11.9. Fotografía de campo de pegmatita granítica en bolsada intrusiva en metasedimentos oscuros. Presenta **cristales en "bloque"** de feldespato potásico blanco y heterogeneidades texturales en forma de bandeado irregular aplo-pegmatítico (no se aprecia en la foto). Es una pegmatita con turmalina, granate, dos micas y algo de berilo. Prádena del Rincón (Madrid, España)

11.10. Fotografía de campo de contacto de dique pegmatítico con ortogneises (línea blanca discontinua) (aprox. 1 m). Se observa un **crecimiento direccional, en peine** (*comb texture*), perpendicular al contacto externo marcado por los cristales grandes de turmalina negra. Pegmatita granítica de Oxford County, Maine (USA) (foto de Roda-Robles, E.).

11.11. Fotografía de campo de una **pegmatita granítica** con textura gráfica muy marcada, en las tres direcciones espaciales. El mineral negro es siempre turmalina, definiendo un concentrado de grano fino, intersticial (parte inferior izquierda). Oxford County, Maine (USA) (fotografía de Roda-Robles, E.).

11.12. Fotografía de campo de una **pegmatita granítica con miarolas o cavidades huecas, a modo de geodas** (*pockets*) (aprox. 1,5 m). Se observan turmalinas polícromas de tonalidades rosas y verdes (variedades elbaíticas, ricas en Li). Oxford County, Maine (USA) (foto de Roda-Robles, E.).

11.13. Muestra de mano de **pórfido granítico** (aprox. 12 cm). Presenta textura porfídica con grandes megacristales de feldespato potásico y fenocristales menores de plagioclasa (verdosa por alteración a epidota), cuarzo y biotita. La pasta es de grano muy fino.

11.14. Fotografía de microscopio con nícoles cruzados (x25). **Pórfido granítico** donde resaltan fenocristales de plagioclasa, cuarzo y más pequeños de biotita. La pasta o matriz es microcristalina, de composición muy cuarzofeldespática.

11.15. Fotografía de campo de **lamprófido**. Resaltan los gruesos megacristales de minerales máficos (normalmente anfíbol, clinopiroxeno o mica). También se observan xenolitos pequeños de rocas granulíticas y graníticas, de tonos claros. Lamprófido camptonítico (Ávila, España).

11.16. Fotografía microscópica con nícoles paralelos de un **lamprófido camptonítico**. Estas rocas alcalinas se caracterizan por los cristales grandes de máficos hidratados y ricos en potasio. En la foto destacan los grandes anfíboles pleocroicos (kaersutita), en una pasta donde aparece el único mineral félsico de la roca (plagioclasa).

11.17. Fotografía de microscopio con nícoles paralelos (x25) de un lamprófido camptoníco con textura **ocelar**. Los ocelos son formas globulares de composición más félsica que la roca lamprofídica. En este caso son ocelos de composición monzo-sienítica, rica en feldespato potásico. Tiene anfíbol (o mica) pero no clinopiroxeno u olivino (como el lamprófido). Los ocelos se interpretan como fenómenos de inmiscibilidad magmática (Philpotts, 1989).

11.18. Fotografía de microscopio con nícoles paralelos (x25) de un lamprófido ocelar. Se observa que los ocelos son más feldespáticos que la matriz lamprofídica. Es muy común observar que los cristales máficos (anfíbol kaersutítico) se acomodan paralelamente al glóbulo ocelar, indicando cierto inflamiento o flujo del ocelo contra la matriz máfica. Lamprófido camptonítico Pérmico, del Sistema Central español.

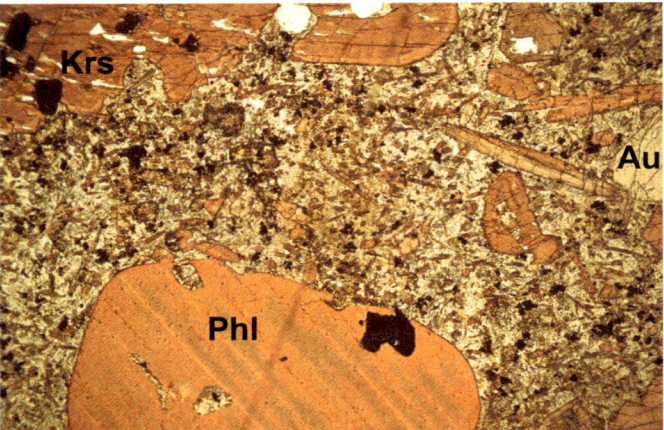

11.19. Fotografía de microscopio con nícoles paralelos (x25) de un lamprófido con fenocristales de flogopita, kaersutita ligeramente zonada y clinopiroxeno augítico. Los lamprófidos son rocas basálticas filonianas, porfídicas, con fenocristales de máficos hidratados, ricos en potasio. Camptonita micácea del Sistema Central Español.

11.20. Fotografía de campo de diques máficos (gabroideos) **sin-plutónicos**, intruyendo la tonalita de Santa Rosa (Perú). Obsérvese el aspecto combado, a veces aboudinado, de los diques y la abundancia de mezcla física (*mingling*) entre los dos magmas (félsico y máfico). Estos procesos ocurren cuando el encajante granítico aún no está totalmente consolidado. Son magmas coetáneos, con comportamientos reológicos plásticos (son deformables entre sí).

11.21. Fotografía de campo de un enjambre filoniano máfico intruyendo en rocas volcánicas piroclásticas de la isla de Madeira (Portugal). Los diques basálticos son subverticales y subparalelos entre sí, de potencia métrica. Los diques son muy abundantes en islas oceánicas y en la capa superior de la corteza oceánica.

11.22. Diquecillo de granófido en roca gabroidea del gran dique de Messejana-Plasencia (moneda de aprox. 2 cm). El aspecto intersticial y el poco recorrido del dique félsico sugieren su formación como segregado inmiscible del magma máfico. Puerto de Villatoro (Ávila).

11.23. Dique félsico de granito granofídico (granófido) en el gran dique de gabros diabásicos de Messejana-Plasencia (martillo de 33 cm). Resalta el granófido por su tonalidad más grisácea entre la roca más máfica que tiende a partirse en pequeños bolos. Cerca de las canteras del Cid (Ávila).

11.24. Fotografía microscópica con nícoles cruzados (x25) del gabro del gran dique de Messejana-Plasencia. Se observa una textura intergranular o subofítica donde resaltan los cristales con alto color de interferencia del clinopiroxeno. Es menos abundante el ortopiroxeno (opx) de colores de interferencia bajos. La plagioclasa es abundante con maclas y algo de zonado. Lámina de la muestra 103301.

11.25. Fotografía microscópica con nícoles cruzados (x25) del gabro del gran dique de Messejana-Plasencia. Gabro algo más inequigranular, con plagioclasa maclada (con zonado visible en los cristales mas grandes) y clinopiroxenos de alto color de interferencia. Roca 103324.

11.26. Fotografía microscópica con nícoles cruzados (x25) del gabro del gran dique de Messejana-Plasencia. Se muestra un intercrecimiento granofídico intersticial, de cuarzo y feldespato alcalino (sanidina $Ab_{35}Or_{65}$) entre la matriz plagioclásica del gabro. Roca 103324 de las canteras de Villafranca (Ávila).

11.27. Fotografía microscópica con nícoles cruzados (x25) de un granófido dentro del gabro del gran dique de Messejana-Plasencia. Es una roca muy félsica de textura granuda con cuarzo y feldespato alcalino de tipo sanidina. Intersticialmente al único feldespato se generan rebordes microgranofídicos de cuarzo y feldespato alcalino aún más rico en Na ($Ab_{37}Or_{63}$). El granófido tiene algo de biotita accesoria, como único máfico. Lámina 113105 de Sanchorreja (Ávila).

Bibliografía

El alumno dispone de diversos **tratados en español** de Petrografía (mineralogía, texturas) de Rocas Ígneas, aunque la mayor parte de ellos están agotados o editados en diversos países, lo que hace difícil acceder a su consulta. Los más recomendables son:

Bard, J.P. (1985). *Microtexturas de rocas magmáticas y metamórficas*. Ed. Masson, Barcelona, 181 pp. Traducción con fotocopias de baja resolución de las hermosas figuras delineadas a mano, del original francés.

Castro, A. (1989). *Petrografía básica. Texturas, clasificación y nomenclatura de rocas*. Ed. Paraninfo, Madrid, 143 pp.

Castro, A. (2015). *Petrografía de rocas ígneas y metamórficas*. Ed. Paraninfo, Madrid, 260 pp.

Castroviejo, R. (1998). *Curso avanzado de petrología minera. I, Fundamentos de petrografía*. ESI Minas, Madrid, 116 pp + 4 pósteres.

González, P.D. (2008). *Texturas de los cuerpos ígneos*. En E. J. Llambías (ed.), Capítulo 11 de *Geología de los cuerpos ígneos*. Asociación Geológica Argentina, Serie B - Didáctica y Complementaria n.º 29 (2.ª edición), 171-197.

Kerr, P.F. (1972). *Mineralogía óptica*. Ed. Castillo, Madrid, 433 pp.

Mackenzie, W.S. y Adams, A.E. (1996). *Atlas a color de rocas y minerales en lámina delgada*. Ed. Masson, Barcelona, 215 pp.

Mackenzie, W.S., y Guilford, C. (1996). *Atlas de petrografía. Minerales formadores de rocas en lámina delgada*. Ed. Masson, Barcelona, 98 pp.

Mackenzie, W.S., Donaldson, C.H., Guilford, C. (1996). *Atlas de rocas ígneas y sus texturas*. Ed. Masson, Barcelona, 149 pp.

Melgarejo, J.C. (coord.) (1997). *Atlas de asociaciones minerales en lámina delgada*. Ed. Universidad de Barcelona, 1076 pp.

Melgarejo, J.C. (ed.) (2003). *Atlas de asociaciones minerales en lámina delgada*. 2 vols. Ed. Universidad de Barcelona, 2024 pp.

Teruggi, M.E. y Leguizamón, M.A. (1987). *Fábrica de rocas ígneas*. Ed. Argentina, 82 pp.

Williams, H., Turner, F.J., Gilbert, C.M. (1968). *Petrografía*. Compañía Editorial Continental (CECSA), México, 430 pp.

La bibliografía citada en el texto (aparte de citas a los tratados arriba mencionados) es:

Ancochea, E. (1982). *Evolución espacial y temporal del volcanismo reciente de España Central*. Ed. UCM, Tesis Doctoral 203/83, 675 pp.

Ancochea, E. (2004). El volcanismo Neógeno peninsular. Rasgos generales. En J.A. Vera (editor), *Geología de España*. SGE-IGME, Madrid, 671-672.

Ancochea, E. y Huertas, M.J. (2021). Radiometric ages and time-space distribution of volcanism in the Campo de Calatrava Volcanic Field (Iberian Peninsula). *Journal of Iberian Geology, 47*, 209-223.

Ancochea, E. y Nixon, P.H. (1987). Xenoliths in the Iberian peninsula. En P.H. Nixon (editor), *Mantle Xenoliths*. Wiley, Chichester, 119-124.

Andonaegui, P., Villaseca, C., López García, J.A. (2005). Caracterización mineral del dique gabroideo de Messejana-Plasencia en su sector nor-oriental. *Geogaceta, 38*, 219-222.

Araña, V. y Ortiz, R. (1991). The Canary islands: tectonics, magmatism and geodynamic framework. En A.B. Kampunzu y R.T. Lubala (editor), *Magmatism in extensional structural settings. The Phanerozoic African plate*. Springer Verlag, Berlín, 209-249.

Arranz, E., Lago, M., Galé, C., Ubide, T., Pocovía, A., Larrea, P., Tierz, P. (2011). Eventos tectono-magmáticos alpinos en el registro geológico de los Pirineos: inferencias sobre la evolución del manto superior en una zona activa. *Revista Real Academia de Ciencias. Zaragoza, 66*, 31-61.

Bard, J.P. (1980). *Microtextures des roches magmatiques et métamorphiques.* Ed. Masson, París, 192 pp.

Bellido, F. (1979). *Estudio petrológico y geoquímico del plutón de La Cabrera.* Ed. UCM, Tesis Doctoral, 331 pp.

Best, M.G. (1982). *Igneous and Metamorphic Petrology.* Ed. Freeman & Company, 630 pp.

Best, M.G. (2003). *Igneous Petrology* (2.ª edición). Blackwell Science, Inc., 729 pp.

Bowden, P., Batchelor, R.A., Chappell, B.W., Didier, J., Lameyre, J. (1984). Petrological, geochemical and source criteria for the classification of granitic rocks: a discussion. *Physics of Earth and Planetary Interiors 35*, 1-11.

Castro, J.M., Dingwell, D.B., Nichols, A.R.L., Gradner, J.E. (2005). New insights on the origin of flow bands in obsidian. *Geological Society of America Special Paper, 396*, 55-65.

Cebriá, J.M. y López Ruiz, J. (1995). Alkali basalts and leucitites in an extensional intracontinental plate setting: the late Cenozoic Calatrava Volcanic Province (central Spain). *Lithos, 35*, 27-46.

Cebriá, J.M., López-Ruiz, J., Doblas, M., Martins, L.T., Munha, J. (2003). Geochemistry of the early Jurassic Messejana-Plasencia dyke (Portugal and Spain); implications on the origin of the Central Atlantic Province. *Journal of Petrology, 44*, 547-568.

Chappell, B.W. y White, A.J.R. (1992). I- and S-type granites in the Lachlan Fold Belt. *Transactions of the Royal Society of Edinburgh: Earth Sciences, 83*, 1-26.

Chayes, F. (1956). *Petrographic modal analysis- an elementary statistical appraisal.* John Wiley, Nueva York, 113 pp.

Cox, K.G., Bell, J.D., Pankhurst, R.J. (1979). *The interpretation of igneous rocks.* George Allen & Unwin, Londres. 450 pp.

Deer, W.A., Howie, R.A., Zussman, J. (1966). *An introduction to the rock forming minerals.* Longman, Harlow, 528 pp.

(1992, 2.ª edición) Longman, Londres, 696 pp.

(2013, 3.ª edición) The Mineralogical Society, Londres, 498 pp.

Dickey, J.S. (1970). Partial fusion products in Alpine-type peridotites: Serranía de Ronda and other examples. *Mineralogical Society of America Special Publication, 3*, 33-49.

Dickey, J.S., Obata, M., Suen, C.J. (1979). Chemical differentiation of the lower lithosphere as represented by the Ronda ultramafic massif, southern Spain. En L.H. Arhens (editor), *Origin and distribution of the Elements* Pergamon Press, Nueva York, 587-595.

Duggen, S., Hoernle, K., Van der Bogaard, P., Garbe-Schönberg, D. (2005). Post-collisional transition from subduction- to intraplate-type magmatism in the westernmost Mediterranean: evidence for continental-edge delamination of subcontinental lithosphere. *Journal of Petrology, 46*, 1155-1201.

Dunn, A.M., Reynolds, P.H., Clarke, B., Ugidos, J.M. (1998). A comparison of the age and composition of the Shelburne dyke, Nova Scotia, and the Messeja dyke, Spain. *Canadian Journal of Earth Sciences, 35*, 1110-1115.

Fúster, J.M., Muñoz, M., Sagredo, J., Yébenes, A. (1980). Fuerteventura. Islas Canarias. Excursión 121 A+C. *Boletín Geológico y Minero de España, 91*(II), 351-378.

Gervilla, F., González-Jiménez, J.M., Hidas, K., Marchesi, C., Piña, R. (2019). *Geology and metallogeny of the upper mantle rocks from the Serranía de Ronda.* Sociedad Española de Mineralogía, Madrid, 122 pp.

Gill, R. (2010). *Igneous rocks and processes. A practical guide.* Wiley-Blackwell, 428 pp.

Gill, R. y Fitton, G. (2022). *Igneous rocks and processes. A practical guide* (2.ª edición)*.* Wiley-Blackwell, 484 pp.

Hawthorne, F.C., Oberti, R., Harlow, G.E., Maresch, W.V., Martin, R.F., Schumacher, J.C., Welch, M.D. (2012). IMA report: nomenclature of the amphiboles supergroup. *American Mineralogist, 97*, 2031-2048.

Hébert, R. (1998). *Guide de Pétrologie descriptive.* Éditions Nathan, París, 159 pp.

Hess, P.C. (1989). *Origins of igneous rocks.* Harvard University Press, 336 pp.

Hibbard, M.J. (1995). *Petrography to petrogenesis.* Prentice Hall, 587 pp.

Hokada, T. (2001). Feldspar thermometry in ultrahigh-temperature metamorphic rocks: Evidence of crustal metamorphism attaining ~1100 °C in the Archean Napier Complex, East Antarctica. *American Mineralogist, 86*, 932-938.

Huertas, M.J. y Villaseca, C. (1994). Les derniers cycles magmatiques du Système Central espagnol: les essaims filoniens calco-alcalins. *Schweizerische Mineralogische und Petrografische Mitteilungen, 74*, 383-401.

Hutchison, C.S. (1974). *Laboratory handbook of petrographic techniques.* John Wiley & Sons, Nueva York, 527 pp.

Hutton, D.H.W. (1988). Granite emplacement mechanisms and tectonic controls: inferences from deformation studies. *Transactions Royal Society Edinburgh: Earth Sciences, 79*, 245-255.

Irvine, T.N. (1982). Terminology for layered intrusions. *Journal of Petrology, 23*, 127-162.

Irvine, T.N. y Baragar, W.R.A. (1971). A guide to the chemical classification of the common volcanic rocks. *Canadian Journal of Earth Sciences, 8*, 523-548.

Jeffery, A.J. y Gertisser, R. (2018). Peralkaline felsic magmatism of the Atlantic Islands. *Frontiers in Earth Sciences, 6*, 145.

Kerr, P.F. (1972). *Mineralogía óptica.* Ed. Castillo, Madrid, 433 pp.

Kretz, R. (1983). Symbols of rock-forming minerals. *American Mineralogist, 68*, 277-279.

Leake, B.E. (Chairman) (1997). Nomenclature of amphiboles. *Canadian Mineralogist, 55*, 219-246.

Le Bas, M.J. (1977). *Carbonatite-nephelinite volcanism.* Wiley Interscience, Londres, 347 p.

Le Bas, M.J., Rex, D.C., Stillman, C.J. (1986). The early magmatic chronology of Fuerteventura, Canary Islands. *Geological Magazine, 123*, 287-298.

Le Maitre, R.W. (editor) (1989). *A classification of igneous rocks and Glossary of Terms.* Blackwell Science Publications. 193 pp.

Le Maitre, R.W. (editor) (2002) (2.ª edición). *A classification of igneous rocks and Glossary of Terms.* Cambridge University Press, 236 pp.

Llambías, E.J. (2003). *Geología de los cuerpos ígneos.* Asociación Geológica Argentina, Serie B - Didáctica y Complementaria n° 27, 182 pp.

London, D. (2008). *Pegmatites.* Canadian Mineralogist Special Publication 10, 368 pp.

London, D. y Kontak, D.J. (editores) (2012). Granitic pegmatites. *Elements, 8*(4), 241-320.

López Ruiz, J. y Rodríguez Badiola, E. (1980). La región volcánica Neógena del sureste de España. *Estudios Geológicos, 36*, 5-63.

López Ruiz, J., Cebriá, J.M., Doblas, M. (2002). Cenozoic volcanism I: the Iberian Peninsula. En W. Gibbons y T. Moreno (editores), *The Geology of Spain*, Geological Society of London, 417-438.

Mattei, M., Rigss, N.R., Giordano, G., Guarnieri, L., Cifwlli, F., Soriano, C.C., Jicha, B., Jasim, A., Marchionni, S., Franciosi, L., Tommasini, S., Porreca, M., Conticelli, S. (2014). Geochronology, geochemistry and geodynamics of the Cabo de Gata volcanic zone, Southeastern Spain. *Italian Journal of Geosciences, 133*, 341-361.

Middlemost, E.A.K. (1985). *Magmas and magmatic rocks: An introduction to igneous petrology.* Longman Group Ltd., Essex, 266 pp.

Morales Cámera, M.M., Dahlquist, J.A., García-Arias, M., Moreno, J.A., Galindo, C., Basei, M.A.S., Molina, J.F. (2020). Petrogenesis of the F-rich peraluminous A-type granites: An example from the Devonian Achala batholith (Characato Suite), Sierra Pampeanas, Argentina. *Lithos, 378-379*, 105792.

Morimoto, N. (ed.) (1988). Nomenclature of pyroxenes. *Mineralogy and Petrology, 39*, 55-76.

Nekvasil, H. (1991). Ascent of felsic magmas and formation of rapakivi. *American Mineralogist, 76*, 1279-1290.

Orejana, D., Villaseca, C., Kristoffersen, M. (2020). Geochemistry and geochronology of mafic rocks from the Spanish Central System: Constraints on the mantle evolution beneath central Spain *Geosciences Frontiers, 11*, 1651-1667.

Orejana, D., Villaseca, C., Losantos, E., Andonaegui, P. (2024). Petrology and geochemistry of highly differentiated tholeiitic magmas: Granophyres in the Messejana-Plasencia Great Dyke (Central Iberia). *Minerals, 14*, 316. https://doi.org/10.3390/min14030316

Oyarzun, R., López García, J.A., Crespo, E., Lillo, J. (2018). Neat stratigraphic and dynamic relationships between pyroclastic flow and ash-cloud surge deposits in the Cabo de Gata-Níjar Geopark, Almería, Spain. *International Journal of Earth Sciences (Geol Rundsch), 107*, 607-609.

Pearce, J.A., Harris, N.B.W., Tindle, A.G. (1984). Trace element discrimination diagrams for the tectonic interpretation of granitic rocks. *Journal of Petrology 25*, 956-983.

Pearson, D.G., Canil, D., Shirey, S.B. (2005). Mantle samples included in volcanic rocks: xenoliths and diamonds. En R.W. Carlson (ed.), *The mantle and core.* Treatise on geochemistry, 2. Elsevier, Oxford, 171-275.

Peccerillo, A. y Taylor, S.R. (1976). Geochemistry of Eocene calc-alkaline volcanic rocks from the Kastamonu area, Northern Turkey. *Contribution to Mineralogy and Petrology, 58,* 63-81.

Philpotts, A.R. (1989). *Petrography of Igneous and Metamorphic rocks.* Ed. Prentice Hall, New Jersey, 178 pp.

Pichavant, M., Kontak, D.J., Briqueu, L., Valencia Herrera, J., Clark, A.H. (1988). The Miocene-Pliocene Macusani volcanics, SE Peru. II: Geochemistry and origin of a felsic peraluminous magma. *Contributions to Mineralogy and Petrology, 100,* 325-338.

Pupin, J.P. (1980). Zircon and granite petrology. *Contributions to Mineralogy and Petrology, 73,* 207-220.

Reed, M.M., Ferrier, K.L., Nachlas, W.O., Schneider, B., Arson, C., Xu, T., Shen, X., West, N. (2024). A free, open-source method for automated mapping of quantitative mineralogy from energy-dispersive X-ray spectroscopy scans of rock thin sections. *Egusphere* [pre-print]. https://doi.org/10.5194/egusphere-2024-1017

Rieder, M., Cavazzini, G., D'Yakonov, Y.S., Franz-Kamenetski, V.A., Gottardi, G., Guggenheim, S., Koval, P.V., Müller, G., Neiva, A.M.R., Radoslovich, E.W., Robert, J.L., Sassi, F.P., Takeda, H., Weiss, Z., Wones, D.R. (1998). Nomenclature of the micas. *Canadian Mineralogist, 36,* 905-912.

Ringwood, A.E. (1962). A model for the upper mantle. *Journal of Geophysical Research, 67,* 857-867.

Roda-Robles, E., Villaseca, C., Pesquera, A., Gil-Crespo, P.P., Vieira, R., Lima, A., Garate-Olave, I. (2018). Petrogenetic relationships between Variscan granitoids and Li-(F-P)-rich aplite-pegmatites in the Central Iberian Zone: Geological and geochemical constraints and implications for other regions from the European Variscides. *Ore Geology Reviews, 95,* 408-430.

Sarantsina, G.M. y Shinkarev, N.F. (1967). Tomado de Sorensen (ed.) (1974). *The alkaline rocks.* John Wiley & Sons. 17.

Schmidt, S.T. (2023). *Transmitted light microscopy of rock-forming minerals. An introduction to optical mineralogy.* Springer Textbook in Earth Sciences, Geography and Environment. https://doi.org/10.1007/978-3-031-19612-6

Sigurdsson, H. (editor) (2000). *Enciclopedia of Volcanoes.* Academic Press, San Diego. 1417 pp.

Simmons, W.S., Webber, K.L., Falster, A.U., Roda-Robles, E., Dallaire, D.A., (2022) (2.ª edición). *Pegmatology. Pegmatite mineralogy, petrology and petrogenesis.* Rubellite Press, 270 pp.

Streckeisen, A. (1973). Plutonic rocks. Classification and nomenclature recommended by the IUGS. *Geotimes, 18,* 26-30.

Streckeisen, A. (1979). Classification and nomenclature of volcanic rocks, lamprophyres, carbonatites, and melilitic rocks: Recommendations and suggestions of the IUGS. *Geology, 7,* 331-335.

Suen, C.I. y Frey, F.A. (1987). Origins of the mafic and ultramafic rocks in the Ronda peridotite. *Earth Planetary and Science Letters 85,* 183-202.

Ubide, T., Caulfield, J., Brandt, C., Bussweiler, Y., Mollo, S., Di Stefano, F., Nazzari, M., Scarlato, P. (2019). Deep magma storage revealed by multi-method elemental mapping of clinopyroxene megacrysts at Stromboli volcano. *Frontiers in Earth Sciences, 7,* 239.

Villaseca, C., Ancochea, E., Orejana, D., Jeffries, T.E. (2010). Composition and evolution of lithospheric mantle in Central Spain: inferences from peridotite xenoliths from the Cenozoic Calatrava volcanic field. En M. Coltorti, H. Downes, M. Grégoire, S.Y. O'Reilly (editores), *Petrological Evolution of the European Lithospheric Mantle.* Geological Society, London, Special Publications 337, 125-151.

Villaseca, C., Bellido, F., Pérez-Soba, C., Billstrom, K. (2009). Multiple crustal sources for post-tectonic I-type granites in the Hercynian Iberian Belt. *Mineralogy and Petrology, 96,* 197-211.

Villaseca, C., García Serrano, J., Pérez-Soba, C. (2022a). Subduction-related metasomatism in the lithospheric mantle beneath the Calatrava volcanic field (central Spain): constraints from lherzolite xenoliths of the Cerro Gordo volcano. *International Geology Reviews, 64,* 469-488.

Villaseca, C., Orejana, D., Higueras, P., Pérez-Soba, C., García Serrano, J., Lorenzo, L. (2022b). The evolution of the subcontinental mantle beneath the Central Iberian Zone: Geochemical tracking of its mafic magmatism from the Neoproterozoic to the Cenozoic. *Earth-Science Reviews, 228,* 103997.

Villaseca, C., Pérez-Soba, C., Orejana, D., Merino, E., Pérez Monserrat, E. (2013). Geolodía 13 Madrid: excursión al Plutón granítico de La Cabrera. *Tierra y Tecnología, 43*, 78-84.

Whitney, D.L. y Evans, B. (2010) Abbreviations for names of rock-forming minerals. *American Mineralogist, 95*, 185-187.

Wilson, C.J.N. y Houghton, B.F. (2000). Pyroclast transport and deposition. En H. Sigurdsson (editor), *Encyclopedia of Volcanoe*s. Academic Press, San Diego, 545-554.

Wilson, M. (1989). *Igneous Petrogenesis*. Unwin Hyman, 466 pp.

Winter, J.D. (2010). *An introduction to Igneous and Metamorphic Petrology* (2.ª edición). Prentice Hall, Nueva York, 702 pp.

Zen, E. y Hammarstrom, J. (1984). Magmatic epidote and its petrologic significance. *Geology, 12*, 515-518.

Vernon, R.H. (2018, 2.ª edición). *A practical guide to rock microstructures.* Cambridge University Press, 606 pp.

Otros manuales no referenciados en el texto pero de interés en Petrografía Ígnea serían:

McPhie, J., Doyle, M., Allen, R. (1993). *Volcanic textures. A guide to the interpretation of textures in volcanic rocks.* CODES, University of Tasmania, 198 pp.

Phillips, W.R. y Griffen, D.T. (1981). *Optical mineralogy. The nonopaque minerals.* Ed. W.H. Freeman and Company, 677 pp.

Raith, M.M., Raase, P., Reinhardt, J. (2012, 2.ª edición) *Guide to thin section microscopy.* MSA open access (Spanish version), 126 pp.

Shelley, D. (1993). *Igneous and metamorphic rocks under the microscope.* Chapman and Hall, 445 pp.

Finalmente, algunos portales webs donde consultar libros sobre Petrología o Petrografía de Rocas Ígneas, o donde visualizar información y fotografías, serían:

https://volcano.si.edu
www.alexstrekeisen.it
www.minsocam.org/msa/openaccess_publications
www.petroignea.wordpress.com

Índice de términos

Se indican las páginas del texto donde se cita (letra redonda) y alguna foto característica del mineral/roca/textura (en letra *cursiva*).

Minerales

Rocas

Texturas

Anexos

ANEXO 1

Abreviaturas y acrónimos utilizados en el texto:

Ab	albita (plagioclase)	Ktp	katoforita (anfíbol)
Ac	acmita (piroxeno)	Lct	leucita
Aeg	egirina (piroxeno)	*Lhz*	*lherzolita (roca ultramáfica)*
Afs	feldespato alcalino	*M*	*minerales aparte de los QAPF*
Ak	akermanita (melilita)	*Ma*	*millones de años*
Alm	almadino (granate)	Mag	magnetita (espinela)
Amp	anfíbol (grupo)	Mel*	melilita
An	anortita (plagioclasa)	*MORB*	*basalto dorsales oceánicas*
And	andalucita	Ms	moscovita (mica)
Ann	annita (mica)	Ne	nefelina
Ano	anortoclasa (felds. alcalino)	Ol	olivino
Ap	apatito	Opq	opacos
Atg	antigorita (serpentina)	Opx	ortopiroxeno
Aug	augita (piroxeno)	Or	ortosa (felds. alcalino)
Bt	biotita (mica)	*PDC*	*corrientes piroclásticas densas*
Cal	calcita	Pgt	pigeonita (piroxeno)
Chr	cromita (espinela)	Phl	flogopita (mica)
Cpx	clinopiroxeno	Pl	plagioclasa (grupo)
Crd	cordierita	Prp	piropo (granate)
Czo	clinozoisita	*QAPF*	*diagrama de clasificación modal*
Di	diópsido (piroxeno)	Qt, Qtz*	cuarzo
Ep	epidota	*Qz*	*cuarcita (roca metamórfica)*
Fa	fayalita	Rbk	riebeckita (anfíbol)
Fo	forsterita	*REE*	*elementos de las tierra raras*
Ga	*giga (miles de millones) años*	Rt	rutilo
Gh	gehlenita (melilita)	Sa	sanidina (felds. alcalino)
GPa, MPa	*giga/mega Pascales*	Sil	silimanita
Grs	grosularia (granate)	Spl	espinela
Grt	granate (grupo)	Sps	espesartina (granate)
Hbl	hornblenda (anfíbol)	Sulf*	sulfuro
Hc	hercinita (espinela)	*TAS*	*diagrama de clasificación química*
Hd	hedembergita (piroxeno)	Tr	tremolita (anfíbol)
Hem	hematites	Ttn	titanita o esfena
Hyn	haüyna	Tur	turmalina (grupo)
IC	*índice de coloración*	Ves*	vesícula, vacuola
Ilm	ilmenita	Zeo	ceolita, zeolita
Kfs	feldespato potásico	Zrn	circón
Krs	kaersutita		

*Diferente a las abreviaturas de Whitney y Evans (2010).
En cursiva se introducen las abreviaturas que no se refieren a minerales.

ANEXO 2

Análisis modal cuantitativo por contaje de puntos

La estimación de las proporciones de superficie que ocupan las distintas fases minerales que conforman una roca (su análisis modal) puede realizarse con diferentes técnicas, aunque todas ellas se basan en considerar que las proporciones de un mineral en una superficie representativa de la roca son equiparables a sus proporciones volumétricas. Este supuesto se cumple siempre cuando la roca sea isótropa (Fig. 1A). Si es anisótropa, el error analítico aumenta (Fig. 1B), salvo que se aumente notablemente la superficie a estimar.

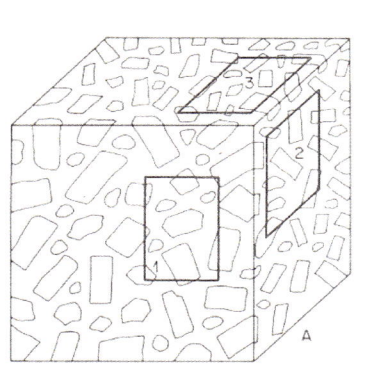
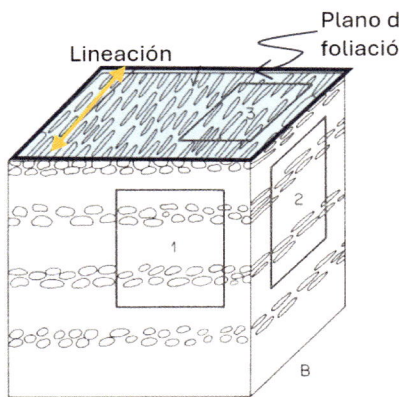

Figura 1. Bloques diagramas mostrando un ejemplo de roca isótropa (A) y una roca foliada con una marcada lineación mineral (observable en los planos de foliación) (B). En ambos casos se señalan tres posibles áreas para realizar el análisis modal. Pero, mientras que en A los resultados serán comparables en las tres secciones, en B serán diferentes y habrá que promediar. Es decir, se necesitan tres secciones para hacer el análisis modal de la roca anisótropa y solo una sección para la isótropa (Hutchison, 1974).

El método petrográfico más utilizado para estimar análisis modales cuantitativos, por su sencillez y equilibrio entre precisión y tiempo de realización, es el de la malla de puntos. Se requiere para ello un microscopio petrográfico en el que se instale un micrómetro en la platina, es decir, un aparato que permita mover la lámina delgada en ambas direcciones X-Y con desplazamientos fijos, así como un contador de puntos (una especie de máquina registradora) (Fig. 2). En este contador se asigna a cada pulsador una de las fases minerales que formen la roca. Realmente lo que se está haciendo es crear una malla sobre la superficie de la lámina con una determinada densidad de red de puntos (las intersecciones) que se situarán sobre los diferentes minerales (ejemplo en Fig. 3).

El procedimiento de análisis consiste en ir moviendo con el micrómetro la lámina y en el centro del retículo se irá situando un mineral que se identificará, pulsando entonces la tecla asignada al correspondiente mineral. La proporción de puntos asignados a cada mineral en el total de esos 1.000 puntos identificados será el porcentaje modal de dicho mineral en la roca.

Figura 2. Microscopio binocular con micrómetro o carro de coordenadas en la platina del mismo y contador de puntos con teclas, al lado. Se puede cambiar de objetivos y cruzar nícoles o medir ángulos de extición para identificar correctamente la fase mineral de observación, en cada punto de esa invisible malla de unos, aproximadamnte, 1.000 puntos a medir para un análisis modal cuantitativo (con un error analítico mínimo de 2,45% vol., como se explica en el texto).

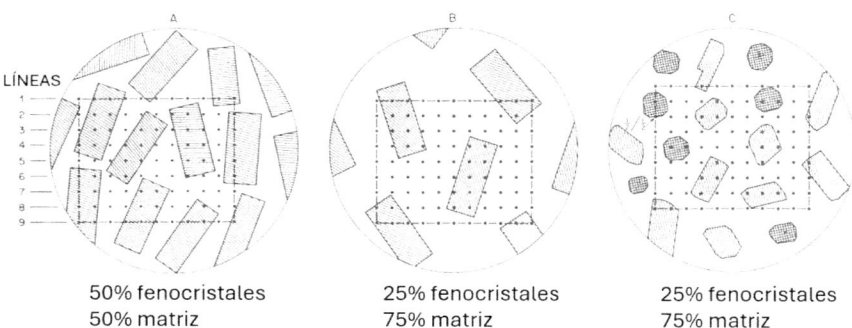

LÍNEAS

50% fenocristales
50% matriz

25% fenocristales
75% matriz

25% fenocristales
75% matriz

Figura 3. Visión esquemática de una roca porfídica bajo el microscopio petrográfico, con una red regular de 99 puntos (9 filas x 11 columnas) superpuesta. En este caso, mediante el contaje de puntos se obtienen las proporciones modales de fenocristales frente a matriz. Adaptado de Hutchison (1974).

Cualquier análisis modal tiene una serie de errores analíticos. Algunos de estos errores pueden ser cuantificados o estimados (Chayes, 1956).

1) *Errores debidos al tipo de roca*: (1) heterogeneidades de la roca que no puedan ser abarcadas en una o varias láminas delgadas; (2) rocas orientadas, ya sea con lineación, foliación o bandeado. En ellas, el contaje mineral será más eficiente en láminas perpendiculares a los elementos planares y con una inclinación respecto a dichos planos (Fig. 1B); (3) granulometría y efecto del tamaño de grano. En la Figura 4 se indica el número de láminas delgadas en las que hay que realizar el contaje modal para conseguir un error analítico de $\leq$ 2,45% vol. Así, en función del tamaño de grano (índice granulométrico IG, en la primera columna) se estima la superficie o número de láminas delgadas a estudiar (según su tamaño o área) para obtener el mismo error analítico. El valor IG corresponde al número de granos minerales distintos (aunque sean de la misma fase mineral) a lo largo de la longitud mayor de la lámina delgada (esto es, a lo largo del eje largo Y, normalmente de unos 4 cm).

2) *Errores del operador*: (1) identificación mineral; (2) minerales pequeños, accesorios e inclusiones, y (3) asignación de intersecciones.

3) *Errores del método o analíticos*: (1) tamaño de la red y equidistancia de puntos, y (2) extrapolación de análisis de superficies a volúmenes.

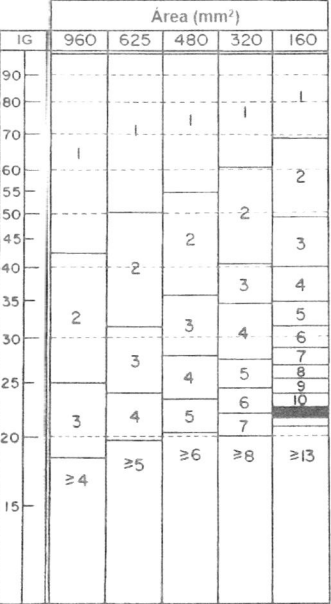

Figura 4. Número de superficies a estimar para mantener el error analítico al 2,45% (según Chayes, 1956). El índice granulométrico (IG) se muestra a la izquierda. Así, si la roca es de grano fino o muy fino (IG > 45), el estudio de una red de 1.000 puntos prorrateados en una superficie de unos 960 mm² (es decir, una lámina delgada estándar de unos 4 x 2,4 cm), tendría ese error. Por el contrario, rocas más gruesas (p. ej. con IG de 20) necesitarían un estudio de superficies mayores (2.880 mm²) o de 3 láminas delgadas con aproximadamente 350 puntos prorrateados en cada una de ellas. En resumen, es como estirar la malla de 1.000 puntos, intersecciones más alejadas en superfices mayores, para rocas progresivamente más gruesas (pero no hacer el triple o más de puntos, que alargaría mucho el tiempo de realización del análisis modal).

Actualmente estas técnicas petrográficas están siendo complementadas o sustituidas por programas basados en métodos espectroscópicos y escáneres que permiten una estimación rápida del análisis de imágenes (incluyendo análisis modales), pero cuyo uso y resultado depende en mucho del contraste lumínico y área de muestreo de los minerales en las imágenes utilizadas (p. ej. Reed et al., 2024, y referencias de diversas técnicas actuales de análisis estadísticos de imágenes, en su interior).

ANEXO 3

Uso de las clasificaciones modales

Los análisis modales tienen grandes limitaciones en rocas volcánicas hipocristalinas. La presencia de vidrio abundante, siendo este un sistema multicomponente (es decir, que generaría varias fases minerales distintas si cristalizara), conduce al empleo de diagramas químicos para clasificar correctamente muchas rocas volcánicas (Le Maitre, 2002), en especial las de las series calcoalcalinas (ver tema 9, página 119). El análisis químico también añade nuevas ventajas pues incluye todos los minerales de la roca (minerales zonados, accesorios e inclusiones y nano-inclusiones) y permite estudios petrogenéticos más precisos, con el uso de las composiciones de rocas en elementos mayores y trazas (p. ej. Best, 2003; Gill, 2010).

En consecuencia, la IUGS recomienda seguir el siguiente esquema (o diagrama de flujo) para clasificar las rocas ígneas, en el que se aprecia el uso principal de las clasificaciones modales, pero también el necesario empleo del diagrama químico TAS (ver página 104) para tipos volcánicos hipocristalinos:

Claves para clasificar las ígneas

Pregunta		Clasificación	Referencia
Roca piroclástica ?	sí	Clasificación de rocas piroclásticas	*parcialmente en Capítulo 4 (pág. 63)*
no ?			
Carbonatos > 50%	sí	Clasificación de carbonatitas	
no ?			
Melilita ?	sí	Clasificación de rocas melilíticas	*Capítulo 7 (pág. 109)*
no ?			
Kalsilita ?	sí	Clasificación de rocas kalsilíticas	
no ?			
Leucita ?	sí	Clasificación de rocas leucitíticas	
no ?			
Olivino > 35% + macrocristales máficos + carbonatos	sí	Clasificación de kimberlitas	
no ?			
Rocas peralcalinas ultrapotásicas	sí	Clasificación de lamproitas	
no ?			
Mica y/o anfíbol en fenocristales ?	sí	Clasificación de lamprófidos	*Capítulo 11 (pág. 143)*
no ?			
Roca charnockítica ?	sí	Clasificación de charnockitas	
no ?			
Roca plutónica M > 90%	sí	Clasificación de rocas ultramáficas	*Capítulo 5 (pág. 81)*
no ?			
Roca plutónica M < 90%	sí	Diagrama QAPF plutónico	*Capítulo 5 (pág. 78 a 80)*
no ?			
Roca volcánica holocristalina ?	sí	Diagrama QAPF volcánico	*Capítulo 5 (pág. 78-79)*
no ?			
Roca volcánica MgO bajo ?	sí	Diagrama TAS	*Capítulo 7 (pág. 104)*
no ?			
Roca volcánica MgO alto ?	sí	TAS de rocas magnesianas	

En campos coloreados aparecen los diversos diagramas de clasificación utilizados en este libro.

ANEXO 4

Solución al ejercicio de clasificaciones modales de la práctica 5 (página 87)

Calcular para cada una de las rocas siguientes los parámetros Q, A, P, F, e IC y clasificarlas teniendo en cuenta que la composición de los feldespatos es la siguiente: *Feldespato potásico*: roca 1: ortosa, rocas 2 y 3: sanidina. *Plagioclasa*: rocas 1 y 2: andesina; roca 3: oligoclasa; roca 4: bytownita.

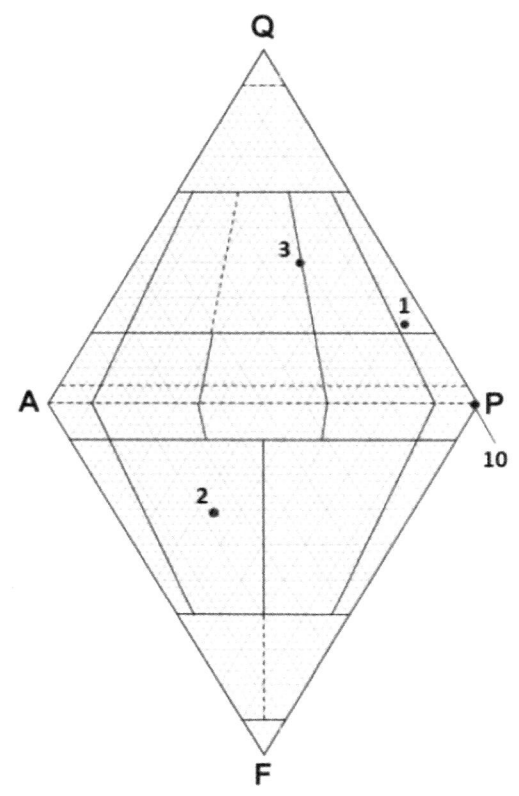

ROCA	1	2	3	4
Cuarzo	15.10	---	20.94	---
Fpto. potásico	5.00	30.30	12.23	---
Plagioclasa	48.74	15.50	19.25	57.85
Vidrio	---	---	25.4	
Nefelina	---	20.10	---	---
Biotita	20.20	9.20	13.52	---
Ortopiroxeno	---	10.20	---	39.65
Hornblenda	10.26	11.30	---	1.54
Moscovita	---	---	5.41	---
Cordierita	---	---	2.50	---
Apatito	0.30	1.20	0.40	0.66
Circón	0.20	2.20	0.26	---
Opacos	0.20	---	0.09	0.30

ROCA	Q	A	P	F	IC	Clasificación
1	21.9	7.3	70.8	-	30.9	TONALITA biotítica-anfibólica
2	-	46.0	23.5	30.5	32.9	FONOLITA TEFRÍTICA nefelínica
3	39.9	23.3	36.7	-	16.4	Feno-RIOLITA de 2 micas con Cdta
4	-	-	100	-	41.5	NORITA con anfíbol

La roca 2 se considera volcánica por presentar sanidina, pues las rocas plutónicas suelen desmezclar el feldespato alcalino (de contenidos Or-Ab intermedios) y presentar ortosa pertítica. La roca 3 es volcánica (por tener vidrio abundante); además, como no se puede saber la proporción de máficos en el vidrio, éste no se cuenta para el IC. La roca 4 requiere para su clasificación el uso de los diagramas Px-Pl-Ol y Opx-Pl-Cpx de rocas gabroideas (pág. 81).